普通高等教育应急管理类专业系列教材

灾害风险管理

主　编　项　勇　舒志乐

副主编　陈福江　马云慧

参　编　何清清　杨　顺　刘焱鑫　陈　鹏

机械工业出版社

本书结合灾害风险发生的规律和特点，针对灾害风险管理的基本流程（风险识别、风险分析、风险估计和风险管控及决策），从实用性和适用性出发，结合应急管理专业人才应具备的管理能力、应急能力和应急行业本身的特点，从管理和控制的角度系统介绍了灾害风险管理基础知识、灾害风险统计基本方法和灾害风险分析与评估方法，灾害发生前的风险管理、灾害发生中的应急风险管理、灾害发生后的危机风险管理以及 GIS 和遥感技术在灾害风险管理中的应用等。

本书注重学生基础知识应用和分析能力的培养，具有一定的综合性、实用性和可读性，并有机融入课程思政元素。书中每章章前设置"本章重点内容""本章培养目标"，章后附有思考题，引导和帮助学生加深理解和巩固所学知识。

本书可作为高等院校应急管理、应急技术与管理、安全工程等专业的教材，也可作为从事防灾减灾、应急管理相关工作人员的业务学习用书和培训用书。

本书配有 PPT 电子课件和章后思考题解答，免费提供给选用本书作为教材的授课教师。需要者请登录机械工业出版社教育服务网（www.cmpedu.com）注册后下载。

图书在版编目（CIP）数据

灾害风险管理/项勇，舒志乐主编. —北京：机械工业出版社，2023.11
普通高等教育应急管理类专业系列教材
ISBN 978-7-111-73990-6

Ⅰ.①灾… Ⅱ.①项… ②舒… Ⅲ.①灾害管理-风险管理-高等学校-教材 Ⅳ.①X43

中国国家版本馆 CIP 数据核字（2023）第 187473 号

机械工业出版社（北京市百万庄大街 22 号　邮政编码 100037）
策划编辑：刘　涛　　　　　　责任编辑：刘　涛　马新娟
责任校对：闫玥红　李　杉　　封面设计：马精明
责任印制：单爱军
保定市中画美凯印刷有限公司印刷
2024 年 1 月第 1 版第 1 次印刷
184mm×260mm · 13.75 印张 · 335 千字
标准书号：ISBN 978-7-111-73990-6
定价：49.00 元

电话服务　　　　　　　　　　网络服务
客服电话：010-88361066　　机　工　官　网：www.cmpbook.com
　　　　　010-88379833　　机　工　官　博：weibo.com/cmp1952
　　　　　010-68326294　　金　书　网：www.golden-book.com
封底无防伪标均为盗版　　机工教育服务网：www.cmpedu.com

前　言

为防范化解重特大安全风险，健全公共安全体系，整合优化应急力量和资源，推动形成统一指挥、专常兼备、反应灵敏、上下联动、平战结合的具有中国特色的应急管理体制，提高防灾减灾救灾能力，确保人民群众生命财产安全和社会稳定，在 2018 年 3 月根据第十三届全国人民代表大会批准的国务院机构改革方案设立应急管理部。由应急管理部发布的统计数据可知，2020 年，全年各种自然灾害共造成 1.38 亿人次受灾，591 人死亡失踪，10 万间房屋倒塌，176 万间房屋损坏，农作物受灾面积 1995.77 万公顷，直接经济损失 3701.5 亿元。与 2020 年前 5 年均值相比，2020 年全国因灾死亡失踪人数下降 43%，其中因洪涝灾害死亡失踪 279 人，下降 53%，均为历史新低。做好应急管理，实施有效的防灾减灾方案，培养应急管理、灾害管理方面的专业化人才是当前预防各种灾害性突发事件、减少灾害损失的关键环节。

根据国家应急管理事业发展需要，为适应国家应急管理新格局，部分高校开始构建学科型学院——应急学院，旨在主动融入新时代应急管理和民生建设的重大战略部署，开展应急领域理论和实践问题的科学研究，加快应急领域专业人才培养，为推进应急领域事业高质量发展提供智力支持和人才支撑。应急管理专业以国家重大战略需求和实践应用为引领，以管理、信息、工程、人文等多学科交叉融合为特色，以培养应急管理领域的研究与实践人才为任务，注重理论基础和实践应用相结合、多学科交叉融合，着力提升学生的应急决策、风险识别与评估、风险沟通和应急预警、应急处置和救援、恢复与重建等应急管理和风险治理能力。在应急管理人才培养计划中，"灾害风险管理"课程是应急管理、安全工程、公共管理（应急管理方向）专业培养计划中的一个重要组成部分，是从风险的角度对灾害发生后产生影响进行研究的一门学科。做好灾害风险的应对与管理工作，对于提高整个社会的经济效益、企业的经济效益和完善政府相关职能部门的防灾与减灾管理，起着十分重要的作用。

本书编写团队在深入研究目前部分高校"灾害风险管理"课程教学实际情况的基础上，结合当前的行业需求、人才培养目标编写本书。本书具有以下特色：

（1）紧密结合灾害风险管理活动规律及产生影响，从管理和控制的角度入手，以灾害为对象，针对灾害风险管理的基本流程（风险识别、风险分析、风险估计和风险管控及决策）进行编写，突出差异化特点。

（2）内容上以灾害风险管理的基本原理和基本方法为主，通俗易懂。充分考虑授课学生的专业基础和目前已有的书籍，紧密结合灾害风险管理的特点，将本书构架分成灾害风险管理基础知识、灾害发生前的风险管理、灾害发生中的应急风险管理、灾害发生后的危机风险管理以及 GIS 和遥感技术在灾害风险管理中的应用几部分，由浅入深，做到条理清晰，内容易懂。

（3）结合灾害风险管理的实例进行分析。本着适用性原则，根据实践性的要求，结合最近几年发生的灾害风险的实例来解读书中各部分的内容，以便让教师和学生能够更加直观地理解灾害风险管理的基本流程和方法，能够从实际案例角度去解读灾害风险管理专业知识，从而增加本书在使用过程中的可用性。

本书结构体系完整，构架思路清晰，在知识点介绍过程中配有实际案例，知识点分析过程详略得当，各章附有思考题，以帮助学生加深理解、巩固所学知识，并为任课老师提供电子课件。全书大纲及编写由西华大学项勇教授和舒志乐教授提出并进行整体构思。各章具体内容编写人员分工为：第一章、第二章和第三章由陈鹏和刘焱鑫编写；第四章和第五章由舒志乐和陈福江编写；第六章、第七章和第八章由项勇和马云慧编写；第九章和第十章由何清清、杨顺编写。课后思考题及其答案由西华大学的马云慧、陈鹏和刘焱鑫负责编写和校对。

在编写本书的过程中，参考了部分学者的研究成果，在此深表谢意！此外，特别感谢机械工业出版社刘涛老师对本书出版给予的帮助。

由于本书编写团队水平有限，书中难免会有缺点、纰漏和不足之处，恳请读者提出问题、批评指正，以便再版时修改、完善。

西华大学应急学院教材编写团队

2023 年 6 月

目　录

灾害与风险

灾害的含义和分类，灾害成因，损失与影响扩散，风险的理解和基本度量；灾害风险的概念、属性特征及灾害风险的分类。

本章培养目标

掌握灾害的含义及分类，了解灾害的成因；熟悉风险的理解，掌握风险与不确定的区别、风险的度量；掌握灾害风险的概念、灾害风险的属性特征，熟悉灾害风险的分类。通过本章学习，培养学生用辩证唯物主义的观点面对风险的价值观；树立学生正确面对灾害良好的心理素质。

第一节　灾害基础知识

从席卷东南亚的印度洋海啸、美国的卡特里娜飓风、日本大地震、福岛核泄漏事件，到"5·12"中国汶川地震等，灾害不仅给人类造成了巨大的损失，也阻碍了社会的发展和文明的进步。因此，有必要客观、系统、科学地认识这些灾害的产生、发展及其引发的社会风险，最大限度地降低其可能造成的损失。对灾害的风险演化进行系统分析和深入研究，有利于了解灾害社会风险，把握灾害社会风险的演化规律。建立科学的评估体系以精准预测灾害可能带来的社会风险，提前采取预防措施，阻止社会风险转化为社会危机，降低人员伤亡和财产损失，有利于巩固社会发展的稳定性。

灾害是客观存在于自然界的一种表象，是相对人类生存而定义的。有了人类，才产生灾害的定义，即灾害是指人类面对的灾害。在人类发展历程中，不同历史时期对灾害的认识与理解也存在差异。

一、灾害与自然灾害

首先对于灾害来说，相关学者对灾害给出了不同的定义：灾害社会学者认为灾害是一种社会性事件；自然科学家认为灾害是自然要素在其运动过程中发生的变异；灾害学者认为灾害是自然和社会原因造成的妨碍人生存与发展的灾难；灾害保障学者认为灾害是各种造成生命财产损失的自然现象和人类行为；人为灾害学者认为灾害是人失去控制违背灾害规律而造成的祸事。

《现代汉语词典》（第7版）中对灾害的解释为：自然现象和人类行为对人和动植物以及生存环境造成的一定规模的祸害，如旱、涝、虫、雹、地震、海啸、火山爆发、战争、瘟疫等。

研究表明，灾害的词义源自"灾"。灾，一是灾害，起因于自然和人为两种因素，是一种祸害，指祸事和灾难；二是个人遭遇的不幸，是传统意义上"灾"的概念。灾的含义随着人类社会的发展与进步逐渐包含新的内容。灾害的内在联系和基本属性衍生出一些新的特点。由此，灾害是指相对人类而危及人类生存，由人为和自然原因生成的多类型高危趋势的一种人与自然极端的对立冲突。

灾害定义的内涵：①灾害是针对人类而设立的概念，如果没有人类则无从谈及灾害，这是灾害定义的前提。灾害生成是自然界自然变故所致，或者是人认识自然和改造自然非规则行为所致，或者是人与自然共同作用所致，这是从内在联系上进行界定。灾害的危害对人类生存构成威胁，毁灭资源财富，危及人的生存环境及生命，这是灾害的内在本质。②灾害是一个动态概念，类型繁多，人类面对的灾害是多重的，有自然灾害、人为灾害，还有人作用于自然而引发的人为自然混合型灾害。随着人类活动能力的增强，灾害的破坏威力渐趋上升，人为引发的灾害随之增加。③灾害的引发集中体现在人与自然的对立和冲突上，人和自然作为两种客观实在，当人与自然表现出极端的不和谐时，终会暴发灾害，这是不可回避的客观现实。④灾害本身是一种客观实在，它伴随着人类生产、生活和社会活动不断向前推进。灾害的活动表现具有自身的规定性，呈现出内在的一般规律性，而人类具有掌握灾害规律特点的能力，由此可言，灾害是可以被认识的，是能够被人类掌握并加以预防和有效"处置"的。

其次是自然灾害，自然灾害是由自然事件或力量为主因造成的生命伤亡和人类社会财产损失的事件。"自然事件或力量"指明了原因，"生命伤亡和人类社会财产损失"指明了后果。即自然灾害并不是自然事件或力量本身，而是由其造成的后果。因此，地震、洪水本身不是自然灾害，而是自然现象，只有由它们为主因造成的生命伤亡和人类社会财产损失才是自然灾害。煤矿中的瓦斯大爆炸造成的灾难，其主因是生产安全管理不到位，因此这种灾难不是自然灾害。战争造成的生命伤亡和人类社会财产损失与自然事件和力量均无关，战争灾难不是自然灾害。雷电引起的森林火灾，主因是自然事件"雷电"，而森林被视为人类社会财产的一部分，所以这类火灾是自然灾害。

根据自然灾害的内涵可以推知，不论其成因和机制存在多大的差异，自然灾害都有下述三大共性：

共性一：自然灾害均发生在地球表层。由于地球表层的物质圈是人类赖以生存和发展的环境，只有发生在地球表层，诸如岩石圈、生物圈、水圈、大气圈的自然事件或力量才可能造成自然灾害。因此，必须深入研究地球表层系统，才能对自然灾害的危险性有正确的认识。

共性二：一种自然灾害常诱发或伴生其他的自然灾害。自然灾害是在由自然系统和人类社会系统组合成的高度复杂系统中发生的现象，所以，一种自然事件或力量常常会导致另一种自然事件或力量的出现，一些生命伤亡和人类社会财产损失会导致另一些生命伤亡和人类社会财产损失。例如，地震会诱发崩塌、滑坡、海啸等其他自然灾害。一个地区的水灾往往伴生另一地区的旱灾，旱灾又容易诱发虫灾等。地震中大量人员的伤亡可以诱发流行疾病等生物灾害。地震一旦使燃气管道发生泄漏并同时使地下电缆外壳损坏，就有可能引发重大火灾和爆炸事故。因此，必须全面研究灾害链，才能对复杂的自然灾害获得更好的理解和控制。

共性三：自然灾害的强度与发生频率成反比。由于巨大自然力量的积累需要相当长的时间，并且人类具有躲避自然灾害的本能，因此，任何种类的自然灾害，大型灾害发生的频率都很低，而轻微灾害却可能频繁发生。例如，在任何地震区内超过 7 级的地震发生的频率都很低，而中小地震却频繁发生。

因此，必须认真研究灾害强度与发生频率的关系，才能合理使用有限的防灾减灾资源。自然灾害会有各种各样的表现，如不均匀性、多样性、差异性、随机性、突发性、迟缓性、重现性及无序性等，但它们并不是自然灾害的共性。例如，很多自然灾害的不均匀性只能放在一个大的地理空间里才能显现出来。从保险理赔的角度看，很难说遭受水灾的一片鱼池中有什么不均匀性。又如，旱灾的发生一般有较长的发展过程，根本没有突发性。事实上，自然灾害形成的过程有长有短，有缓有急。有些自然灾害，当自然力量的积累超过一定强度时，就会在几天、几小时甚至几分钟、几秒钟内表现为灾害行为，像地震、洪水、台风、冰雹等，这类灾害才是突发性自然灾害。旱灾、农作物和森林的病、虫、草害等，一般要在几个月的时间内成灾。而像土地沙漠化、水土流失、环境恶化等，通常要几年或更长时间的发展，是缓发性自然灾害。

虽然不同研究领域、管理部门或行业对自然灾害的理解不同，但这并不影响自然灾害的本质属性，所以本书给出的自然灾害的基本定义，不限于某一范畴。

二、灾害分类

自然界永恒的运动变化，一方面为人类生存繁衍创造了必要条件，另一方面由于异常变异破坏了人类生存的适宜环境，这种破坏就是灾害。灾害在漫长的历史演进中以各种各样的方式危及人类生存与发展，形成了繁杂的灾害系统与类别，每类灾害中的每种灾害都以不同破坏方式对人类构成威胁。灾害学者把灾害划分为若干不同种类，其划分标准和方法不尽相同。从灾害生成的原因基本上分为自然灾害、人为灾害和人为自然灾害三大类，如图 1-1 所示。

图 1-1 中，第一大类是自然灾害，是指自然变异而引发的对人类生存造成破坏的灾害。根据自然灾害的成因确立，常见的自然灾害分为气象灾害、洪涝灾害、海洋灾害、地震灾害、地质灾害、生物灾害和森林草原灾害七类。第二大类是人为灾害，是指人为社会原因造成的灾害，包括自然人为灾害和社会人为灾害两类灾害。自然人为灾害指当人在利用和改造自然时失去控制所引起的灾害，主要分为火灾、事故灾害、卫生灾害、科技灾害四种灾害。社会人为灾害指完全由人类自行引起的灾害或灾难，主要包括政治灾害和社会灾害两种。第三大类是人为自然灾害，是指在一定的自然环境背景下人类非正确的社会活动而引起的灾害。这类灾害分为环境灾害、资源灾害、生态灾害、工程灾害和矿山灾害五类。

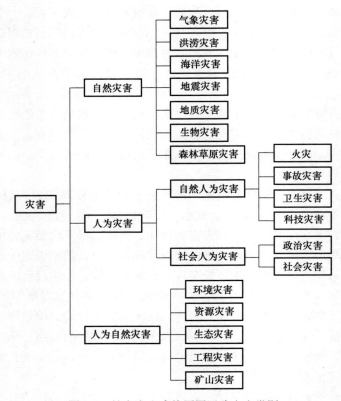

图 1-1　从灾害生成的原因区分灾害类别

三、灾害成因

灾害在本质上体现了人与自然的关系，其形成条件包括自然力的作用及其对人类造成的破坏性后果。灾害具有自然属性与社会属性，其成因也就有自然和人类社会两方面。

1. 自然成因

自然生态系统在长时间的演化过程中，自身的每一个组成部分都有其独特的作用并具有一个相对的量值。物质与能量的变动通常在对应值域范围内，一旦超过此值域范围，有可能导致自然生态系统的部分失稳甚至全球性改变，使系统不能正常运行并发挥功能而发生灾害。例如，地应力的聚集超过岩层构造承受力发生地震灾害；降水过度聚集超过江河湖泊行洪能力，造成水灾。物质和能量的聚散通常需要一定诱发因素使能量释放或转化形成灾害。如火山聚集巨大能量但需要突破火山口或地震诱发能量快速释放才形成火山喷发并造成灾害。物质和能量异常聚散和释放转化源于自然生态系统中物质和能量的不均匀分布，包括空间和时间的不均匀分布。

无论是自然灾害还是人为灾害，都必然有自然成因，这是由灾害的自然属性决定的。自然生态系统作为一个整体，具有协同性、自组织性、混沌性等特点，自然成因的灾害总体上在自然规律支配下自发产生，表现出一定必然性。纯粹的自然灾害很少，人类几乎不可能干预此类灾害。总而言之，灾害的自然成因主要包括天体运动、圈层活动及地理因素，这些成因先于人类出现并延续至今，未来仍将继续存在。

2. 人为成因

自人类文明开始，人类发挥主观能动性作用于自然界，开发自然，从自然获得资源。在工业革命以前，灾害成因以自然成因为主。工业革命以来，人类对自然的改造能力得到提高。除了地震、火灾、海啸等几乎不受人类影响的灾害，绝大多数自然灾害、人为灾害及人为自然灾害都不同程度地与人类经济社会活动有关。但自然界有自身运行的内在规律，人类的活动既有符合规律的建设性，也有违背自然规律的破坏性，由于人对自然规律认识不全面导致对自然的破坏大于建设，对其影响呈现负面效应。人类影响全球环境变化导致一系列灾害发生，产生新的灾害类型并呈灾害链式、群式发展，影响最为显著的是全球气候变化，比如全球气候变化逐渐影响和改变全球面貌，世界海平面上升危及沿海地带，极端天气逐渐改变生物分布和土地覆盖状况等。

人类在快速发展经济的同时，使用了自然界大量的资源，而这些资源被加以利用，转化成了各种不同的产品。在此过程中，产生了大量的垃圾和废物，会增加地球的废物库，造成资源浪费。同时，工业生产过程中，释放了大量的化学物质，这些化学物质有的对人体和自然有害，进入生态循环，改变了原有的循环平衡状态。

3. 综合成因

灾害综合成因与人为成因的主要区别在于人为成因与自然成因在成灾原因中所占比例，人为成因比例大于自然成因的灾害归类为人为灾害，相反归为自然灾害，若两者比例相近，归为人为自然灾害。这只是技术上的分类，灾害是相对人而言的，故灾害都离不开人的因素，人类要么是致灾因子，要么是承灾体。在分析灾害的成因时，尽量综合考虑自然和人为成因，做到科学合理。

四、灾害损失与影响扩散

灾害损失是灾害对人类社会造成的人员伤亡、社会财产损失，以及对社会生产和居民生活造成的破坏与为修复被破坏的灾区所进行的投入。灾害损失可以用损失大小和损失程度两个指标来描述。前者反映的是灾害损失的绝对量，而后者反映的是灾害损失的相对量。

（一）灾害损失分类

灾害损失通常可分为经济损失、社会损失和环境影响。

1. 经济损失

经济损失是指灾害对经济活动造成的破坏情况与损失程度，一般用货币形式表示。经济损失通常分为直接经济损失、间接经济损失和宏观经济影响三类。

（1）**直接经济损失**　有时简称直接损失，为各种致灾事件对物质资产存量造成的损失，主要表现为资产的损失，包括建筑、机器设备、各种交通工具、成品或半成品和准备收获的农作物等，如地震造成房屋倒塌、厂房或基础设施破坏等。直接损失往往是在致灾事件发生过程中产生的，直接损失的后果为商品和服务的流量损失。

（2）**间接经济损失**　有时简称间接损失。间接损失来源于灾害对生产能力的直接破坏或者基础设施的损毁，影响企业的正常生产，从而造成产量下降或停产。间接损失还包括由公共设施供给成本或费用的提高而导致的成本上升。例如，由洪水或持续干旱引起的未来收成的损失，由工厂损毁、原材料不足造成的产量下降，由运输路线、运输方式改变导致的成本提高。间接损失是在灾害发生以后的一段时间内产生的。

（3）宏观经济影响 灾害对宏观经济的影响，主要指对一个国家或地区的价格水平、财政、失业率、国际收支和国内生产总值等经济变量的影响。它反映了直接经济损失和间接经济损失的宏观效应，可以预测不发生灾害的情况下宏观经济变量的数值来判断灾害在多大程度上影响了应该达到的宏观经济目标，以及这些宏观经济变量的变化又在多大程度上影响了灾后的恢复重建等。研究灾害对宏观经济的影响是从不同的角度研究灾害对经济的影响，是对直接损失和间接损失评估的补充，两者角度不同，不能与直接损失和间接损失相加，实际上也无法相加。灾害对宏观经济的影响经常以一个国家为单位，在更小的区域范围内也可以进行类似的分析。

2. 社会损失

社会损失指人员生理心理损伤和对人类正常生活、社会组织和社会发展造成的影响等。灾害不仅会造成大量人员伤亡、许多人无家可归，而且在灾害期间个人健康也会受到直接影响。在灾害发生过程中，老人、妇女和儿童等脆弱性人群对灾害的反应更为明显，会普遍出现身体的健康状况下降甚至死亡；大灾之后往往形成传染病易于流行的条件，对人类生存构成极大的威胁。灾害还会给人们带来严重的心理伤害，影响人的行为和精神健康。由于灾害破坏了人们的生存条件和环境，人们的生活方式和行为方式也会发生巨大变化，尤其是痛失亲人和家园被毁，人们的心理往往出现消极、悲观和扭曲现象。灾害对心理的负面影响包括灾害所带来的苦难、失去亲人的悲伤、不安全感和对政府应对不力的愤怒情绪等。

3. 环境影响

一场大的灾害往往会对人类所依赖的生态环境和资源构成巨大破坏。灾害对环境和资源造成的破坏，有些可以恢复，有些则难以在短期内恢复。矿产资源属于不可再生资源，受灾被毁后无法或很难恢复；水资源属于可再生资源，但受灾被污染后，恢复过程非常缓慢；生物资源种类繁多，但一个物种灭绝后就永远消失且不会再生；土地资源虽属可再生资源，但一旦受灾，将导致森林被毁、土壤破坏、草地退化等一系列环境问题。灾害不仅破坏当时的社会经济发展，而且危及子孙后代的生存发展条件。

（二）灾害影响扩散

灾害的损失和影响并不局限在灾害发生的地区，由于社会、经济、技术和环境是一个复杂的巨系统，某一灾害事件对区域系统的扰动或破坏，其间接损失和宏观影响将通过社会、经济与技术网络系统传递、扩散，该过程是非线性的，导致灾难的影响具有放大与连锁效应，称为灾害影响的涟漪效应或多米诺骨牌效应。

灾难不仅在空间和时间上传播，而且影响一个系统的各个部分。它也可能引发另一种灾难。例如，地震可能导致停电、火灾、山体滑坡、洪水或供水短缺，雷暴可能导致停电、火灾、山体滑坡或洪水，洪水可能导致饮用水短缺、停电、山体滑坡或流行病（见图1-2）。

灾害通常从一个大扰动或系统的某个部分损毁开始，并通过网络传播到系统的其他部分。大多数灾害造成严重的交通、运输和供应问题，日常贸易的中断。在灾难中，停电相当普遍，这可能导致许多严重的影响，例如，通信中断，公共交通中断，许多房屋没有供暖、

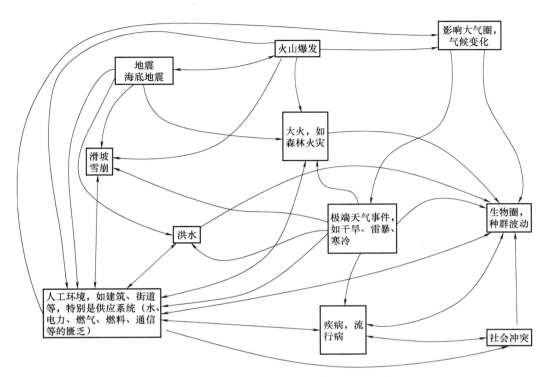

图 1-2　一种灾害可能引发另一种灾害的因果网络

无法烧水（即可能会发生缺少饮用水等情况），自动取款机和超市收银台无法工作，在一定时间内医院无法正常工作或需要撤离。

第二节　风险基础知识

一、风险的理解

风险定义随着人类活动的复杂性和深刻性而逐步深化，并被赋予了哲学、经济学、社会学、统计学甚至文化艺术领域内更广泛、更深层次的含义，且与人类的决策和行为后果联系越来越紧密。美国风险学会（Society for Risk Analysis，SRA）认为，由于人类社会活动及其复杂性，各个领域对风险的理解不太可能完全一致，甚至宣布不再对风险进行定义。因此，经济学家、灾害环境科学家、风险管理学者、数理统计学家以及金融投资学者和保险精算师等均根据自己业内具体情况，给出属于各自领域的风险的定义。

1. 数学统计领域的风险定义

可应用不同的数学理论来理解风险，最常用的工具是数理统计和概率论。风险的定义用公式 $R = CP$ 代表"客观风险"的度量，R 表示风险，C 表示损失的后果，P 表示损失后果发生的概率。此风险定义在保险业得到广泛应用，保险业关于风险的概念是期望损失，即数学期望。期望损失的定义能够简化处理很多问题，但将期望损失等同于风险的定义存在争议，特别是不同情况下期望损失相同，不能简单地认为风险相同，因为方差不同、对风险的感知影响着对这些数学风险概念的理解。例如，相同的期望损失，风险却不一样，小概率大损失的大灾害风险和大概率小损失的灾害风险尽管期望损失可能相同，但是这两种情况是不同的风险，所采用的风险管理和控制方案也不可能相同。因此，该风险定义尽管可以量化风险，但并不适合科学地评估和管理风险。

2. 灾害学角度的风险定义

灾害风险从其本质上是潜在的致灾因子（hazard）、风险事故（peril）和损失构成的统一体，三者之间相互影响，前者与后者之间是因果关系。所谓致灾因子是为促使和加重事件发生的频率和增大损失严重程度的条件，是损失事件发生的潜在原因。根据致灾因子的性质，可以将其分为有形致灾因子和无形致灾因子：有形致灾因子是客观事物本身的因子，无形致灾因子是指文化、风俗、伦理、习惯、价值观等非物质的影响因子，有时也称人类社会致灾因子。风险事故即灾害事件，是指客观存在的、可造成生命风险的潜在损失事件，而这种不确定的损失是指非故意的、非预期的和非计划的经济损失，这种损失不仅包括经济损失，还包括生命健康和精神损失。

灾害风险的定义不仅考虑客观风险源情况，还考虑社会系统的性质及其对风险的反应能力，是风险源或致灾因子与人类社会脆弱性共同作用可能造成的潜在损失。脆弱性包括物理脆弱性、经济脆弱性、社会脆弱性和生态脆弱性等。灾害风险的经典公式为 $R = HV$，其中 R 表示风险，H 表示致灾因子，V 表示脆弱性。灾害与灾害风险是两个概念，灾害是致灾因子和承灾体的脆弱性共同的结果；灾害风险是致灾因子和承灾体脆弱性共同作用导致的损失的不确定。灾害风险定义在自然灾害风险、环境污染和安全生产等领域应用广泛。

灾害风险本质也是一种风险，只不过致灾因子是客观因素，特别是那些导致损失的风险，而不能导致收益的风险。灾害风险是致灾因子与脆弱性共同作用下的潜在危险事件，具有影响人类生命健康、物质和精神生活幸福的不确定性，该定义也是本书主要研究的灾害风险定义。

3. 主观风险定义

主观风险的定义考虑了人们的心理意识、认知或感知，即所谓的风险认识或风险感知。风险感知对人们风险的态度和处理风险的行为有重要影响，因为人们是根据心理反应和主观判断做出相应的风险决策。尽管风险的一些主观偏好有时具有偏见，但是对风险结果的想象却真实存在：主观的风险判断有的时候被认为比客观风险的结果更加"客观"，是因为主观风险判断更能对人类的决策和行为方式产生直接影响，在某种程度上甚至决定了人们的风险行为。例如，人们是否接受风险、是否控制和转移风险常常是权衡风险与收益，而不是风险与风险的比较，因此，风险决策时既要考虑风险是潜在的损失，还要考虑风险也意味着潜在的收益。关于风险偏好、风险中立和风险厌恶也正是这种风险概念下衍生的理论。

4. 国际标准化组织的风险定义

国际标准化组织给出的风险定义是某一事件发生的概率和其后果的组合，在某些情况下，风险起因是预期的后果或事件偏离的可能性。后果（consequence）是指某一事件的结果，产生的后果可以是正面和负面的，可以定性或定量表述。概率（probability）是某事件发生的可能程度，即度量某一随即事件发生可能性大小的实数，其值介于 0~1。事件（event）是指特定情况的发生，事件可能是确定的，也可能是不确定的，此外，事件可能是单一的，也可能是系列的。

总之，风险的具体定义取决于涉及的领域，不同的领域给予风险的定义不同，风险虽然尚无统一和明确的概念，但风险定义有以下本质特征：一是风险事故发生不确定或风险事故造成损失的不确定；二是风险事故发生的概率及其损失后果的不确定的综合。

二、风险与不确定性

1. 不确定的产生

在过去的几百年里，人类用于描述自然界中确定性的模型已经取得了重大的实质成果，不断提升了人类对自然科学的理解，并从某种意义上改变了自然与社会环境。对于自然科学，尽管人类已经在某些领域的预言（理论）中得到了一些证实，比如牛顿的物理学运动规律、爱因斯坦的相对论等，但人们不能对社会问题科学准确地预测和评估。不确定在人类日常的生活中随处可见，例如天气的不确定性问题、产品价格的不确定性问题等。

2. 不确定性的类型

不确定性描述的词汇较多，如模糊性、不清楚、随意性、不定性、模棱两可等。关于不确定的分类，部分学者将不确定性划分为以下四种类型：

1）不明确是指由于缺乏信息导致的不确定。

2）主观判断缺乏准确性导致的不确定。

3）不一致表示事情是否发生的可能性问题。

4）混乱主要是考虑缺乏理解的情况下导致的不确定。

此外，不确定性还分为外在不确定性和内在不确定性。外在不确定性表现为：一旦人们感到某些事物或情况不确定时，就会试图在一定程度上降低外在因素不确定，这种观点可以从风险管理措施上得到体现。内在不确定性是指一个人可能拥有的机会等，但人们在担心、害怕或紧急情况下，内在不确定性就会消失。因为紧急情况下，人们更依赖于所处的特定的环境和情况，当没有时间和机会自己做出决策时，特别是在人们意识到风险的情况下，人的这种内在不确定性变得更加显著。例如，只有当存在更多的内在不确定性时，人们才更倾向于接受更高的外部环境的不确定性，因为这种内在不确定能够使人可以根据自己喜好和当时的情绪进行决策。

3. 不确定的层次

一个事件或活动结果的不确定程度与该事件或活动本身性质、人们对活动的认知程度有关。当结果不可预测时，会出现不确定性，有时可以通过客观概率将其转化成风险。不确定是产生风险的来源，如果将客观确定也纳入不确定水平，可以将其分为以下四个层次：

第一层次是客观确定。知道将要发生的事情且其发生是确定的，或者可以精确预测的，例如签订的商品贸易合同、地铁的到达时间和运行速度等。

第二层次是客观不确定。知道未来有多种结果，并且每一种结果发生的概率也知道，但具体哪一种结果发生不能完全肯定。这种不确定是客观世界本身所具有的现象或性质，一种具有统计意义上的不确定性，可以通过历史经验或重复试验来描述其发生规律的不确定性，概率论能够在一定程度上解决这种经典的不确定。

第三层次是主观不确定。知道未来有哪些结果发生，但不知道哪一种结果能发生，并且发生哪种结果的概率也无法确定。这种不确定会随着事件的时间、行为的进展而发生变化，这些不确定主要是由于人们还没有完全掌握原理、信息和数据造成的主观认识与客观的距离而产生的，当人们对事件的内部发展机理得到足够信息和认知，这种不确定会变成客观不确定或确定性。

第四层次是完全不确定。不知道未来发生哪些结果，即不知道会发生什么，更不知道发生结果的概率。例如地球、太阳系以及宇宙的未来变化等。当然，随着社会科学技术的发展，第四层次的不确定可以转化为第三层次不确定，第三层次不确定也可以转换成第二层次水平。

总之，风险是客观存在的，不确定性是一种心理状态；风险是可以测度的，其发生都有一定的概率，而不确定性是不能测度的。风险的重要性在于它能给人们带来损失或收益的不确定，而不确定性的重要性则在于它影响个人、组织和政府的决策过程。

三、风险的性质

1. 风险的收益性

将风险视为一种获得收益的机会，认为风险越大可能获得的回报就越多，风险意味着潜在的收益。当然，风险越大，其相应可能遭受的损失也越大。风险的收益和损失更多地体现在金融投资等经济领域。

2. 风险的危险性

认为风险是一种危机，认为风险是消极的事件，可能产生损失，这是大多数人理解的风险。还有人认为风险是一种学术问题，即认为风险是一种不确定性，只要风险存在，就有发生损失的可能性。由于风险发生之后会有损失，因此，世界各国政府和企业组织包括个人都关注风险的研究。

3. 风险的客观性

认为风险是不以人们的意志为转移、独立于人们的意志之外的客观存在。只能采取风险管理的办法降低风险发生的频率和损失幅度，而不能彻底消除风险。

4. 风险的普遍性

在现代社会，个体或组织与环境都面临着各种风险。随着科学技术的发展和生产力的提高，还会不断产生新的风险，且风险事故造成的损失也越来越大。例如，核能技术的运用产生了核辐射、核污染风险；航空技术的运用产生了意外发生时的巨大损失风险。

5. 风险的可变性

认为风险在一定条件下具有可转化的特性。世界上任何事物都是互相联系、互相依存、互相制约的。任何事物都处于变动与变化之中，这些变化必然会引起风险的变化，即风险是动态的风险。例如，科学发明和文明进步都可能使风险发生变动。

四、风险的基本度量

1. 风险的度量概述

风险的度量随着数学的发展而得到应用和完善。法国数学家帕斯卡（Pascal）和费尔马

（Fermat）大约在 1660 年引入概率理论。17 世纪后期和 18 世纪，在数学家阿巴斯诺特（Arbuthnot）、哈雷（Halley）和伯努利（Bernoulli）的努力下，概率理论得到了快速发展。18 世纪后半叶产生的贝叶斯（Bayes）理论在于通过不断利用得到的后验信息来修正和更新先验理论。1792 年，拉普拉斯分析了有无接种天花的期望寿命，给出了第一个比较风险分析原型。但是，直到 20 世纪后期，这些新技术才被系统地应用于安全领域的风险评估与管理中。1945 年，美国国家标准局首次将概率理论引入安全管理。20 世纪 60 年代，航空领域应用基本概率方法进行安全管理。美国核管理委员会（1975）首次采用概率方法对核反应堆和核事故后果进行风险评估，但在宇航领域和核工程领域中的定量风险分析成果受到严重批评并被决策者拒绝。随着 1979 年的三哩岛核事故以及 1986 年"挑战者号"航天飞机失事之后，这些灾害事故的发生刺激了风险分析的进一步发展和应用。

2. 损失程度和损失频率

根据风险的定义，人们通常认为风险大小主要考虑风险损失程度和损失频率两方面指标。损失程度（损失幅度）是指某次损失的大小程度，即在一定时间内，某次风险事故一旦发生，可能造成最大损失的数值。损失频率（损失概率）是指一定时间内损失可能发生的次数，如一栋建筑物因火灾受损概率。

风险大小要根据具体情况，将损失发生的可能性和损失发生的严重程度综合考虑。风险大小通过损失程度和损失频率比较得出。从图 1-3 中看出，损失概率和损失程度均较低的为低风险；损失概率虽然较高，但程度轻微的也可以看成低风险；损失概率和损失程度均较大的则为高风险。对于损失概率较低而损失程度较大的风险，则要根据不同的情况具体分析。对于巨灾事件，如大型地震，虽然发生的概率很低，但由于后果严重，就被视为高风险。

图 1-3　风险大小衡量示意图

目前风险衡量的理论有了更大的发展。如理查德、普罗蒂提出了用观念代替数值对损失进行粗略估计，风险分为：几乎不会发生（即在风险管理的观念中，事件不会发生）、不太可能发生（事件虽有可能发生，但现在没有发生将来也不可能发生）、频率适度（预期将来有可能发生）、肯定发生（一直有规律地发生，并能预期将来也有规律地发生）。该方法的优点在于有时间考虑风险和研究过去的经验，大多数风险管理者能做出必要的估计，进行风险估计还能够促进对风险系统的研究。如估计在最不利的情况下可能遭受的最大损失额和在通常的情况下可能遭受的最大损失额。

第三节　灾害风险的理解

一、灾害风险的概念

在灾害学研究中的风险与其在经济和保险领域中的概念有所不同。这主要是由于灾害系统更复杂，灾害风险的影响因素更多。灾害风险是指灾害发生及其给人类社会造成损失的可能性。灾害风险既具自然属性，也具社会属性。灾害风险形成与灾害爆发之前，由风险源、风险载体和人类社会的防灾减灾措施等多个方面的因素相互作用而产生。无论自然变异或人类活动都可能导致灾害发生，因此，灾害风险普遍存在，其基本要素可以归纳为以下方面。

1. 孕灾环境

广义上，孕灾环境是指地球表层的四大圈层，即大气圈、水圈、岩石圈、生物圈；狭义上，孕灾环境主要包括自然和社会经济两个方面。大气圈中的孕灾环境有大气环流和天气系统，主要包括影响该地区各个时期的环流系统和各种尺度的天气系统；水圈中的孕灾环境有水文条件，主要是指流域、水系、水位变化等条件；岩石圈中的孕灾环境有地形地貌，地形地貌是影响天气系统的重要因素，主要包括海拔、高差、走向、形态等；生物圈中的孕灾环境有植被条件，植被条件的好坏对灾害发生强度有很大影响，主要涉及植被类型、覆盖率、分布等。此外，社会经济条件和人类活动也是影响孕灾环境的重要因素，主要有人口数量、分布、密度，厂矿企业的分布，农业、工业产值和总体经济水平等。这些背景因素是灾害孕育的载体，同时也可能是灾害的直接承受体。

2. 致灾要素

灾害存在和产生的必要条件是要有风险源。灾害风险中的风险源也称灾变要素，主要反映灾害本身的危险性程度，包括灾害种类、灾害活动规模、强度、频率、承灾范围、灾变等级等。这种过程或变化的频度越大，给人类社会经济系统造成破坏的可能性就越大；过程或变化的超常程度越大，对人类社会经济系统造成的破坏就可能越强烈，人类社会经济系统承受的来自该风险源的灾害风险就可能越高。在灾害研究中，风险源的这种性质通常被描述为危险性。灾害危险性的高低通常可用下式予以表达：

$$H = f(M, P)$$

式中，H 为灾害风险源的危险性；M 为灾害风险源的变异强度；P 为灾害灾变发生的概率。

3. 承灾体特征要素

有危险性并不意味着灾害就一定存在，因为灾害是相对于人类及其社会经济活动而言的，只有某风险源有可能危害某社会经济目标——某承灾体后，对于一定的风险承担者来说，才承担了相对于该风险源和该风险载体的灾害风险。承灾体特征要素主要反映受灾体的脆弱性、承灾能力和可恢复性，包括承灾体的种类、范围、数量、密度、价值等。承灾体脆弱性的高低通常可用下式予以表达：

$$V = f(p, e, \cdots)$$

式中，V 为承灾体的脆弱性；p 为承灾体中的人口因素；e 为承灾体中的经济因素。

4. 破坏损失要素

破坏损失要素反映受灾体的期望损失水平，主要包括损失构成、受灾种类、损毁数量、损毁程度、经济损失、人员伤亡等。

5. 防治工程要素

防治工程要素主要包括灾害防治工程措施、工程量、资金投入、防治效果和预期减灾效益等。

对灾害风险的理解不同，灾害风险的表述方式也有差异。例如，使用方差以及概率密度来描述灾害风险，更为常用的理解是指事件发生状态超过（或小于）某一临界状态而形成灾害事件的可能性，常用超越概率表示。联合国（United Nations，2004）在其实施的"国际减灾战略"项目中，主要针对自然灾害领域，对灾害风险进行了比较权威的定义，即风险是自然或人为灾害与承灾体的脆弱性（易损性）之间相互作用而导致一种有害的结果或预料损失（生命丧失和受伤的人数、财产、生计、中断的经济活动、破坏的环境等）发生的可能性。该风险定义里有两种关键因子：一是某种既定威胁，即灾害产生的可能性；二是暴露于灾害环境的承灾体对灾害的敏感度，即脆弱性。如果隐性风险发展为显性灾难，其灾害的影响力大小取决于灾害的特点、发生的可能性、灾害强度，以及与自然、社会、经济和环境状况有密切关系的承灾体对灾害的敏感性。多多纳裕一等认为，一定区域自然灾害风险是由自然灾害危险性（Hazard）、暴露（Exposure）或承灾体、承灾体的脆弱性或易损性 3 个因素相互综合作用而形成的。除了上述三个因素外，防灾减灾能力也是制约和影响灾害风险的因素。

1）自然灾害危险性，是指造成灾害的自然变异的程度，主要是由灾变活动规模（强度）和活动频次（概率）决定的。通常，灾变强度越大，频次越高，灾害所造成的破坏损失越严重，灾害的风险也越大。

2）暴露或承灾体，是指可能受到危险因素威胁的所有人和财产，如人员、牲畜、房屋、农作物、生命线等，即承受灾害的对象。一个地区暴露于各种危险因素的人和财产越多，即受灾财产价值密度越高，可能遭受的潜在损失就越大，灾害风险也越大。

3）承灾体的脆弱性或易损性，是指在给定危险地区存在的所有任何财产由于潜在的危险因素而造成的伤害或损失程度，其综合反映了自然灾害的损失程度。承灾体的脆弱性或易损性越低，灾害损失越小，灾害风险也越小；反之亦然。承灾体的脆弱性或易损性的大小，既与其物质成分、结构有关，也与防灾力度有关。

4）防灾减灾能力表示受灾区在长期和短期内能够从灾害中恢复的程度，包括应急管理能力、减灾投入、资源准备等。防灾减灾能力越高，可能遭受的潜在损失就越小，灾害风险也越小。

区域灾害风险是危险性、暴露性、脆弱性和防灾减灾四个因素相互综合作用的产物。通过考虑灾害的主要原因、灾害风险的条件和承灾体的脆弱性等和与灾害风险及其管理密切相关的关键问题，全面、综合地概括灾害管理过程的各个环节，并且弥补其缺欠或薄弱环节，采取全面的（comprehensive）、统一的（holistic）和整合的（integrated）减灾行动与管理模式是非常必要和有效的。

由于灾害的连锁反应机制，不同灾害常互为因果或同源发生，形成灾害链和灾害网，因此，灾害风险也具有连锁效应，进而形成灾害风险体系。假设一条灾害风险链的各风险事件的风险度分别为 R_1，R_2，$\cdots$，R_n，则整条风险链的风险度（R）可以表示为

$$R = 1 - (1 - R_1)(1 - R_2) \cdots (1 - R_n)$$

风险体系层次上的风险度是各灾害风险事件风险程度的综合反映。

在灾害风险管理过程中还包括以下四个基本概念：一是灾害风险识别；二是灾害风险分析；三是灾害风险评价；四是灾害风险管理。

1）灾害风险识别。灾害风险识别是指对面临的潜在风险加以判断、归类和鉴定的过程，包括识别灾害发生的风险区、灾害种类、引起灾害的主要危险因子以及气象灾害引起后果的严重程度，识别灾害风险危险因子的活动规模（强度）和活动频次（概率）以及灾害时空动态分布。

2）灾害风险分析。灾害风险分析主要有两种方式：一是利用历史灾害资料对灾害风险进行量化，计算出风险的大小，即给出灾害事件在某一区域发生概率以及产生的后果；二是利用根据灾害致灾机理，对影响灾害风险的各个因子进行分析，计算出灾害风险指数的大小。灾害风险分析是灾害风险管理的核心内容。

3）灾害风险评价。在灾害风险分析的基础上，建立一系列评估模型，根据灾害特征（致灾因子及其强度）、风险区特征和防灾减灾能力，寻求可预见未来时期的各种承灾体的经济损失值、伤亡人数、作物成灾面积、减产量、基础设施损失状况等。

4）灾害风险管理。针对不同的风险区域，在灾害风险评价的基础上，利用灾害风险评价的结果，对是否需要采取措施、采取什么措施、如何采取措施，以及采取措施后可能出现什么后果等问题做出判断。

二、灾害风险的属性与特征

灾害风险有三种基本属性，即自然属性、社会属性和经济属性。认识和分析灾害风险的属性，有助于分析灾害风险造成损害的可能性以及可能的损害程度。

1. 灾害风险的自然属性

灾害风险的自然属性是指自然界运动的客观规律本身所固有的风险属性。自然界中的规则运动为人类的生存和发展提供了条件；但其不规则运动却为人类的生命财产带来损失，如地震、洪水、风暴、飓风、泥石流等。这就是人类赖以生存的地球所面临的自然风险。尽管也称其为自然灾害，但它们也是自然界运动的一部分，当其与人们的生命财产联系在一起时就构成了灾害风险。它们虽然遵循一定的运动规律，但由于人们对其认识和了解很少，从而认为其发生是不规则和难以准确预测的。另外，由于其破坏力巨大，即便人类认识了它，也无法采取适当的措施来控制灾害风险的损失程度。这就构成了灾害风险的自然属性。

2. 灾害风险的社会属性

灾害风险的社会属性首先体现在一些灾害是社会因素运动的结果，如私有财产中的盗窃风险、财产委托代理中的道德风险、原子能利用中产生的核污染风险及社会冲突、战争等导致的人们生命财产遭受损失的风险等。其次体现在风险的结果由社会承担，虽然绝大多数风险所产生的损失从表面上看仅影响个人或家庭，或一个单位，或局部地区，但就整个社会角度总有一部分财产丧失。另外，有时个人或单位无力承受的损失就必然会寻求社会分担，于是出现了保险机构和慈善机构等社会共担风险的组织。这就构成了灾害风险的社会属性。社会属性可以造成灾害风险的扩大或者减弱。

3. 灾害风险的经济属性

灾害风险的存在不仅会造成人员的伤亡，而且会造成生产力的破坏、社会财富的丧失和经济价值的减少，这就体现为风险的经济属性。从损失的定义可知，在灾害破坏力的范围之内，必定会造成人们的生命财产损失；若在破坏力的范围内不存在人们的利益，即使破坏力再大，也不会造成损失，也就不存在风险。例如，在荒无人烟的地方发生地震，不会危及人们的生命财产安全，因此这样的地震只能看成是一次自然现象，而不能认为是地震灾害风险。灾害风险的特征是由风险的属性决定的，是风险的本质及其发生规律的外在表现。

灾害风险的全面特征可归结为如下几方面。

（1）客观性和普遍性　由于损失发生的不确定性，灾害风险是不以人的意志为转移并超越人们主观意识的客观存在，灾害风险无处不在、无时不有。

（2）不确定性　不确定性是风险最本质的特征，由于客观条件的不断变化以及人们对未来环境认识的不充分性，导致人们对灾害事件未来的结果不能完全确定。风险是各种不确定因素综合作用的产物。

（3）潜在性　尽管灾害风险是一种客观存在，但其不确定性决定了它的出现只是一种可能，这种可能变为现实还有一段距离，还有赖于其他相关条件，此特性就是灾害风险的潜在性。正是灾害风险的潜在性使人类可以利用科学的方法，正确鉴别灾害风险，改变灾害风险发生的环境条件，从而达到减小风险、控制风险的目的。

（4）双重性　双重性是指由灾害风险所引发的结果可能是损失，也可能是收益。传统上把风险作为损失来看待，因此灾害风险的双重性也指损失与收益机会共存。风险结果的双重性应使人们认识到，对待风险不应只是消极对待其损失一面，还应将风险当作一种机会，通过风险管理尽量获得风险收益。另外，灾害风险在来源上也具有双重性，即引发风险的因素来自自然界和人类本身，这有两层含义：一是人类发明的技术、制度安排以及做出的各种决定、采取的各种行动都可能带有风险，尽管其中大部分目的是要预防、减少甚至控制风险；二是人类的行为加重了自然界本身具有的风险。这一方面表现为人类为了改善生产生活而破坏了自然环境，从而引发了包括"温室效应"、沙尘暴、赤潮等问题；另一方面是物品和人的流动造成了灾害的转移和扩散。

（5）行为相关性　行为相关性是指决策者面临的灾害风险与其决策行为紧密关联。不同的决策者对同一风险事件会有不同的决策行为，具体反映在其采取的不同策略和不同的管理方法上，因此也会面临不同的风险结果。行为相关性表明，任何一种灾害风险实质上都是由决策行为与风险状态结合而成的，是风险状态与决策行为的统一。风险状态是客观的，但其结果会因不同的风险态度和决策行为而不同。

（6）可变性　在灾害风险治理的整个过程中，各种风险在质和量上会发生变化。随着治理的进行，有些风险得到控制，有些风险会发生并得到处理；同时，在治理的每一阶段都可能产生新的风险。

（7）风险的可收益性　灾害风险是积极结果与消极后果的结合体。灾害风险既有危险和不确定性，也有潜在的收益性。如果应对得当，风险可以减小、避免，甚至能转化为收益。

（8）可计算性和不可计算性　灾害风险的可计算性体现为可以通过建立风险模型来计算和测量灾害风险造成的损害及其相应的补偿，可计算性说明了灾害风险是一个现代概念。但可计算性是相对的，只是体现了人类控制和减少灾害风险的企图，经济补偿无法完全抵消灾害风险带来的伤害，并且不能从根本上消除灾害风险并阻止灾害风险的发展，因此必须承认灾害风险的不可计算性。不可计算性揭示了灾害风险发生后的不可逆性，随着灾害风险规模和影响的扩大，其不可计算性更加突出。

（9）时间和空间属性　灾害风险是一个具有未来指向的词。如果这种可能性已经实现，灾害风险就成为现实的灾害。灾害风险在空间上不断扩展。灾害风险是全球性的，超越了地理界限和限制，突破了政治边界，影响到微生物界以及大气层。在时间上，它们是不可逆转的，能对人类和物种的后代产生消极影响。

（10）随机性与模糊性　灾害的发生不但受各种自然因素的影响，而且与人类活动等因素有关。灾害发生的范围、时间和强度具有很大的不确定性，因此灾害风险具有很大的不确定性；灾害风险的随机性还表现在人类认识水平的局限性。除了随机不确定外，灾害风险还具有模糊不确定性，即对灾害风险评定标准和灾害本身定义没有明确的"边界"。同时，由灾害系统的复杂性和人类认识的有限性，导致评价结果的模糊不确定性。

（11）必然性与不可避免性　当人们面临突然产生的风险时，往往不知所措，其结果是加剧了风险的破坏性。灾害风险的这一特点，要求应加强对风险的预警和防范研究，建立风险预警系统，完善风险防范机制。灾害风险的突发性，表面上看是具有极大的随机性，其发生的时间是偶然的。实际上，突发性和随机性中隐含着一定的必然性。灾害是地球各个圈层内部和各个圈层之间相互作用的产物。当决定产生风险的各种因素达到一定量的积累和某一临界值时，一旦产生某些诱发性因素，就会不可避免地产生灾害。

（12）迁移性、滞后性和重现性　灾害风险的迁移性表现在成因和结果在空间上的分离；滞后性具体表现在成因与结果在时间上的分离；重现性具体体现在单一致灾因子发生的重复性。

三、灾害风险的分类

1. 分类原则

灾害风险的分类也必须按照一定的原则进行，主要应遵循以下原则：

（1）科学性原则　灾害风险分类能够科学地描述或反映现代灾害风险的发展特点，成为灾害风险管理的科学基础。

（2）系统性与完整性原则　灾害风险分类体系在总体上应具有一定的概括性和包容性，能够容纳全部已有的风险和将来可能产生的风险。分类在反映灾害风险的属性和灾害风险间的相互关系上保持相对的完整性，形成一个合理的科学分类体系，每一个灾害风险集都有其确定的分类位置。

（3）层次性原则　同其他任何分类体系一样，灾害风险分类体系应当按照层次性原则进行，即首先将灾害风险在一级结构上划分；其次，在同层结构内，按对该层进行研究的灾害风险性质进行划分。

（4）实用性原则　灾害风险分类既要有利于灾害风险的组织管理，又要注意和体现用户在查询、检索灾害风险时的一般习惯。分类名称应尽量沿用各专业习惯名称，确保每个类目下要有灾害风险，不设没有灾害风险的类目。

（5）兼容性原则　综合灾害风险只是整个灾害风险中的一部分，在进行综合灾害风险分类时应当考虑与整个灾害风险分类的兼容性。同时，尽可能引用有关的国际标准、国家标准或行业标准，或与它们协调一致。

2. 灾害风险分类方法

（1）按灾害风险损害的对象分类

1）财产风险，是由灾害导致财产发生毁损、灭失和贬值的风险，如房屋有遭受火灾、地震的风险，机动车有发生车祸的风险，财产因经济因素有发生贬值的风险。

2）人身风险，是指因生、老、病、死、残等导致经济损失的风险。例如，因为年老而丧失劳动能力或由于疾病、伤残、死亡、失业等导致个人、家庭经济收入减少，造成经济困难。人身风险在何时发生并不确定，一旦发生，将给其本人或家属在精神和经济生活上造成困难。

3）生态风险，是指灾害事件对生态系统中的某些要素或生态系统本身造成破坏的可能性。生态系统破坏作用可以使一个种群数量减少乃至灭绝，或使生态系统结构、功能发生变异，导致生态灾害产生。

（2）按损失的原因（风险来源）分类

1）自然风险，是指由于自然力的非规则运动引起的自然现象或物理现象所导致的风险，如洪水、地震、风暴、泥石流等所致的物质损坏、人身伤亡或财产损失的风险。

2）社会风险，是指由于个人行为反常或不可预测的团体的过失、疏忽、侥幸、恶意等不当行为所致的损害风险，如罢工、战争、玩忽职守、暴动等，也包括制度引发的风险、政策或决定造成的风险等。

3）经济风险，是指在商品的生产和购销过程中，由于经营管理不力、市场预测失误、价格变动或消费需求变化等因素导致经济损失的风险，以及外汇率变动和通货膨胀而引起的风险，如人口就业社会保障压力、能源短缺、金融风险等。

4）技术风险，是指伴随着科学技术的发展、生产方式的改变而发生的风险，如核辐射、空气污染、噪声等风险。

5）政治风险，是指由于政治原因，如政局的变化、政权的更替、政府法令和决定的颁布实施，以及种族和宗教冲突、叛乱、战争等引起社会动荡而造成损害的风险。

6）法律风险，是指由于颁布新的法律和对原有法律进行修改等原因而导致经济损失的风险。

7）健康风险，是指由致病危险因素导致的慢性疾病和死亡的风险，如疾病、受伤、残疾、老龄化、死亡、流行病等导致的人身风险。

（3）按风险涉及区域分类

1）社区风险，是指灾害风险发生范围涉及一个或几个社区的风险，如社区火灾等。

2）区域风险，是指灾害风险发生涉及几个县和几个地区，如地震灾害。

3）国家风险，是指灾害风险发生涉及几个省或者国家范围内，如大面积干旱灾害。

4）国际风险，是指灾害风险发生涉及几个国家，如台风、海啸。

灾害风险区域分类如图 1-4 所示。

（4）按预期灾害风险造成的损失程度分类　按预期的灾害风险损失程度可将灾害风险分为轻度风险、中度风险和高度风险。

1）轻度风险，是一种灾害损失较低的灾害风险，即便发生危害不大。

2）中度风险，是介于轻度风险和高度风险之间的灾害风险，一旦发生危害较大。

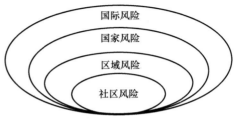

图 1-4　灾害风险区域分类

3）高度风险，是一种危害极大的风险，也称为重大风险或严重风险。

（5）按灾害风险产生的环境分类

1）静态风险，是指在社会经济正常的情况下，自然力的不规则变化或人们的过失行为所致损失或损害的风险。

2）动态风险，是指由于自然系统、社会经济、政治、技术以及组织等方面发生变动所致损失或损害的风险。

静态风险与动态风险的区别为：

1）风险性质不同。静态风险一般均为纯粹风险，而动态风险则既包含纯粹风险也包含投机风险。

2）发生特点不同。静态风险在一定条件下具有一定的规律性，变化比较规则，可以通过大数法则加以测算；动态风险的变化却往往不规则，无规律可循，难以用大数法则进行测算。

3）影响范围不同。静态风险通常只影响少数个体；而动态风险的影响则比较广泛，往往会带来连锁反应。

思 考 题

1. 简述灾害定义的内涵。
2. 简述灾害的分类。
3. 简述灾害成因。
4. 从灾害学角度简述风险的定义。
5. 简述不确定性的类型和层次。
6. 简述风险的性质。
7. 什么是灾害风险？简述其基本要素。
8. 简述灾害风险管理过程。
9. 简述灾害风险的属性与特征。
10. 简述灾害风险的分类原则及分类方法。

第二章

灾害风险管理基础知识

／本章重点内容／

灾害风险管理过程，灾害风险管理的目标，灾害风险管理的基本流程。

本章培养目标

了解灾害风险管理范式转变，熟悉灾害风险管理的过程；了解灾害风险管理研究的对象，掌握灾害风险管理的目标；掌握风险管理的基本流程；了解国际标准化组织和国际风险管理理事会风险管理的基本流程。通过本章学习，拓宽在灾害风险管理方面的国际视野，培养管理中规则和制度意识。

第一节　灾害风险管理的提出

一、范式转变

第二次世界大战后，全球社会经济逐渐复苏，和平和发展成为全球的必然主题。20 世纪六七十年代，国际社会学家和科学家开始注意到发展中出现的全球性资源短缺、人口膨胀、环境恶化、生态破坏、灾害频发等一系列威胁人类生存与发展的新问题，于是可持续发展提上了人类发展的日程。世界上无论是大国或小国、富国或穷国，都会受到自然灾害的严重影响，灾害已成为受灾国家、区域和世界可持续发展的巨大障碍。在此背景下，1987 年联合国大会第四十二届会议上通过决议，明确提出了 1990—2000 年为"国际减灾十年"，确定了"国际减轻自然灾害十年"的目标，号召全球及各国政府积极参与并支持这一行动。"国际减轻自然灾害十年"的主要目的是最大限度地减少因自然灾害造成的生命和财产的损失以及对经济与社会的干扰。

2015 年联合国发展峰会一致通过由联合国大会第六十九届会议提交的决议草案——《变革我们的世界：2030 年可持续发展议程》（简称《2030 议程》）。联合国《2030 议程》中的可持续发展目标（Sustainable Development Goals，SDGs）将取代 21 世纪初联合国确立的千年发展目标（Millennium Development Goals，MDGs）。该议程兼顾了可持续发展的经济、社会和环境三个方面，是为人类、地球与繁荣制订的行动计划。《2030 议程》共包括 17 个可持续发展目标和 169 个具体目标，这些目标将促使人们在对人类和地球至关重要的领域中采取行动。

17 个可持续发展目标如下：

目标 1：在全世界消除一切形式的贫困。

目标 2：消除饥饿，实现粮食安全，改善营养状况和促进可持续农业。

目标 3：确保健康的生活方式，促进各年龄段人群的福祉。

目标 4：确保包容和公平的优质教育，让全民终身享有学习机会。

目标 5：实现性别平等，增强所有妇女和女童的权能。

目标 6：为所有人提供水和环境卫生，并对其进行可持续管理。

目标 7：确保人人获得负担得起的、可靠和可持续的现代能源。

目标 8：促进持久、包容和可持续的经济增长，促进充分的生产性就业和人人获得体面工作。

目标 9：建造具备抵御灾害能力的基础设施，促进具有包容性的可持续工业化，推动创新。

目标 10：减少国家内部和国家之间的不平等。

目标 11：建设包容、安全、有抵御灾害能力和可持续的城市和人类居住区。

目标 12：采用可持续的消费和生产模式。

目标 13：采取紧急行动应对气候变化及其影响。

目标 14：保护和可持续利用海洋和海洋资源以促进可持续发展。

目标 15：保护、恢复和促进可持续利用陆地生态系统，可持续管理森林，防治荒漠化，制止和扭转土地退化，遏制生物多样性的丧失。

目标 16：创建和平、包容的社会以促进可持续发展，让所有人都能诉诸司法，在各级建立有效、负责和包容的机构。

目标 17：加强执行手段，重振可持续发展全球伙伴关系。

以上发展目标都与灾害风险紧密地相互作用和影响。灾害使发展处于风险中，由灾害造成的损失可能会严重阻碍许多国家实现可持续发展目标。同时，这些目标的实现也将有助于减少人类面对自然灾害的脆弱性，从而极大地降低灾害风险。因此，17 个可持续发展目标均与降低灾害风险密切相关。其中，目标 9 提出建造具备抵御灾害能力的基础设施；目标 11 提出建设包容、安全、有抵御灾害能力和可持续的城市和人类居住区；目标 13 提出采取紧急行动应对气候变化及其影响，更是直接与减灾关联。

联合国的"国际减轻自然灾害十年"具有划时代的意义。它是人类首次组织全球的力量去应对各种自然灾害，足以把它视为人类防灾减灾的一个里程碑。在"国际减轻自然灾害十年"期间，全球在减灾方面取得了显著成就。但是，因灾产生的损失仍呈上升趋势，人类社会仍面临着各种灾害的严重挑战，特别是贫困国家、地区以及处于贫困状态的人群，贫困加剧了灾害的风险，在减灾中要特别关注。另外，有些居民点还处在致灾事件影响较严重的地区，要特别加强减灾基础设施建设和安全条件下的土地利用规划。要应用先进的科学技术和信息手段，尤其是要把自然科学和社会科学结合起来，开展多学科、跨学科的灾害研究。加强自然灾害风险以及防灾行动的宣传、教育与培训，特别是要提高政策决策者对防灾减灾的重要性的认识，使他们深切领会到减灾比救灾更重要。

为了继续开展 21 世纪减灾的工作，在 1999 年 9 月举行的联合国大会第五十四届会议上，联合国秘书长做了关于"国际减轻自然灾害十年"后续安排的报告，明确提出联合国国际减灾战略作为全球新世纪的减灾行动。国际减灾战略，既是战略，又是能够推动高效益降低灾害风险的协作行动，成为防灾减灾新的里程碑。国际减灾战略让人们清楚认识到防灾减灾是一项长期艰苦的任务，并倡导由以应急救灾为主向以风险管理为主的减灾意识转变。国际减灾战略旨在建立灾害韧性社会，以减少自然灾害以及技术和环境相关灾害造成的人类、社会、经济和环境损失，加强对减灾重要性的认识，并把它作为可持续发展不可或缺的组成部分。减灾在气候变化和可持续发展之间起着重要的"桥梁"作用，也为减灾提供了切实的行动和方向，是许多气候变化适应行动的关键。没有减灾，发展的可持续性就无从谈起，人们在极端事件冲击中若没有得到保护，其生计会受到破坏，区域可持续发展的能力也会受到影响。

20世纪90年代以来，全球防灾减灾的关注重点逐渐从灾害响应与恢复向风险管理和降低灾害风险转变。防灾减灾的途径也由把致灾事件作为风险主要致灾因素和依靠物理保护措施的做法，转变为将关注重点放在社区或社会脆弱性上，通过消除贫困、能力建设、备灾和预警等途径来达到减灾的目的。1994年，在日本横滨举行的第一届世界减灾大会把社会经济因素作为有效预防灾害的有机组成部分。人们认识到，诸如文化传统、宗教、经济地位和政治责任与信任等社会要素，是判断社会脆弱性的必要条件。为了降低社会脆弱性，并减少由此带来的自然灾害后果，这些因素都需要加以考虑，因此，充分了解当地情况，掌握当地知识，成为做好灾害预防的基础性工作，多数情况下，这有赖于当地人的参与。

2015年3月，第三届世界减灾大会在日本仙台举行。会议通过了《2015—2030年仙台减轻灾害风险框架》，明确了7项全球性减轻灾害风险的具体目标。这7个具体的目标是：①到2030年大幅降低灾害死亡人口，2020—2030年年平均每十万人全球灾害死亡率须低于2005—2015年；②到2030年大幅减少全球平均受灾人数，为实现这一具体目标，2020—2030年年平均每十万人受灾人数须低于2005—2015年；③到2030年，灾害直接经济损失占全球国内生产总值（GDP）的比例有所减少；④到2030年，大幅减少因灾造成的重要基础设施的损坏和服务的中断，特别是要通过提高综合防灾减灾救灾能力，降低卫生和教育设施的受损程度；⑤到2020年，已制定国家和地区减轻灾害风险战略的国家数目大幅增加；⑥到2030年，提高发展中国家的减灾国际合作，为执行本框架的发展中国家完成其国家行动提供充足和可持续的支持；⑦到2030年，大幅增加人们可获得和利用的多灾种预警系统，以及灾害风险信息和评估结果的机会。通过的四大优先行动事项包括：①理解灾害风险；②加强减轻灾害的治理工作，提升管理灾害风险的能力；③增加降低灾害风险的投资，提升综合防灾减灾救灾能力；④加强备灾以提升有效响应能力，在恢复、安置、重建方面做到让"灾区明天更美好"。此项新减灾框架的通过翻开了可持续发展的新篇章，它提供了切实的减灾目标和优先行动事项，将有助于大幅降低灾害风险以及减少生命健康的损失。

二、灾害风险管理过程

风险管理（risk management）是指在一个存在风险的环境里，通过计划、组织、协调、指挥、控制等活动，把风险减至最低的管理过程。灾害风险管理（disaster risk management）是风险管理定义的延伸，将风险管理的理论与方法应用于灾害领域，力求解决相关问题。灾害风险管理是一个系统过程，通过动用行政命令、组织和运行技能与能力，执行战略、政策，改进应对能力，以减轻由致灾事件带来的不利影响和可能发生的灾害损失。灾害风险管理的目的是通过防灾、减灾和备灾活动与采取相应的措施，避免、减轻或者转移致灾事件带来的不利影响。与之相近的术语是"减轻灾害风险（disaster risk reduction）"，即通过系统的努力来分析和控制与灾害有关的不确定因素，从而形成减轻灾害风险的理念并进行实践，包括减少承灾体的暴露程度，减轻人员和财产的脆弱性，科学地管理土地和环境，以及改进应对场景确立不利事件的备灾工作，其期望成果是"实质性地减少灾害对社区和国家的人民生命、社会、经济与环境资产造成的损失"。灾害风险管理相比还在使用的传统术语"减灾""减轻灾害风险"对不断变化的灾害风险的实质和减轻灾害风险的机遇具有更全面的认识。

灾害风险管理过程如图 2-1 所示，主要包括明确背景信息，从而确立场景、风险评估、风险处理、监控与反馈、沟通与交流。其中，风险评估包括风险识别、风险分析、风险评价三个步骤。

通过明确背景信息，相关组织可明确风险管理的任务和目标，确定内部和外部参数与风险管理的范围，设定风险评价的标准等。风险识别是通过识别风险源、影响范围、事件及其原因和潜在后果等，生成全面的风险列表。风险分析是根据风险类型、获得的信息和风险评估结果的使用目的，对识别的风险进行定性和定量分析，为风险评价和风险应对提供支持。风险分析要考虑导致风险的原因和风险源、风险事件的负面后果及其发生的可能性，包括风险的三要素（致灾事件、暴露和脆弱性）分析，以及损失和风险的估算。风险评价是将风险分析的结果与组织的风险准则进行比较，或者

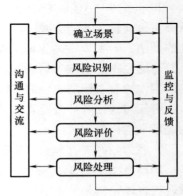

图 2-1　灾害风险管理过程

在各种风险分析结果之间进行比较，确定风险等级，以便做出风险应对的决策。风险应对是选择并执行一种或多种改变风险的措施，包括改变风险事件发生的可能性或后果的措施。

灾害风险管理强调全程的沟通与监控，以确保实现有效、动态的风险管理。①沟通与交流：风险管理过程中强调风险各利益相关者共同参与管理的全过程，才能理解和支持管理通过的各项方案和措施。②监控和反馈：由于风险很少是静态的，外部环境的改变将影响风险处理所采用的方法和措施的合理性，因此要对风险系统的每个关键点建立持续的监控和反馈机制，以保证风险管理的有效性。风险管理周期中要对每个环节进行反复的监控，特别是下列现象出现的时候。例如，新的方法应用到管理中；新要求加入到管理中；增加新的管理理念和经验；新的数据输入系统中。

第二节　灾害风险管理的研究对象与目标

一、灾害风险管理的研究对象

界定灾害风险管理的研究对象，实质上就是给出灾害风险管理的定义。灾害风险管理是

从风险管理角度来研究灾害问题，现阶段的灾害风险管理在理论和实践上更强调综合灾害风险管理的思想，即包括灾前、灾时、灾中和灾后的全部过程。灾前包括风险识别、度量、评估和评价、风险降低准备和风险融资安排，灾时应急响应，灾中减轻损失，灾后恢复重建。灾害风险管理的内容框架包括致灾因子、承灾体脆弱性、灾害风险评价和风险管理措施及其决策以及监测、预警、协调与沟通等。简言之，灾害风险管理是一门运用现代风险原理和方法来研究人类社会防灾减灾的灾害学与管理学的交叉学科。灾害风险管理研究灾害，但不是研究灾害的自然属性，而是研究灾害的社会属性。灾害风险管理广泛吸收风险管理、安全科学、灾害学和社会学等学科的营养，基于现代风险理论，是管理学与其他学科（特别是灾害学）相互交叉、渗透的综合性边缘学科。灾害风险管理的形成和发展，一方面拓展了灾害科学的内容，使人们对灾害问题的认识添加了风险分析视角，加强防患于未然的理念；另一方面也使管理学在战略和前瞻的基础上得到了应用和发展，增强了在灾害背景下其对社会和人类行为的决策解释力。

二、灾害风险管理的目标

灾害风险管理的目的是降低灾害风险，保护人类的生命与财产安全，实现人类社会可持续发展。灾害风险评估是灾害风险管理的基础和依据，即确认哪里最可能遭受灾害，哪些人或财产将会暴露在灾害中，哪些因素将会导致人口、财产受到破坏和损失。通过风险评估，厘清导致灾害风险的原因，理解和寻找降低灾害风险的途径。灾害风险管理是将灾前准备、灾时应急对应、灾中减灾和灾后恢复四个阶段融于一体，对灾害实行系统、综合管理，以及协调管理各灾种防灾减灾的全过程。

风险管理是解决不确定问题的管理科学。在灾害背景下，人们如何做出科学风险决策？人类将灾害风险或灾害损失降为最低是正确的决策吗？根据管理学和经济学原理，任何一个个人、组织或政府不计成本、不切实际地把大量的资源用于防灾减灾是否正确？风险成本最低原则是灾害风险管理的最终原则。致灾因子是灾害风险的客观来源，是不以人的意志为转移的，而且致灾因子特别是自然致灾因子很难预测，因此，灾害风险管理的重要任务是管理人类社会系统的脆弱性（广义上包括社会系统的应对能力和恢复力），因为灾害风险是致灾因子和脆弱性共同作用的。如果社会系统能够全面降低脆弱性，提高社会应对灾害的能力和恢复力，就能够达到降低灾害风险的目的，实现社会经济的可持续发展。

第三节　灾害风险管理流程

一、风险管理的基本流程

一般来说，把风险管理流程分为四个步骤：风险识别、风险评估、风险管理措施的选择和风险管理措施的实施。

1. 风险识别

风险管理的第一个步骤是风险识别，是风险管理的基础，主要目的是识别所有的主要和次要风险。

风险识别是指用感知、判断或归类的方式对现实存在或潜在的风险进行鉴别的过程。其中，风险感知是指利益相关者根据其价值观或利害关系认知风险的方式，这种风险感知取决于利益相关者的价值需要、关注点及相关知识；风险判断是指利益相关者在概括的基础上形成对风险大小的推断，是在与主观的概念、准则和经验进行比较分析之后的肯定或者否定，严重或者轻微；风险分类则是鉴定、描述和命名，并按照一定秩序排列类群、系统演化风险。在灾害领域，风险的来源识别称为危险（源）识别，也可以称为危险性识别。

风险识别通常可以通过感性认识和历史经验来判断，还可以通过对各种客观情况的资料和风险事件的记录来分析归纳和整理，以及必要的专家咨询，从而找出各种风险及其损失规律。

2. 风险评估

风险评估是指在风险识别的基础上，估算损失发生的频率和损失程度，并依据风险单位的风险态度和风险承受能力，对风险的相对重要性进行分析。风险评估包括风险估计和风险评价两个过程。风险估计有时也被称为风险衡量，就是运用概率论与数理统计方法，对风险事故发生的损失频率和损失程度做出估计，以此作为选择风险管理技术的依据。

3. 风险管理措施的选择

风险管理的第三步是选择合适的技术来处理风险。从广义的角度，风险处理技术可以分为风险控制和风险融资两大类。风险控制是指减少偶然损失的频率和程度的技术；风险融资是指能够为风险损失提供资金补偿的技术。风险控制可以分为风险规避和损失控制两种措施；风险融资可以分为风险转移和风险自留两种。此外，还可以采用多种技术相结合的方法来处理风险。

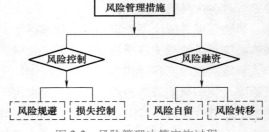

4. 风险管理措施的实施

将风险管理决策付诸实施是风险管理的重要步骤，风险管理决策实施过程如图 2-2 所示。

图 2-2　风险管理决策实施过程

二、国际标准化组织风险管理原则与流程

1995 年，澳大利亚和新西兰制定了世界上第一个关于风险管理的国家标准（AS/NZS 4360），并于 1999 年和 2004 年进行了修订，该标准已经被翻译成多种语言，在很多国家和组织中得到了广泛应用。发达国家为落实风险管理的理念，均制定了风险管理标准，目前影响较大且被国际标准化组织（International Standards Organization，ISO）认可的国家性标准有：澳大利亚风险管理标准、加拿大风险管理标准（决策者的指南：加拿大国家风险管理指南）（CAN/CSA Q850-97）、英国风险管理标准（项目管理第三篇：与商业相关的项目风险管理指南）（BS 6079-3）、日本风险管理标准等。

2005 年，国际标准化组织成立了一个旨在制定首个国际风险管理标准的工作组，澳大利亚建议其采用澳大利亚和新西兰目前的标准，该组织采纳了这一建议，把澳大利亚和新西兰 2004 年版标准作为草案并在此基础上进行修订。国际标准化组织于 2009 年 11 月发布了风险管理的国际标准《风险管理　原则与实施指南》（ISO 31000：2009）⊖。该标准作为国际最高级别的标准，适用于任何个人、组织和团体的风险管理过程。该标准提供了风险管理的基本原则和一般的指导方针，适用于任何类型的风险，无论这些风险是具有积极还是消极的后果。我国也参考国际标准化组织标准编制了国家标准《风险管理　原则与实施指南》（GB/T 24353—2009），于 2009 年 12 月 1 日发布。该标准已被 2022 年发布的《风险管理指南》（GB/T 24353—2022）替代。

1. 风险管理的原则

为了确保风险管理的成效，组织的各个层面都应该遵循以下原则：

（1）风险管理创造并保护价值　风险管理有助于风险管理单位实现其目标，提高绩效。例如，人类健康和安全水平的提高、公共安全水平的提高、产品质量的改善等。

（2）风险管理是整个组织流程的主要组成部分　风险管理不是从组织的主要活动和流程中分开的孤立的活动，而是管理和组织流程的一部分，组织流程包括战略规划、项目管理、变更管理流程等。

（3）风险管理是决策的一部分　风险管理可以帮助决策者做出更加明智的选择，区分行动的轻重缓急，区分备选的行动方针。

（4）风险管理明确说明不确定性　风险管理明确考虑不确定性和不确定性的性质，以及如何解决这种不确定性。

（5）风险管理是及时、系统、有组织的过程　系统、及时和有组织的风险管理方法有助于提高效率，并产生连贯一致的、可比较的、可靠的结果。

（6）风险管理基于最优的可利用信息　风险管理流程的输入基于信息资源，如历史数据、经验、利益相关者的反馈、观察资料、预测的数据和专家判断。然而，决策者应该了解并应考虑到数据或模型可能存在局限性，专家之间也有可能存在分歧。

（7）风险管理与组织相适应　风险管理应该与该组织的外部环境、内部环境和风险状况是相匹配的。风险管理考虑到人性与文化因素风险管理承认内部和外部人群的能力、理解和意愿可以促进或阻碍组织目标的实现。

（8）风险管理是透明和包容的　及时地、适当地吸收利益相关者，尤其是组织各层面的决策者参与风险管理，确保风险管理是适宜和跟得上形势的。在参与过程中，允许利益相关者提出异议，并将其意见纳入决定风险准则的过程之中。

（9）风险管理为动态、循环和适应环境变化的过程　当内部和外部事件发生时，环境和认识会发生变化，出现一些新风险，原有风险发生变化或消失。因此，风险管理需要根据变化不断做出响应。

（10）风险管理有利于组织持续改进　组织通过制定和实施战略，促进风险管理和其他方面不断完善。

2. 国际标准化组织的风险管理流程

国际标准化组织风险管理标准将风险管理流程划分为明确环境、风险评估和风险处置三

⊖　该标准已被《风险管理指南》（ISO 31000：2018）替代。

个阶段。此外，该流程还包括贯穿于风险管理每个阶段的沟通与协商、监控与检查，如图2-3所示。

风险管理是在一定的限制条件下，发生在一定的区域和政策范围内的系统过程，因而有必要理解风险管理所处的环境。

每一个具体部门或具体的风险管理过程都有各自不同的需求、观念和标准。国际标准化组织风险管理流程的一个主要特点是把"明确环境"作为管理过程的开始。明确环境将获取组织的目标、追求目标的环境、利益相关者和风险标准，所有这些有助于揭示和评估风险的性质和复杂性。

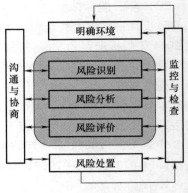

图2-3　国际标准化组织
风险管理流程

（1）明确环境　明确环境主要包括四方面内容：明确内部环境、明确外部环境、明确风险管理流程环境和确定风险准则。通过明确环境，组织可以明确风险管理的目标，确定在风险管理过程应该考虑的内部因素和外部因素，为以后的过程设置风险管理的范围和风险准则。

1）明确内部环境。组织在内部环境中实现其目标。内部环境不仅包括风险管理单位的管理、组织结构、角色和责任，还包括风险管理单位的政策、目标、实现这些目标的战略等多方面内容。

内部环境包括风险管理单位影响风险管理方式的任何事情，风险管理流程应该与组织的文化、流程、组织结构和战略相匹配。风险管理产生于组织实现其目标的环境之中，风险管理最终目标也是为了实现组织的目标。因此，组织内部的任何项目、流程和活动，其目标都应该与组织的总体目标相一致，并且随着组织的目标变化而变化。此外，在某些情况下，当组织错过了实现其战略或业务目标的机会时，常常会影响组织承诺、信誉和价值观。组织承诺也称为"组织归属感""组织忠诚"等。组织承诺一般是指个体认同并参与一个组织的强度，是一种"心理合同"或"心理契约"。在组织承诺里，个体确定了与组织连接的角度和程度，特别是规定了那些正式合同无法规定的职业角色外的行为。对于组织承诺高的组织，其员工（或成员）对组织有非常强的认同感和归属感，这里组织不仅包括公司，也包括公共组织、民间组织以及地方政府乃至国家等。

2）明确外部环境。外部环境是组织为了实现其目标所面临的外部情况。理解外部环境的重要性在于：在制定风险准则时，外部的利益相关者，其目标和关注点都应该有所考虑。不仅仅是法律和监管的要求，更是站在风险单位整体环境的高度，在特定的风险管理流程范围内，考虑所有利益相关者对风险认知等方面的不同。外部环境包括但不限于：

a. 国际、国内、地区及当地的政治、经济、文化、社会、法律、法规、财政金融、技术、自然环境和竞争环境。

b. 影响组织实现其目标的主要驱动力和变化趋势。

c. 外部利益相关者的认知与价值观之间的关系等。

3）明确风险管理流程环境。在风险管理过程中，应该确定组织的目标、战略、活动的范围或者实施风险管理流程的组织构成部分。在风险管理实施过程中，应该充分考虑风险单位由风险管理资源所决定的需求，也应指定风险管理所需的资源、责任和权力。

随着组织需求的变化，风险管理流程的环境也随之变化。风险管理流程的环境包括的内容较多，如：①识别风险管理活动的目标；②界定风险管理流程中的职责；③界定风险管理活动的范围、深度和广度、内涵和外延；④界定风险评估方法；⑤界定风险管理评估的方式和有效性。

4）确定风险准则。风险准则是组织用于评价风险重要程度的标准。为评价风险的相对重要程度，组织需要确定风险准则。风险准则反映组织的价值观、目标和资源。一些风险准则是法律和法规的要求，一些则是组织本身的具体要求。无论在风险管理流程初期制定过程中，还是在持续检查的过程中，风险准则都应该与组织风险管理的政策保持一致。制定风险准则要以组织的目标、外部环境与内部环境为基础。

（2）风险评估　按照国际标准化组织的定义，风险评估是指风险识别、风险分析和风险评价的全部过程，该定义也同时说明了风险评估包含的三个步骤。

1）风险识别。风险识别为发现、认识和描述风险的过程。风险识别包括风险源的识别、风险事件的识别、风险原因及潜在后果的识别。这一阶段的目的是依据以上结果建立风险清单。全面的风险识别是非常重要的，因为如果某一风险没有被识别，那么在以后的分析中就不会包含这一风险。

风险源是指潜在的能够引起风险的因素，风险源可以是有形的，也可以是无形的。一些风险源可能并不明显，风险识别应该识别出所有的风险，不管这些风险是否在组织的控制范围之内。

进行风险识别时要掌握相关的和最新的信息，必要时，需要包括适用的背景信息。除了识别可能发生的风险事件外，还要考虑其可能的原因和可能导致的后果，包括所有重要的原因和后果。不论风险事件的风险源是否在组织的控制之下，或其原因是否已知，都应对其进行识别。此外，要关注已经发生的风险事件，特别是新近发生的风险事件。

识别风险需要所有相关人员的参与。组织所采用的风险识别工具和技术应当适合其目标、能力及其所处环境。

风险识别应考察风险结果的连锁效应，包括级联效应和累积效应的影响，同时也应该考虑风险源可能并不明显的条件下，风险所产生的各种可能的结果。

2）风险分析。风险分析是风险评价和风险处置决策的基础，是充分理解风险的性质和确定风险等级的过程，包括建立对风险的认识。风险分析是风险评价和风险决策——决定风险是否需要处理及确定最适当的风险处置战略和方法的输入条件。风险分析过程中需考虑风险成因和风险源、积极和消极的后果和后果发生的可能性，识别出影响后果和可能性的因素。通常通过确定风险后果及其可能性以及风险的其他属性来分析风险。一个事件可以有多个后果，可能会影响多个目标，现行的控制措施和它们的效果和效率也应加以考虑。结果和可能性的表达方式、结果和可能性结合起来所决定的风险等级，应该反映风险的类型、可利用的信息和风险评估结论的目的。这些都应符合风险准则。考虑不同的风险及其来源的相互依存也是非常重要的。

根据风险的特点、分析的目的、信息、数据和可用的资源，风险分析可以采取不同的详细程度。分析可以定性、半定量或定量，或采用以上方法的组合，视情况而定。

3）风险评价。风险评价是把风险分析的结果与风险准则进行对比，确定风险及其等级是不是可以接受或者可容忍的。明确环境的最后一个环节是确定风险准则，风险评价就是把风险分析过程中确定的风险等级与该风险准则进行比较，判断风险是否需要进行处置。风险评价的目的是在风险分析的基础上，决定需要处置的风险和实施风险处置的优先顺序。

在决策过程中，应在更加宽泛的背景下，不仅考虑从风险中获益各方，也考虑承担风险团体对风险的容忍程度。同时，决策应该符合法律和法规的具体要求。

在某些情况下，风险评价后，有可能进行进一步分析，也有可能决定不再采取任何的风险控制措施，做出这些决定受风险单位的风险态度和风险准则的影响。

（3）风险处置 风险处置是修正风险的流程，为通过选择和实施一项或多项备选方案来修正风险的过程。

1）风险处置的过程。风险处置是一个循环的过程，包括以下几个方面：

① 评估风险处理措施。

② 判断剩余风险是否是可容忍的。剩余风险为风险处置后仍然存在的风险，包括未识别的风险。

③ 如果风险不能容忍，则制定新的风险处置措施。

④ 评价该风险处置措施的有效性。

2）风险处置措施。风险处置的措施主要包括：

① 决定停止或退出可能导致风险的活动——规避风险。

② 承担或增加风险以寻求机会。

③ 消除风险源。

④ 改变风险的可能性（概率）。

⑤ 改变后果。

⑥ 风险分摊（如合约和风险融资）。

⑦ 通过明智的决策自留风险。

⑧ 风险处置措施并不是在所有条件下都是适宜的，各种措施之间也不是相互排斥的。

3）风险处置的具体流程。

① 选择风险处置方案。选择最适当的风险处理方案包括权衡方案的成本和收益，备选方案要符合法律、法规的要求，如社会责任和环境保护的需要。还应考虑那些应该采取风险管理措施但在经济上不合理的风险，如后果严重但发生可能性很小的风险。

应该尽可能多地准备风险处置备选方案，然后采取单独或组合的方式实施，风险单位通常可以从风险处置方案组合中受益。

在选择风险处置措施时，应该考虑利益相关者的价值观和认知，并选择适当的方式与其沟通。同样效果的风险管理方案，有些风险处理措施可能比另一些更能让一些利益相关者接受。

风险处置计划应明确风险处置措施的优先顺序。

风险处置本身可能产生新的风险，一项重大的风险就是风险处置措施失败或无效。因此，为保证风险处置措施的有效实施，"监控"应该成为风险处置计划的一部分。风险处置本身可能引起次生风险，对这些次生风险也需要加以评估处置、监控与检查。这些次生风险应该和原始风险一起纳入同一个风险处置计划，而不应该视为一种新的风险，应该认清两种风险之间的关系。

② 编制和执行风险处置计划。编制风险处置计划的目的是说明如何实施风险处理措施。

风险处置计划应提供如下信息：

a. 选择风险处置备选方案的原因，包括预期收益。

b. 准备计划和实施计划的职责。

c. 行动建议。

d. 资源需求（包括应急资源）。

e. 绩效指标和限制因素。

f. 报告和监控的要求。

g. 时间安排和进度表。

风险处置计划应该与组织的管理流程相集成，并与适当的利益相关者讨论。

决策者和其他利益相关者在风险处置后应该了解剩余风险的性质和范围，并提供文件资料，同时加以监控和检查，以便采取进一步的处理措施。

（4）沟通与协商　沟通是组织提供、共享或获取信息，与利益相关者和其他风险管理相关人员持续和反复的对话流程；协商是指在对某一问题做出决策之前，组织与其利益相关者或其他利益相关者双向沟通的过程。与内外部利益相关者的沟通与协商贯穿于风险管理的每个阶段。

因此，应该提前制订沟通与协商计划。在计划中说明风险本身、风险成因、风险后果（如果可以预料）和对待风险的措施。开展有效的内外部沟通和协商，可以确保风险管理流程实施流程的责任明确、利益相关者理解决策制定的基础和采取某种特殊行动的原因。

与利益相关者的沟通与协商至关重要。利益相关者的价值观、需求、假设条件、观念和关注点不同，对风险的理解也不同，利益相关者根据自己对风险的理解对风险做出判断。由于其观点可能对决策产生重大影响，因此在决策制定过程中，应该注意识别、记录和考虑利益相关者的观点。

（5）监控与检查　监控与检查是风险管理流程的一部分，可以是定期的，也可以是不定期的。应该清晰界定监控与检查的责任。

监控与检查流程应包括风险管理流程的各个方面，其目的为：

1）在设计和运行过程中，确保风险控制是有效果和有效率的。

2）获取进一步信息，改进风险评估。

3）从事件（包括侥幸脱险的）变化、趋势、成功和失败中获得经验教训。

4）观察内外部环境的变化，包括风险和风险准则的变化，这些变化需要修订风险处置措施和风险处置措施的优先顺序。

5）识别新风险。

三、国际风险管理理事会风险管理流程

1. 国际风险管理理事会灾害风险管理框架

2004 年 6 月，国际风险管理理事会开始了其第一个研究项目"风险描述和风险管理基本概念"，于 2005 年 9 月公布其成果《风险治理白皮书——面向一体化的解决方案》。该白皮书在总结世界各国风险管理经验的基础上，构建了风险管理总体分析框架。

国际风险管理理事会的风险管理框架包括 5 个相互连接的阶段：预评估、风险评析、描

述与评价、风险管理和沟通，如图 2-4 所示。

国际风险管理理事会的风险管理框架分为两大部分：分析与理解风险、风险决策。在分析和理解部分，风险评析是最重要的过程，而风险管理则是风险决策的关键活动。风险管理是最大化风险单位目标的手段，这种划分反映了国际风险管理理事会强调在风险管理过程中不同职责的区分，如图 2-5 所示。

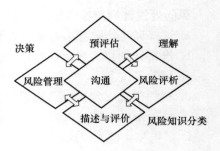

图 2-4　国际风险管理理事会的风险管理流程

2. 风险预评估

系统的审查风险相关活动，需要从分析社会参与者认为什么是风险开始，社会参与者包括政府、企业、科学界和公众等，这一过程称为风险架构。它是预评估的第一部分，包含对风险主题相关问题现象的选择及其解释。

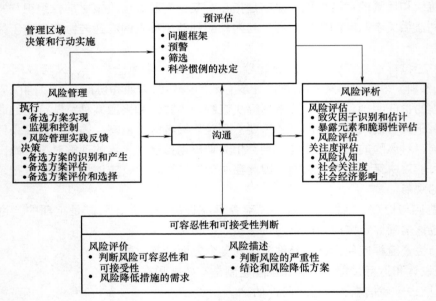

图 2-5　国际风险管理理事会风险管理框架

风险架构是风险管理的一部分，许多社会参与者包含其中。它可以包括官方机构（如食品标准化机构）、风险和机会的生产者（食品工业）、被风险和机会影响的团体（消费者组织）和非利益相关者（媒体和知识分子精英）等。理解不同利益相关者对同一风险的风险架构是预评估的重要部分。比如不同的人们对纳米技术的看法不同，一些人认为纳米研究将给医学、环保、国防等领域带来突破，而一些人却对纳米技术可能给环境和人类健康带来的风险抱有严重担忧，一些人甚至认为纳米技术是和核技术、转基因产品相似的全球风险。

预评估的第二部分是预警和监控。尽管在需要架构的风险问题上达成了共识，但依然有可能在监控风险信号方面存在问题，由于体制造成的供给不足，不能有效收集和解释风险信号，缺少有效沟通。

在许多风险管理流程中，对风险信息进行筛选，然后采用不同的评估和管理路径，这是预评估的第三部分。尤其对于企业风险管理者，他们寻求最有效的策略处置风险，包括优先的政策、处置相似原因风险的规范、结合风险降低和保险措施的最优模型。公共风险管理者经常采取预筛选的方式把风险分配给不同的机构，或者采用不同的程序。一些风险严重程度较低，不必进行风险评估和关注度评估。在一些紧急的情况下，在评估工作之前就会实施风险管理措施。

因此，对风险的全面分析应该包括风险筛选部分，从而选择不同的风险评估、关注度评估和风险管理方法。

预评估的第四部分是选择惯例和程序规则，这是进行综合的风险评析（风险评估和关注度评估）所必需的。这些评估过程需要在主观判断、科学界的惯例或风险评估人员和管理者紧密结合的基础上进行。它的内容包括：社会对不利影响的界定，如界定无负面影响的水平；选择测量风险感知和关注度的有效可靠方法；选择风险评估过程使用的测试和检测方法。

表2-1给出了预评估四个部分的主要内容。预评估在逻辑上处于评估和管理步骤之前。这些步骤也不是按顺序的过程，而是相互联系的。事实上，在某些情况下，预警可能先于问题架构。

表 2-1　预评估阶段的组成部分

预评估组成部分	定义	指标
风险架构	概念化问题的不同观点	反对或赞成选择规则的目标 反对或赞成证据的相关性 框架的选择（风险、机会和运气）
预警和监控	新致灾因子的系统搜索	非正常事件或现象 系统的比较模型与观测现象之间的区别 异常的行为或事件
风险筛选（风险评估和关注度评估政策）	建立筛选致灾因子和风险的程序 确定评估和管理的路线	筛选标准 危害潜力 持续性 普遍性 选择风险评估程序的标准 已知风险 紧急事件 识别和衡量社会关注度的标准
风险评估和关注度评估的选择惯例和程序规则	确定科学模型的假设与参数 确定风险评估和关注度评估的方法和程序	对不利影响水平的界定 风险评估方法和技术的有效性 关注度评估的方法论原则

3. 风险评析

风险评析是把风险描述、风险评价和风险管理所必需的知识综合在一起的过程。分析风险时，为了理解不同利益相关者和公共机构的关注点，应收集风险感知信息、某一风险直接结果的后续影响等信息，包括社会的响应，如某种行为能否引起社会的反对和抗议。因此，风险评析包括两个部分：风险评估和关注度评估。但与传统的风险管理模型不同，国际风险管理理事会的模型中包含了社会科学和经济学的评估内容。

（1）风险评估　风险评估的任务是识别、探究，最好是量化某一风险结果（通常是不希望的）的类型、强度和可能性。风险评估流程如图 2-6 所示，因风险源和组织文化的不同而不同，但基本的三个核心部分没有争议，即致灾因子的识别和估计、暴露和脆弱性的评估和风险估计。

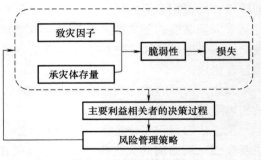

图 2-6　风险评估流程

风险评估的基础是系统应用各种已经得到不断改进的分析方法，主要是概率分析方法，得到以概率分布表示的风险的估计值。

（2）关注度评估　国际风险管理理事会把关注度评估纳入风险管理框架之中，这是一项非常独特的创新，提醒决策者要考虑具有不同价值观和感受的人们是如何看待风险的。在风险评估和个人与社会关注点识别结果的基础上，关注度评估调查和计算风险对经济和社会的影响，尤其关注的是财政、法律和社会的影响。这些次生的影响称为风险的社会放大。

风险事件与心理、社会和文化相互作用，能够增强或减弱个人和社会的风险估计，从而塑造风险行为。风险的行为方式又产生次生的社会、经济影响，其结果远远超过对健康、环境的直接影响，包括债务、非保险成本、对制度失去信心等。这种次生放大效应又有可能引起对制度响应和保护行为需求的增加或减少。

对于关注度评估，在很多的风险管理过程中，风险感知是应该重视的一个概念。风险是思维的构建，概念化风险存在多种构建原则，不同的学科形成了各自不同的风险概念。社会和公众根据各自不同的风险概念和映像对风险做出反应，这些映像在心理学或社会学上称为感知。风险感知是社会中的个人或组织对个人经历或与风险有关的信息进行加工、消化和评估的结果。

影响人类行为的主要因素不是事实，也不是风险分析人员或科学家所理解的事实，人类行为主要受到感知的影响。如某人认为驾驶小汽车比较安全，发生伤亡事件的概率较低，而乘坐飞机是不安全的，并对乘坐飞机感到恐惧。尽管此人知道，根据统计数字，死于交通事故的人数要远远多于空难，但这种恐惧感并没有因此而改变，此人还是不愿意乘坐飞机。大多数心理学家相信，感知是由常识性推理、个人经历、社会交往和文化传统所决定的。人们把具有不确定结果的活动或事件与一定的预期、理念、希望、恐惧和感情联系起来，但并不是采用完全不合理的策略评估信息，大多数情况下是遵循相对一致的方式建立映像并进行评价。

4. 风险描述与评价

在风险管理过程中，最有争议的部分就是描述和判断给定风险的可容忍性和可接受性。可容忍的是指尽管需要采取一些风险降低措施，但由于所带来的收益而被视为是值得执行的活动。可接受的是指风险较低，没有必要采取额外的风险降低措施的活动。不可容忍风险或者不可接受风险，是指社会认为不可接受的风险，无论引起风险的事件会产生什么样的收益。

可以用红绿灯模型来说明风险的可容忍性和可接受性。在图 2-7 中，横轴为风险的结果，纵轴为概率，区域Ⅰ为不可容忍风险，区域Ⅱ为可容忍风险，需要一定的风险管理措施，区域Ⅲ为可接受风险。从图中可以看出，不可容忍风险为发生概率较高、损失比较严重的风险。可接受风险为发生概率较低、损失较小的风险。可容忍风险介于二者之间。

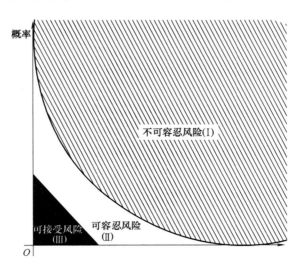

图 2-7　风险的红绿灯模型

判断风险的可容忍性和可接受性分为两部分：风险描述和风险评价。风险描述以证据为基础，确定风险的可容忍性和可接受性；而风险评价则是以价值为基础，做出判断，见表 2-2。

表 2-2　可容忍性或可接受性判断

评估组成部分	定义	指标
风险描述	收集和总结所有的必要相关证据,对风险的可容忍性和可接受性做出明智的选择,从科学的角度提出处置风险的可能方案	
	扩散、暴露和风险目标影响建模	暴露路径 目标的规范化特征
	风险概述	风险估计 置信区间 不确定性测量 致灾因子描述 对合法范围的理解 风险感知 社会和经济影响
	判断风险的严重程度	与法律要求的一致性 风险间均衡 对公平的影响 公众的可接受程度
	结论和风险降低备选方案	建议: 可容忍风险水平 可接受风险水平 处置风险的备选方案

（续）

评估组成部分	定义	指标
风险评价	应用社会价值和规范判断可容忍性和可接受性,确定风险降低措施的需求	技术选择 替代潜力 风险收益比较 政治优先权 补偿能力 冲突管理 社会动员能力

　　风险描述的内容包括风险的点估计、剩余不确定性描述、潜在结果（社会影响、经济影响）、提出安全系数建议、确保与法律要求一致、风险间的比较、风险间的均衡等。这一阶段要对风险的严重程度做出判断，提出处置风险的可能措施。

　　风险评价的主要目的是判断风险的可容忍性和可接受性。风险评价的基本方法有：权衡利弊，验证风险对生活质量的潜在影响，讨论经济、社会发展的不同措施，权衡相互矛盾的观点和证据。

　　需要指出的是，风险描述与风险评价是功能上的划分，并不是组织上的划分，这两个阶段实际上紧密相连、相互依赖。

　　5. 风险管理

　　此处的风险管理是一种狭义的风险管理，实质上是指设计风险管理措施和方案，评价备选方案，改变人们的活动或（自然或人工）结构，以达到增加人类社会的净收益和阻止对人类和财产的伤害的目的，并且实施选定的方案并检测其效率。风险管理包括以下几个步骤：

　　1）设计和形成风险管理备选方案。风险管理备选方案包括风险规避、风险转移和风险自留。风险规避就是选择不接触风险的途径，如放弃发展一项新技术，或者采取行动完全消除特定风险。风险转移是指把风险传递给第三方。风险自留是指不采取任何措施，决定自己承担所有的责任。

　　2）按照事先界定的标准，评估风险管理备选方案。每一个备选方案都会产生希望和不希望的结果，大多数情况下，评估应该遵循以下标准：

　　① 有效性：备选方案会产生希望的效果吗？

　　② 效率：备选方案会以最少的资源消耗产生希望的效果吗？

　　③ 最小化外部负面影响：备选方案会阻碍其他有价值的物品、收益或服务吗？如竞争、公共卫生、环境质量和社会凝聚力等。会削弱政府系统的效率和公认度吗？

　　④ 可持续性：备选方案有助于可持续性的总体目标吗？是否促进保持生态功能、经济繁荣和社会凝聚力？

　　⑤ 公平：备选方案是否以公平和平等的方式承担管理的主题？

　　⑥ 政治和法律上的可实施性：备选方案与法律要求和政治程序一致吗？

　　⑦ 道德可接受性：备选方案在道德上可接受吗？

　　⑧ 公众的接受性：备选方案可以被受影响的个人所接受吗？

　　3）评价风险管理备选方案。与风险评价类似，这一步骤整合备选方案执行方式的证据与价值判断的评价标准。在实际风险管理过程中，评价备选方案需要专家和决策者紧密合作。

4）选择风险管理备选方案。风险管理备选方案被评价以后，就要做出哪一个方案被选择、哪一个方案被拒绝的决策，如果一项或多项方案被证明具有优势，决策是显而易见的。否则，就要在方案之间做出权衡。

5）风险管理备选方案实施。

6）监测备选方案的效果。

6. 沟通

有效的沟通是风险管理过程中建立信任的关键。沟通可以使利益相关者和社会理解风险，通过双向交流的方式，让他们说出自己的看法和观点，可以使他们认可自己在风险管理过程中的角色。做出决策以后，也要通过沟通的方式解释这样做的原因。国际风险管理理事会坚信，有效的沟通是成功进行风险评估和管理的核心。风险沟通的作用如下：

1）教育和启迪。进行风险和处理风险知识教育，内容包括风险评估、关注度评估和风险管理。

2）风险培训和劝导其改变行为。帮助人们处置风险和潜在的灾害。

3）对风险评估和管理的体制建立信心。让人们确信，现有的风险管理结构能够以可以接受的方式有效地、公平地处置风险。

4）参与风险决策和解决冲突。让利益相关者和公众代表有参与风险评估和管理、解决冲突和确定风险管理方案的机会。

思 考 题

1. 什么是灾害风险管理？简述其管理的目的和管理过程。

2. 简述灾害风险管理的目标。

3. 简述风险管理的基本流程。

4. 简述国际标准化组织风险管理原则。

5. 简述国际标准化组织的风险管理流程。

6. 简述国际标准化组织如何进行风险管理。

7. 简述国际标准化组织风险评估的工作步骤。

8. 风险处置计划应该提供哪些信息？

9. 简述国际风险管理理事会风险评价的基本方法。

10. 简述风险描述的内容与目的。

第三章

灾害风险管理概论

/ 本章重点内容 /

灾害损失与影响扩散、灾害管理与风险管理的理解、灾害风险管理体系。

本章培养目标

熟悉灾害管理的定义，掌握灾害损失与影响扩散；了解灾害风险管理体系。通过本章学习，培养学生用辩证的思维解读灾害的产生和发展变化，树立灾害预防管理的风险防范意识。

第一节　灾害管理及风险

一、灾害管理

1. 灾害管理的定义

灾害管理是指所有各级有关灾害各阶段的政策和行政决定以及作业活动的集合体，其目的是通过采取一系列必要的措施，获取和分析各类综合信息，以便在灾前及时发出预警，灾中有效地进行救助，减少人员伤亡和财产损失，灾后快速进行恢复重建。因此，灾害管理是一项覆盖灾害全过程的活动，几乎包括与灾害有关的所有工作。灾害管理覆盖范围的广泛性决定了无法仅仅依靠单个部门承担全部灾害管理的职责。不同的管理部门受工作种类及职能的限定，只能负责其中一部分工作，这就需要各机构的综合协调和统一部署。

2. 灾害管理的特点与工作内容

灾害管理是一项系统性的工作，具有连续性，是一种连续不断的且相互关联的活动；同时，灾害管理又具有周期性，其基本形式如图 3-1 所示。灾害管理过程分为备灾、应急、救灾、恢复重建、减灾 5 个阶段。根据管理过程的不同阶段，工作侧重点有所区别。

（1）备灾阶段　备灾阶段是指政府、社会团体和个人在灾前针对灾害风险情况所做出的响应措施，包括致灾因子监测、灾害风险评估、救灾物资储备、灾害预警等。另外，备灾还包括收到灾害预警信息后所采取的紧急行动，如突击加固堤防、船舶进港避风、抢收农作物等。

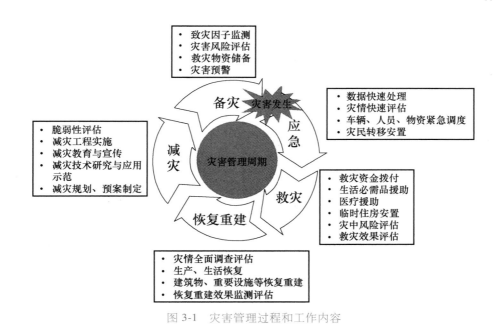

- 致灾因子监测
- 灾害风险评估
- 救灾物资储备
- 灾害预警

- 数据快速处理
- 灾情快速评估
- 车辆、人员、物资紧急调度
- 灾民转移安置

- 脆弱性评估
- 减灾工程实施
- 减灾教育与宣传
- 减灾技术研究与应用示范
- 减灾规划、预案制定

备灾 灾害发生
应急
减灾
灾害管理周期
救灾
恢复重建

- 救灾资金拨付
- 生活必需品援助
- 医疗援助
- 临时住房安置
- 灾中风险评估
- 救灾效果评估

- 灾情全面调查评估
- 生产、生活恢复
- 建筑物、重要设施等恢复重建
- 恢复重建效果监测评估

图 3-1　灾害管理过程和工作内容

（2）应急阶段　应急阶段是指灾害发生后相当短的时期内所采取的紧急措施，以处理某一灾害的直接影响，保护人员生命财产的安全。灾害应急响应包括救助物资、人员和交通工具的应急调度、灾民的搜救与紧急转移安置、综合信息快速处理、灾情快速评估等。

（3）救灾阶段　救灾阶段是在灾情尚未稳定前乃至稳定后，根据灾区需求，拨付救灾资金和物资，为灾民提供必要的食品、清洁水、医疗援助、心理干预治疗、救灾帐篷等援助，临时性地解决灾民短期内生活问题，对因灾导致的贫困和需救济人口开展救助，并进行灾害趋势预测、灾中风险评估、救灾效果评估等相关工作。

（4）恢复重建阶段　灾情稳定后，需要对灾区着手恢复重建工作。恢复重建是一个过程，需要政府、社会团体、企业和个人各尽其责，携手合作，以尽快恢复原有的社会功能。在恢复重建阶段，要对人员、建筑物、农作物、生命线工程进行全面调查和评估，修复和重建损毁设施，使灾区的生产、生活、社会经济秩序等情况逐步恢复到正常状态。恢复重建的时间主要取决于受灾的程度。一般情况下，农村地区的恢复重建时间较短，城市的恢复重建时间相对较长。

（5）减灾阶段　减灾阶段的目的是减少灾害事件的发生或预防灾害对人类社会造成的影响。减灾阶段的工作包括：制定减灾的法律、法规、政策、预案和建筑物设防标准，进行风险区的调查、评估和减灾规划；通过兴建减灾工程设施，降低灾害风险；在社区和校园等开展减灾公众教育和减灾知识的普及、培训与演练，以提高公众的减灾意识，增强减灾能力；进行灾害信息常规监测，开展区域脆弱性、危险性评估；开展减灾技术创新、技术转化和应用示范等工作。可以看出，灾害管理的各个阶段之间相互联系，同时又相互交叉重叠，往往会出现不同阶段并行的情况，因而不能机械地理解灾害管理的阶段，要根据灾种的不同和灾区的实际情况，确定工作的优先顺序，有计划、分步骤地进行灾害管理工作。灾害管理的周期性还说明，灾害管理是一个连续不断的过程，政府和社会都必须长期持续高度重视和考虑减灾问题，了解灾害管理的连续性和周期性，这对于防灾减灾具有重要意义。

二、灾害风险

1. 自然灾害风险的定义

灾害风险包括两种含义：一是某种程度灾害发生的可能性；二是因某种灾害对人类社会可能导致的危害，其中前者通常被称为致险可能性，后者则可称为风险损失，即因受致险因子威胁，某种受险对象可能遭受的损失大小。联合国国际减灾战略（UNISDR）将"灾害风险"定义为："自然或人为灾害与承灾体脆弱性条件之间相互作用而产生的损失（伤亡人数、财产、生计、中断的经济活动、受破坏的环境）的可能性。"

一般情况下，灾害风险可以用如下公式表达：

$$灾害风险＝致灾因子危险性×承灾体脆弱性$$

式中，致灾因子危险性是指造成灾害的自然变异程度，主要由灾变强度和频率决定。一般灾变强度越大，活动频率越高，灾害所造成的破坏损失就越严重，灾害的风险也越大。承灾体脆弱性是综合反映承灾体承受致灾因子打击的能力，它与承灾体自身的物质成分、结构以及防灾减灾的处理能力有关。脆弱性越低，灾害损失越小，灾害风险越小；反之亦然。

2. 灾害风险的特性

（1）危害性　灾害风险会对社会、经济、个人和生态环境等产生危害性的后果。

（2）可变性　灾害风险不是一成不变的。随着影响灾害事件自然原因的变化或人为作用的影响，也随着社会易损性的变化，灾害风险程度的大小，甚至性质都是可以变化的。因此，灾害及其影响因素的多变性和社会易损性的可变性，导致灾害风险也是动态可变的。

（3）不确定性　灾害的风险从概念上说包含两个方面：一是灾害事件发生的概率；二是灾害损失的可能性。这说明风险对于描述灾害事件和产生后果具有不确定性。

（4）复杂性　灾害风险具有复杂多样性的特点，同种灾害对于不同的社会系统结构、风险性质和强度可能不同；而对于同一社会系统结构，不同的灾害所产生的风险性质和大小也不同。同时，社会系统结构中承灾体的脆弱性具有可变性，这都使得灾害风险变得复杂多样。

3. 灾害风险评估

灾害风险评估是灾害研究领域的一个重要组成部分。传统的灾害理论认为，灾害风险评估一般指对灾害发生的可能性的评估。灾害风险评估不仅应包括灾害发生的可能性，而且还应包括由此引起的可能后果的风险分析概念。

广义的灾害风险评估是对灾害系统进行风险评估，即在对孕灾环境、致灾因子、承灾体分别进行风险评估的基础上，对灾害系统进行风险评估；狭义的风险评估则主要是针对致灾因子进行风险评估，即从对危险的识别到对危险性的认识，开展风险评估。

广义的灾害风险评估具体包括以下 4 个方面：

1）孕灾环境稳定性分析：主要研究风险区内的地理环境是否易于发生相应的灾害。

2）致灾因子危险性分析：主要任务是研究风险区内各种灾害发生的概率、强度和频率。

3）承灾体易损性评价：包括风险区的确定、风险区特征的评价和抗灾能力的分析。

4）灾情损失评估：评估风险区内一定时段内可能发生的灾害给风险区造成损失的可

能性。

因此，灾害风险评估首先是分析风险区域内自然致灾因子发生时间、范围、强度、频度的可能概率，随后据此分析人类社会系统各种灾损的可能性概率，再依据破坏程度，推测各种损失的可能性数值，最后将三个环节的可能性数值组合起来，给出灾害风险损失。

4. 减轻灾害风险

根据联合国国际减灾战略的定义，减轻灾害风险的概念框架被认为是在可持续发展的大背景下，对整个社会最大限度地减少承灾体脆弱性和灾害风险的可能性，以避免（防止）或限制（减轻和防备）灾害的不利影响，如图3-2所示。

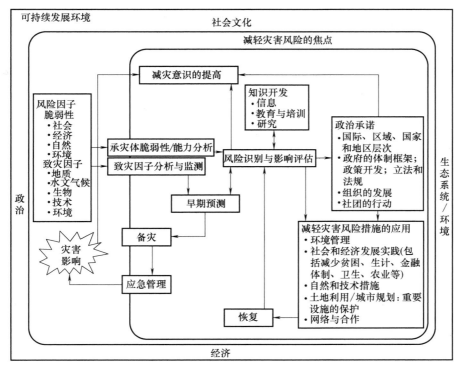

图 3-2　减轻灾害风险框架

减轻灾害风险框架包含以下行动领域：

1）政治承诺和制度发展风险防范越来越成为成功减少灾害风险的关键。风险防范措施是将减轻灾害风险列为政策优先考虑的方面，为其分配必要的资源，加强措施的实施，包括政策与规划、立法和制度框架、财政、人文、技术、物资等资源的分配、组织体系等内容。

2）风险的识别与评估。风险的识别与评估包括对致灾因子的分析、承灾体脆弱性和能力评价、风险制图、早期预警系统等内容。

3）知识管理。减轻灾害风险知识管理涉及信息管理和交流、教育与培训、公共意识提高和科学研究等内容。

4）风险管理的应用与措施。风险管理的应用与措施包括对环境和自然资源管理、社会经济发展实践和技术手段应用开发等内容。

5）备灾、突发事件规划与应急管理。备灾和应急管理是应对直接和间接灾害影响、减少人员损失的有效手段。它包括国家和区域的备灾规划、有效的通信和协调体系、预案的演练、有效的民防组织和志愿者网络等内容。

第二节　灾害风险管理体系

一、灾害风险管理

灾害风险管理是涉及自然科学和社会科学等的边缘学科。灾害风险管理不仅是对灾害管理研究的一种拓展，更重要的是改变了人们对灾害本身的认识角度和应对灾害的理念，为人们更好地应对灾害减轻灾害影响提供了重要思路。不过，灾害风险管理也是一项需要长期研究、发展和建设的任务，需要随着社会的进步和科学技术的发展不断改进、完善和提高。

随着灾害在全球造成的影响越来越大，各国逐渐转向对减轻灾害风险方面的关注，即通过采取各种减灾行动及改善运行能力的计划来降低灾害事件的风险，对灾害进行风险管理。灾害风险管理强调在灾害发生前着手准备、减轻、预测和早期警报工作，其目的是降低随后而来的事件的影响。图 3-3 所示为灾害危机管理和风险管理的比较。灾害危机管理集中于灾害临近或已发生时的管理，而灾害风险管理则贯穿于灾害发生发展的全过程。灾害风险管理包括灾前的日常风险管理、灾中的应急风险管理和灾后恢复重建过程中的风险管理，是一个不断循环和完善的过程。因此，综合灾害风险管理的研究逐渐成为灾害风险管理的主流。

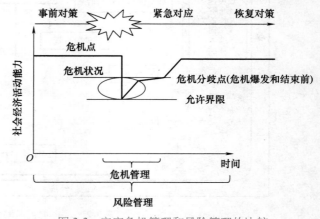

图 3-3　灾害危机管理和风险管理的比较

综合灾害风险管理是指人们对可能遇到的各种灾害风险进行识别、估计和评价，并在此基础上综合利用法律、行政、经济、技术、教育与工程手段，通过整合的组织和社会协作，通过全过程的灾害管理，提升政府和社会灾害管理和防灾减灾的能力，以有效地预防、回应、减轻各种灾害，从而保障公共利益以及人民的生命、财产安全，实现社会的正常运转和可持续发展。

二、灾害风险管理体系内容

灾害风险管理体系是涉及灾害风险管理的结构-系统动力学模式、行政管理体系、预防控制体系、科技支撑体系、信息共享体系、风险监测诊断评价体系、风险模拟与预警体系、风险管理公共政策体系、风险管理的法制体系、学科人才培养体系、国际合作体系、社会与公众参与体系、管理的标准体系、气候风险评价体系、风险因子时空格局及趋势预测、风险管理应急预案编制系统等多方面、多角度、多系统的综合管理体系。这就需要建立一个综合的灾害风险管理体系或模式，来更好地为减灾工作服务。

目前，综合灾害风险管理体系较为系统的是史培军教授提出的综合灾害风险防范模式。该模式针对灾害综合过程，综合灾害风险防范所涉及的主要因素，系统分析了综合灾害风险管理体系的内容，如图 3-4 所示。

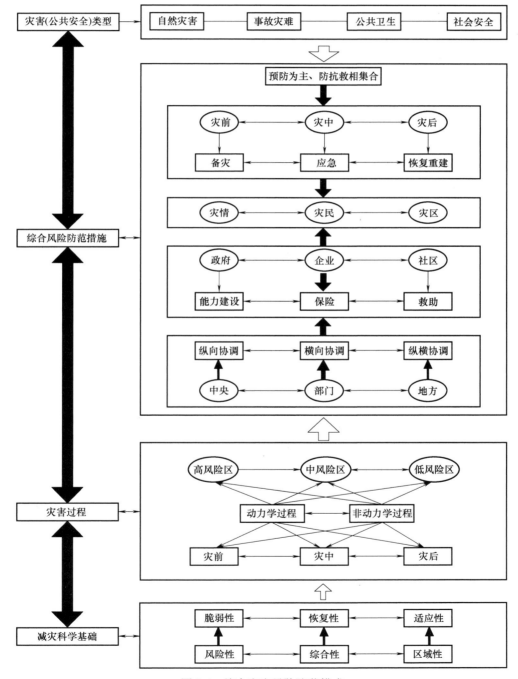

图 3-4 综合灾害风险防范模式

由图 3-4 可以看出，从灾害管理角度，明确中央、部门和地方之间的责任，进而形成一个完整的综合灾害行政管理体系，即中央、部门和地方分工负责——"纵向到底、横向到边"一体化；从灾害过程角度，明确灾前、灾中与灾后统筹规划——备灾、应急与恢复和重建一体化；从涉灾部门角度，明确政府、企业与社区相协调——能力建设、保险与救助一体化。上述三个"一体化"就是综合灾害风险防范模式的核心内容。

综合灾害风险管理模式是全面整合的模式，其管理体系体现出灾害管理的哲思与理念；体现出综合减灾的基本制度安排；体现出灾害管理的水准及整合流程；体现出独到的灾害管理方法及指挥能力。综合灾害风险管理的基本内涵体现在：灾害管理的组织整合，建立综合灾害管理的领导机构、应急指挥专门机构和专家咨询机构；灾害管理的信息整合，加强灾害信息的收集、分析及处理能力，为建立综合灾害管理机制提供信息支持；灾害管理的资源整合，旨在提高资源的利用率，为实施综合灾害管理和增强应急处置能力提供物质保证。综合灾害风险管理的核心是优化综合灾害管理系统中的内在联系，并创造可协调的运作模式。

思 考 题

1. 什么是灾害管理？简述其特点。
2. 简述灾害管理的工作内容。
3. 简述灾害风险的含义及特性。
4. 简述广义的灾害风险评估具体包括的内容。
5. 简述减轻灾害风险框架包含的行动领域。
6. 什么是灾害风险管理？简述灾害风险管理体系。

第四章

灾害中的致灾事件及承灾体的脆弱性

 ／本章重点内容／

　　灾害中的致灾事件、致灾事件量级-频率分析；承灾体脆弱性的评估方法和承灾体物理脆弱性评估。

本章培养目标

　　熟悉灾害中的致灾事件，掌握致灾事件的量级-频率分析；掌握承灾体的评估方法、物理脆弱性的测量，熟悉社会脆弱性的测量。通过本章学习，培养学生透过现象分析事物本质的辩证唯物主义观，树立用科学的方法分析事物的科学观。

第一节　灾害中的致灾事件及量级分析

一、灾害中的致灾事件

1. 致灾事件的定义

　　致灾事件是一种具有潜在破坏性的地球物理事件或现象，它可能造成人员伤亡、财产损失、自然环境或社会经济系统的破坏等。在特定的时间段和区域内，这种事件具有一定的发生概率和强度。

　　致灾事件的定义包括以下四个方面：

　　1）可以表述为一种概率，即未来事件发生的可能性。在什么时间、什么地点、有多少，虽然这些问题可能是不确定的，但是可以分析和判断特定致灾事件更可能发生的地方。

　　2）需要限定于特定的时间段。致灾事件发生的可能性通常以年为单位，可以表述为年发生概率（annual probability）。

　　3）需要限定于特定区域。地震发生在断层区域，洪水发生在洪泛平原，滑坡发生在陡坡区域。特定的地理位置是致灾事件发生的重要条件。

　　4）具备一定的量级和强度。致灾事件必须具有一定的量级和强度才会造成人员伤亡和财产损失。量级可以表示为地震或者火山爆发释放的能量，洪水水位、流量、流速，滑坡的面积、体积、速度等。很显然，事件释放的能量越大，其潜在破坏性就越大。

致灾事件是自然过程持续的结果。有些过程通常不会引起注意，如地质构造运动。有些过程经常注意到，但是看作一种正常现象，如河水的流动。如果这些过程运行在特定范围，不会被认为是一种致灾事件。而当波动偏离平均水平达到某一阈值，超过正常承受范围时，就会形成灾害。以滑坡为例，其潜在过程与边坡动力学有关。如图 4-1 所示，重力持续作用于边坡物质，产生应力，应力与边坡物质强度实现平衡。然而，强度并不是恒定的，与土壤的含水量及地下水位有关系。此外，风化过程也会改变边坡物质的特性，增加边坡的不稳定性并形成滑坡。与河流过程相比，这些过程很少被注意到，但一直是活跃的。

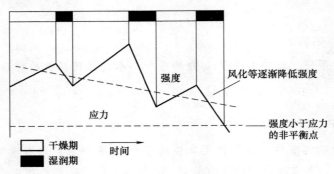

图 4-1　边坡物质相互作用力变化导致滑坡示例

同样，对于地震和火山爆发，是上地幔软流圈驱动板块运动的表现。在板块边界，运动的不连续性导致应力的积聚。一旦应力超过它们之间的摩擦阻力，就会造成板块突然而快速地移动，形成地震或火山爆发。运动过程中，积聚的应力越大，释放的能量就越大。

2. 致灾事件的特征

致灾事件范畴涵盖了广泛的各类现象，从局部事件（如龙卷风）到洲际尺度事件（如气候变化），从快速变化事件（如雷电）到缓慢渐进现象（如沙漠化）。下面通过 7 个方面的特征，描述和表达不同的致灾事件类型。

（1）触发因素　致灾事件发生的自然触发因素可以分为两类：外生因素和内生因素。外生因素发生在地表的各种触发过程中，大多与大气条件有关，如降水、风、温度和其他大气参数，能够引起滑坡、河流和沿海洪水，以及土地退化等。近年来，与气象有关的现象已经得到广泛研究，并且在致灾事件预测预报方面取得长足进展。现在各种技术用于天气预报，特别是基于集合预报系统（EPS）的中期概率预报技术，使得天气预报时间可以达到 8～10 天。尽管如此，由于天气现象的复杂性，预报问题仍然受各种不确定性因素的影响。

内生因素发生在地表以下的各种触发过程中，如地震、火山爆发等。地震是地球上板块与板块之间相互挤压碰撞，造成板块边沿及板块内部产生错动和破裂，在快速释放能量过程中造成振动并产生地震波的一种自然现象。与天气过程相比，此类过程无法以同等的精度和时间分辨率进行预测。相比而言，外生因素引发的自然致灾事件比内生因素更具有预测性。

自然和人为触发因素的界限有时很难界定清楚。例如，暴雨可能引发滑坡，但是森林砍伐、修路等在滑坡的形成中同样也会起到很大的作用；极端流量或溃坝情景下，河流水坝会引发更大洪水。触发因子的识别是致灾事件评估工作的第一步。

（2）发生空间　为了认识各种自然和人为致害事件的发生机制，需要分析致灾事件的空间特征。致灾事件的空间特征具有两层含义：一方面是指特定致灾事件发生的地理位置，以及发生地的区域特征和具有的各种触发因素；另一方面是指致灾事件影响的区域。

灾害风险分析的主要目的是在综合考虑地形、地质、水文和气候特征的基础上，识别易于遭受致灾事件影响的区域。自然致灾事件发生的地理位置通常遵循一定的模式，并且可以通过一些现状特征识别出来。例如，滑坡只会发生在具备一定坡度的区域，而不是所有边坡。可以根据区域内以前块体运动的情况，并结合其他的稳定性影响因素（如土地覆被和土地利用、内部和外部排水系统、降水率等），预测未来区域滑坡发生的可能性。历史致灾事件对于认识和预测未来同类事件的发生位置具有关键性作用。

就致灾事件的影响范围而言，集中性事件，如山洪、小型滑坡、雷电等，一般局限在特定区域；其他一些蔓延性事件，如荒漠化、厄尔尼诺及其他气候变化有关现象，往往会影响区域和洲际尺度。致灾事件的区域尺度特征是合理进行地图制图和分析的重要依据。单个滑坡体的体积区域从几立方米到数百万立方米。洪水事件既可以是山区小山洪（由季节性流水引发），仅影响一个小村庄，也可以是洪泛平原大范围洪水，影响达到数万平方千米。致灾事件的监测、分析与制图必须和其类型、区域尺度相匹配。图 4-2 表达了主要自然致灾事件的时空尺度分布。

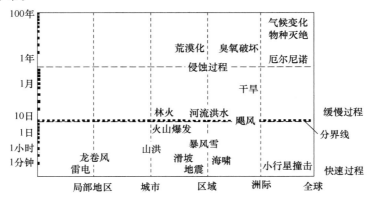

图 4-2 主要自然致灾事件的时空尺度分布

（3）持续期 致灾事件的持续期也就是事件发生的时间跨度。为了量化持续期，需要定义事件的开始和结束时间点。对于突发性现象，如地震、滑坡等，很容易定义开始和结束时间。但是对于其他长时间持续性事件，则更加复杂。例如，河流洪水的大流量、正常流量和小流量会周期性地交替。在大流量期间什么时候会演变成洪水？什么时候结束？通常情况下，当水位超过满槽条件时，大流量情形会演变成洪水致灾事件。对于缓慢过程，如荒漠化和土壤侵蚀，判断其持续期则更加困难。根据持续期特征，可以把致灾事件分为两类，即快速过程和缓慢过程。快速过程如龙卷风、地震及其引发的海啸，其发生和持续时间非常短，从数秒（如雷电）到数天（如火山爆发）。由于它们的突发性，只能依靠公众来感知灾情形势。相反，在气候变化背景下，一些缓慢过程，如海平面上升、土壤荒漠化和土壤退化，持续期从数月到数百年。由于它们时间跨度较长并且缓慢发展，因此通常在逐渐变化的过程中被监测和感知。在图 4-2 中，纵轴表示事件的持续期，黑点下面的虚线表示缓慢过程和快速过程的边界。

在同类致灾事件中，持续期也会有很大差异。例如，火山爆发通常被认为是一种突发的快速事件，但是其内部又有不同的分类，持续期和爆发能量也会呈现差异性。

（4）孕育时间　孕育时间是指致灾事件从第一个前兆发生到集中爆发的时间间隔。致灾事件集中爆发前，前期的一些现象具有预示作用，称为前兆。致灾事件类型不同，前兆信号的发生会提前数天、数小时、数秒，甚至根本就没有。例如，暴雨、地震、土地风化、表面积雪荷载增大等因素会引发滑坡。在易于发生滑坡的区域，往往存在一些前兆现象，预示着滑坡的发生。特别是暴雨过后，坡面会出现新的裂缝，以前较为干燥的边坡区域会出现一些泉眼和沼泽地，小河水位呈现忽升或忽降，这些现象都是滑坡即将发生的前兆。

洪涝大多由持续的大暴雨引发。降雨可以看作洪灾的触发因素和前兆。当观测到大暴雨时，很有可能在短期内会发生洪涝。在暴雨发生和洪峰来临之间有个时间延迟，它取决于整个流域的地形特征和土地利用状况。

（5）量级和强度　致灾事件是一种强度异常而且有害的自然现象。例如，降雨和风暴是一种随处可见的气象事件，但是如果强度超过一定阈值，就会演变成灾害性的台风（飓风），并可能引发洪涝和地质灾害等。同样，据世界各地的地震台网记录数据统计，每年会有数以千计的地震发生，但其中致灾性事件是非常少的。当量级或强度超过了一定的正常阈值，就会演变成致灾事件。地震的量级和强度具有不同的含义。量级是指致灾事件所释放的总能量，或者指事件的大小，可以通过不同量级和等级进行表达。强度是指致灾事件所造成的破坏，通常基于人为设定的阈值，用不同等级来表示。

（6）频率　事件频率是指在特定的时间段内事件发生的次数，它反映了发生率与时间跨度之间的关系。针对自然致灾事件，频率是指在特定的区域和时间段内（如一年、十年、百年等），给定量级或强度事件发生的概率。频率是研究未来致灾事件发生概率的关键点。通过对历史记录数据及频率的分析，能够判断在特定区域内，给定强度致灾事件很可能会在什么时候发生。在大多数情况下，自然致灾事件发生的频率与量级之间存在确定的关系，如图 4-3 所示。从图中可以看出，小量级事件发生的频率高，而大量级事件发生的频率低。表4-1 是基于历史记录数据计算出来的不同量级地震年均发生数量，它清楚地反映了图 4-3 中量级与频率之间的反向关系。极个别类型的致灾事件没有遵循这种反向关系，典型的就是雷电，它的量级和频率关系是随机的。

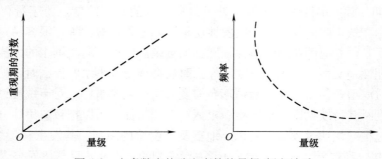

图 4-3　大多数自然致灾事件的量级-频率关系

表 4-1　1900—1990 年观测地震的量级-频率关系

平均每年发生次数（次）	里氏震级
1	≥8.0
17	7.0~7.9
134	6.0~6.9

（续）

平均每年发生次数（次）	里氏震级
1319	5.0~5.9
13000	4.0~4.9
130000	3.0~3.9
1300000	≤2.9

资料来源：美国地质勘探局（USGS）。

通常利用超越概率表述致灾事件的频率，它是一年内大于或等于给定强度的致灾事件发生的可能性或概率，并可以用百分率来表示。根据历史资料统计，一个致灾事件每25年发生一次，则其超越概率为0.04（或者4%）。还有一种方法是计算重现期，它根据历史记录数据推算在未来的多少年，给定强度的致灾事件可能会发生。百年一遇的洪水可以理解为，平均100年内可能发生1次，则其超越概率为0.01。

（7）次生事件　当致灾事件袭击某个地区时，不仅直接造成受灾地区的人员伤亡和财产损失，而且引发其他有害事件，造成间接损失。在分析某个致灾事件时，必须考虑与其他事件的相互作用。例如，地震极易造成山区滑坡，当滑坡点靠近河流时，阻塞河流形成堰塞湖，引发破坏性的洪水。此外，地震还引发其他致灾事件，如泥石流、城市火灾、生命线中断等。

3. 致灾事件分类

致灾事件的概念范围大，涉及类型繁多，从不同因素考虑，可以有许多不同分类方法。许多研究尝试对致灾事件进行分类，其中较为典型的是把致灾事件分成三大类，即自然致灾事件、技术致灾事件和环境致灾事件（见表4-2）。以滑坡为例，按照大多数分类方法，它属于地质致灾事件，但是有人认为它属于水文致灾事件，因为多数情况下它是由降雨引起的，此外还可能由地震或者人类活动引起。

表4-2　致灾事件分类

自然致灾事件	地质	地震、火山爆发、山体滑坡、雪崩
	气象	飓风、龙卷风、冰雹、暴风雪
	水文	河流洪水、海岸带洪水
	生物	流行病、虫害
技术致灾事件	交通事故	飞机、火车、轮船等交通工具失事
	工业事故	爆炸和火灾、有毒或放射性物质的释放
	公共建筑和设施事故	结构坍塌、火灾
	危险材料事故	储存、运输和不当使用
环境致灾事件	气候变化	海平面上升、极端事件发生频率的变化
	环境退化	森林砍伐荒漠化、自然资源枯竭
	耕地压力	集约型城市化、基础设施的集中
	超级事件	灾难性的地球变化，小行星撞击地球

2012年，我国国家质量监督检验检疫总局和国家标准化管理委员会共同制定和发布了

由民政部国家减灾中心牵头起草的国家标准《自然灾害分类与代码》（GB/T 28921—2012），对我国自然灾害种类进行了系统划分与界定，以推动自然灾害风险管理、应急管理与恢复重建管理工作的规范化和标准化。该标准按照成因把自然灾害分为气象水文灾害、地质地震灾害、海洋灾害、生物灾害和生态环境灾害五大类，共 39 种。与此相对应，我国自然致灾事件分类标准见表 4-3。

表 4-3　我国自然致灾事件分类标准

代码	名称	含　义
010000	气象水文灾害	由于气象和水文要素的数量或强度、时空分布及要素组合的异常对人类生命财产、生产生活和生态环境等造成损害的自然灾害
010100	干旱灾害	因降水少、河川径流及其他水资源短缺对城乡居民生活、工农业生产以及生态环境等造成损害的自然灾害
010200	洪涝灾害	因降雨、融雪、冰凌、溃坝（堤）、风暴潮等引发江河洪水、山洪泛滥以及渍涝等对人类生命财产、社会功能等造成损害的自然灾害
010300	台风灾害	热带或副热带洋面上生成的气旋性涡旋大范围活动，伴随大风、暴雨、风暴潮、巨浪等对人类生命财产造成损害的自然灾害
010400	暴雨灾害	因每小时降雨量 16mm 以上，或连续 12h 降雨量 30mm 以上，或连续 24h 降雨量 50mm 以上的降水，对人类生命财产等造成损害的自然灾害
010500	大风灾害	平均或瞬时风速达到一定速度或风力的风，对人类生命财产造成损害的自然灾害
010600	冰雹灾害	强对流性天气控制下，从雷雨云中降落的冰雹，对人类生命财产和农业生物造成损害的自然灾害
010700	雷电灾害	因雷雨云中的电能释放、直接击中或间接影响到人体或物体，对人类生命财产造成损害的自然灾害
010800	低温灾害	强冷空气入侵或持续低温，使农作物、动物、人类和设施因环境温度过低而受到损伤，并对生产生活等造成损害的自然灾害
010900	冰雪灾害	因降雪（雨）导致大范围积雪、暴风雪、雪崩或路面、水面、设施凝冻结冰，严重影响人畜生存与健康，或对交通、电力、通信系统等造成损害的自然灾害
011000	高温灾害	由较高温度对动植物和人体健康并对生产、生态环境造成损害的自然灾害
011100	沙尘暴灾害	强风将地面尘沙吹起使空气混浊，水平能见度小于 1km，对人类生命财产造成损害的自然灾害
011200	大雾灾害	近地层空中悬浮的大量微小水滴或冰晶微粒的集合体，使水平能见度降低到 1km 以下，对人类生命财产特别是交通安全造成损害的自然灾害
019900	其他气象水文灾害	除上述灾害以外的气象水文灾害
020000	地质地震灾害	由地球岩石圈的能量强烈释放剧烈运动或物质强烈迁移，或是由长时间累积的地质变化，对人类生命财产和生态环境造成损害的自然灾害
020100	地震灾害	地壳快速释放能量过程中造成强烈地面振动及伴生的地面裂缝和变形，对人类生命安全、建（构）筑物和基础设施等财产、社会功能和生态环境等造成损害的自然灾害
020200	火山灾害	地球内部物质快速猛烈地以岩浆形式喷出地表，造成生命和财产直接遭受损失，或火山碎屑流、火山熔岩流、火山喷发物（包括火山碎屑和火山灰）及其引发的泥石流、滑坡、地震、海啸等对人类生命财产、生态环境等造成损害的自然灾害
020300	崩塌灾害	陡崖前缘的不稳定部分主要在重力作用下突然下坠滚落，对人类生命财产造成损害的自然灾害

（续）

代码	名称	含　义
020400	滑坡灾害	斜坡部分岩(土)体主要在重力作用下发生整体下滑,对人类生命财产造成损害的自然灾害
020500	泥石流灾害	由暴雨或水库、池塘溃坝或冰雪突然融化形成强大的水流,与山坡上散乱的大小块石、泥土、树枝等一起相互充分作用后,在沟谷内或斜坡上快速运动的特殊流体,对人类生命财产造成损害的自然灾害
020600	地面塌陷灾害	因采空塌陷或岩溶塌陷,对人类生命财产造成损害的自然灾害
020700	地面沉降灾害	在欠固结或半固结土层分布区,由于过量抽取地下水(或油、气)引起水位(或油、气)下降(或油气田下陷)、土层固结压密而造成的大面积地面下沉,对人类生命财产造成损害的自然灾害
020800	地裂缝灾	岩体或土体中直达地表的线状开裂,对人类生命财产造成损害的自然灾害
029900	其他地质灾害	除上述灾害以外的地质灾害
030000	海洋灾害	海洋自然环境发生异常或激烈变化,在海上或海岸发生的对人类生命财产造成损害的自然灾害
030100	风暴潮灾	热带气旋、温带气旋、冷锋等强烈的天气系统过境所伴随的强风作用和气压骤变引起的局部海面非周期性异常升降现象造成沿岸涨水,对沿岸人类生命财产造成损害的自然灾害
030200	海浪灾害	波高大于4m的海浪对海上航行的船舶、海洋石油生产设施、海上渔业捕捞和沿岸及近海水产养殖业、港口码头、防波堤等海岸和海洋工程等造成损害的自然灾害
030300	海冰灾害	海冰造成航道阻塞、船只损坏及海上设施和海岸工程损坏的自然灾害
030400	海啸灾害	由海底地震、火山爆发和水下滑坡、塌陷所激发的海面波动,波长可达几百千米,传播到滨海区域时造成岸边海水陡涨,骤然形成"水墙",吞没良田和城镇村庄,对人类生命财产造成损害的自然灾害
030500	赤潮灾害	海水中某些浮游生物或细菌在一定环境条件下,短时间内暴发性增殖或高度聚集,引起水体变色,影响和危害其他海洋生物正常生存的海洋生态异常现象,对人类生命财产、生态环境等造成损害的自然灾害。同040500
039900	其他海洋灾害	除上述灾害之外的其他海洋灾害
040000	生物灾害	在自然条件下的各种生物活动或由雷电、自燃等原因导致的发生于森林或草原,有害生物对农作物、林木、养殖动物及设施造成损害的自然灾害
040100	植物病虫害灾害	致病微生物或害虫在一定环境下暴发,对种植业或林业等造成损害的自然灾害
040200	疫病灾害	动物或人类由微生物或寄生虫引起突然发生重大疫病且迅速传播,导致发病率或死亡率高,给养殖业生产安全造成严重危害,或者对人类身体健康与生命安全造成损害的自然灾害
040300	鼠害灾害	害鼠在一定环境下暴发或流行,对种植业、畜牧业、林业和财产设施等造成损害的自然灾害
040400	草害灾害	杂草对种植业、养殖业或林业和人体健康等造成严重损害的自然灾害
040500	赤潮灾害	海水中某些浮游生物或细菌在一定环境条件下,短时间内暴发性增殖或高度聚集引起水体变色,影响和危害其他海洋生物正常生存的海洋生态异常现象,对人类生命财产、生态环境等造成损害的自然灾害
040600	森林/草原火灾	由雷电、自燃导致的,或在一定有利于起火的自然背景条件下由人为原因导致的,发生于森林或草原,对人类生命财产、生态环境等造成损害的火灾
049900	其他生物灾害	除上述灾害之外的其他生物灾害

（续）

代码	名称	含义
050000	生态环境灾害	由于生态系统结构破坏或生态失衡，对人地关系和谐发展和人类生存环境带来不良后果的一大类自然灾害
050100	水土流失灾害	在水力等外力作用下土壤表层及其母质被剥蚀、冲刷搬运而流失，对水土资源和土地生产力造成损害的自然灾害
050200	风蚀沙化灾害	大风吹蚀引起的天然沙漠扩张、植被破坏和沙土裸露等，导致土壤生产力下降和生态环境恶化的自然灾害
050300	盐渍化灾害	易溶性盐分在土壤表层积累的现象或过程，对土壤和植被造成损害的自然灾害
050400	石漠化灾害	在热带、亚热带湿润、半湿润气候条件和岩溶极其发育的自然背景下，因地表植被遭受破坏，导致土壤严重流失，基岩大面积裸露或砾石堆积，使土地生产力严重下降的自然灾害
059900	其他生态环境灾害	除上述灾害之外的其他生态环境灾害

4. 常见致灾事件

下面以洪涝、滑坡、地震、火山爆发、海岸带致灾事件为例，根据以上所介绍的致灾事件主要特征，进行描述和总结。

（1）洪涝　洪水按出现地区不同，大体上可分为河流洪水、海岸洪水和湖泊洪水等。

1）河流洪水根据成因又可分为暴雨洪水、融雪洪水、冰凌洪水、溃坝洪水等，其主要特点表现在具有明显的洪水产流与汇流过程、洪水传播、洪水调蓄与洪水叠加、洪水泥沙、洪水周期性和随机性等。

雨洪主要发生在中低纬度地带，多由持续或高强度降雨形成。一般来说，大江大河的流域面积大，且有河网、湖泊和水库的调蓄，不同场次降雨在各支流形成的洪峰汇集到干流时，往往相互叠加并组合，形成历时较长、涨落较平缓的洪峰。小河流域面积和河网调蓄能力较小，一次降雨就会形成一次涨落迅猛的洪峰。

山洪主要发生在山区溪沟，由于地面和河床坡降较大，降雨后产流、汇流较快，容易形成急剧涨落的洪峰。

融雪洪水是当高海拔或高纬度的严寒地区冬季积雪较厚、春季气温大幅度升高时，积雪大量融化而形成。

冰凌洪水主要发生在中高纬度地区，由较低纬度地区流向较高纬度地区的河流（河段）在冬春季节，因上下游封冻期的差异或解冻期差异，可能形成的冰塞或冰坝而引起。

溃坝洪水是在水库失事时，存蓄的大量水体突然泄放，形成下游河段的水流急剧增长甚至漫槽，并向下游推进的现象。

2）海岸洪水是由大气扰动、天体运动、海底地震、海底火山爆发等因素引发的，大致可分为天文潮、台风风暴潮、海啸等。

天文潮是由海水受引潮力作用而产生的海洋水体的长周期波动现象，其中海面一次涨落过程中的最高位置称高潮，最低位置称低潮，相邻高低潮间的水位差称为潮差。

台风风暴潮是由台风、温带气旋、冷锋的强风作用和气压骤变等强烈的天气系统引起的水面异常升降现象，多出现在中低纬度沿海沿湖地区，它与相伴的狂风巨浪可引起水位上涨，又称风潮增水。

海啸是由水下地震或火山爆发引起的巨浪。

3）湖泊洪水是由河湖水量交换或湖面气象因素作用或两者同时作用而引发的。

在海岸平原和河流盆地，地势低平、持续强降雨及台风风暴潮等综合因素影响会使河、湖等水位上涨，淹没土地，造成洪灾。我国的长江、黄河、闽江、汉江、珠江、淮河等沿江地区及东南沿海地区，菲律宾、印度、巴基斯坦、孟加拉国和泰国等南亚季风区，德国的莱茵河沿岸，美国的密西西比河沿岸，荷兰的沿海低地等，都容易遭受洪涝影响。洪涝发生季节与气候密切相关，如亚洲季风区多发生在夏季，欧洲冬雨区多发生在冬季，反之则属罕见现象。洪涝会造成人员伤亡、财物损坏、建筑倒塌等现象。洪涝发生时不仅会淹浸低洼地区，还会破坏农作物、淹死牲畜、冲毁房屋。此外，洪水泛滥使商业活动停止学校停课、古迹文物受破坏、水电和煤气供应中断。洪水更会污染饮用水，传播疾病。

（2）滑坡 滑坡的发生需要基于一定的地质地貌条件，同时受到内外营力（动力）和人为作用的影响。地质地貌条件包括岩土的类型、地质构造、地形地貌形态、水文地质等。一般来说，各类岩土都有可能构成滑坡体，其中结构松散、抗剪强度和抗风化能力较低，在水的作用下容易发生性质变化的岩土及软硬相间的岩层所构成的斜坡易于发生滑坡。组成斜坡的岩土体只有被各种构造面切割分离成不连续状态时，才有可能向下滑动。只有处于一定的地貌部位、具备一定坡度的斜坡才可能发生滑坡。此外，受地下水活动的影响，滑面（带）软化和强度降低的区域更容易产生滑坡。

地壳运动活跃和人类工程活动频繁地区是滑坡多发区。外界因素的作用，可以使滑坡产生的基本条件发生变化，从而诱发滑坡。主要的诱发因素如地震活动对斜坡构造稳定性的影响，降雨、融雪等形成的地表水对坡面的冲刷、浸泡，河流对斜坡坡脚的不断冲刷。不合理的人类工程活动，如开挖坡脚、坡体上部堆载、爆破、水库蓄（泄）水、矿山开采等都可诱发滑坡。此外，海啸、风暴潮、冻融等作用也可诱发滑坡。

我国的滑坡分布具有明显的区域性特点。西南地区（包括四川、云南、西藏、重庆、贵州等）为我国滑坡分布的主要地区，类型多、规模大、发生频繁、分布广泛、危害严重；西北黄土高原地区，面积超过 60 万 km^2，以黄土滑坡和崩塌为主；东南、中南等山地和丘陵地区，滑坡也较多，规模较小，以堆积层滑坡为主；西藏、青海、黑龙江北部的冻土地区，分布有与冻融有关、规模较小的冻融堆积层滑坡。

（3）地震 地震是地壳快速释放能量过程中造成的震动，属地壳运动的一种特殊形式。地球板块与板块之间相互挤压碰撞，造成板块边沿及板块内部产生错动和破裂，是引起地震的主要原因。此外，爆破、核试验等人为因素也会引起地面震动。地球内部岩层破裂引起震动的地方称为震源，大多数位于地壳和上地幔顶部，即岩石圈内。根据震源的深度，地震可分为三类：浅源地震（深度在 70km 以内）、中源地震（深度在 70~300km）和深源地震（深度在 300km 以上）。震源在地表的投影点称为震中，是地表距离震源最近的地方，震动最为强烈，破坏程度最大。

统计资料表明，地震在大尺度和长时间内的发生是比较均匀的，但在局部和短期内有差异，表现为在时间和地理分布上都有一定的规律性。这些都与地壳运动产生的能量的积聚和释放过程有关。地震活动在时间上具有一定的周期性，表现为一定时间段内地震活动频繁、强度大，称为地震活跃期；而另一时间段内地震活动相对频率小、强度小，称为地震平静期。

　　地震的地理分布受一定的地质条件控制，具有一定的规律。地震大多分布在地壳不稳定的部位，特别是板块之间的消亡边界，形成地震活动活跃的地震带。全球主要有三个地震带：一是环太平洋地震带，处在太平洋板块和美洲板块、亚欧板块、印度洋板块的消亡边界、南极洲板块和美洲板块的消亡边界上，是地球上地震最活跃的地区，集中了全世界80%以上的地震。二是欧亚地震带，处在亚欧板块和非洲板块、印度洋板块的消亡边界上，大致范围从印度尼西亚西部、缅甸经中国横断山脉、喜马拉雅山脉，越过帕米尔高原，经中亚细亚到达地中海及其沿岸。三是中洋脊地震带，包括太平洋、大西洋、印度洋和北冰洋的中洋脊，约占全球5%的地震，并且多为浅层地震。

　　地震产生的地震波可直接造成建筑物的破坏甚至倒塌；破坏地面，产生地面裂缝、塌陷等；发生在山区还可能引起山体滑坡、雪崩等；而发生在海底的强地震则可能引起海啸。地震引发的次生致灾事件主要有建筑物倒塌、山体滑坡、土壤液化、海啸，以及管道破裂等引起的火灾、水灾和毒气泄漏等。此外，当死亡人员尸体不能及时清理，或污秽物污染了饮用水时，有可能导致传染病的暴发。次生致灾事件造成的人员伤亡和财产损失可能超过地震的直接破坏。

　　（4）火山爆发　地壳之下100~150km处的高温熔融状岩浆，一旦从地壳薄弱地段冲出地表，就会形成火山喷发。火山活动常常伴随有地震活动。火山的活跃程度大致分为三种：活火山（存在地底岩浆库且正在活动）、休眠火山（存在地底岩浆库但暂不活动，也称睡火山）及死火山（地底岩浆库已不存在，已无任何活动）。火山的活跃周期非常不固定，短至数分钟，长至数百万年。有些火山活动只是非爆发性的，如气体溢散等。

　　板块学说建立的全球火山模式，认为大多数火山分布在板块边界上，少数火山分布在板块内。前者构成了全球四大火山带，即环太平洋火山带、大洋中脊火山带、东非裂谷火山带和阿尔卑斯-喜马拉雅火山带。全世界有516座活火山，其中69座是海底火山，以太平洋地区最多。我国境内的新生代火山锥约有900座，以东北和内蒙古地区数量最多，有600~700座。

　　火山喷发过程中，会存在很多伴生现象，如火山熔岩流和火山碎屑流等。其中，火山碎屑流是高温气体和未分选碎屑物质的混合物，可分为底层的重力流和上层的悬浮流，温度可达1500°F，速度可达160~240km/h，能击碎和烧毁许多生命和财物。火山爆发喷出的大量火山灰和暴雨结合，形成泥石流，能冲毁道路、桥梁，淹没附近的乡村和城市。火山喷发之后所产生的巨大震动，会导致火山周边的泥土松动，引发山体滑坡。

　　（5）海岸带致灾事件　海岸带是世界上人口居住密度最高的地区之一，大约70%的世界人口居住在海岸带环境中，大多数特大城市都位于三角洲地区或者河口海岸地区。海岸带通常受多种致灾事件的综合影响，如土地退化、地下水污染（例如，咸潮入侵）、沿岸洪水、岸线侵蚀与淤积、地面沉降等。由于各种致灾事件过程的相互作用强烈，并且对海岸带这一特殊区域的影响显著，因此对这些致灾事件逐一进行介绍。

　　海岸带致灾事件可以划分为两种类型，即快速过程事件（包括台风和海啸）和缓发过程事件（包括海平面上升、地面沉降、岸线侵蚀与淤积等）。

　　台风和海啸对海岸带人口和环境会造成强烈的、破坏性的影响，通常看作极端的危险事件，能在很短的时间内造成严重损失。

　　热带气旋是地球上破坏力最大的天气系统。台风和飓风是指中心附近最大风力达到12

级或以上（即风速 32.6m/s 以上）的热带气旋。只是因产生的海域不同而称谓有别。在大西洋、加勒比海地区和东太平洋叫作飓风，在西太平洋地区称作台风。

热带气旋产生于热带海洋，受温暖海水等因素影响会形成海面低气压区，并造成低压中心与周围大气的压力差。周围大气在压力差的驱动下向低压中心定向移动，同时受地转偏向力的影响而发生偏转，形成旋转气流。热带气旋会引起海平面波动，并伴随强风（超过90km/h），形成 5m 以上的风暴潮，对沿海农业和基础设施造成严重损坏，甚至造成人员伤亡。大约全球每年会形成 80 个快速移动（速度可达 160km/h）的热带气旋，影响大面积的海岸带地区。根据量级的大小，气旋持续时间从数小时到数天。它们通常在大洋上发展起来，在陆地上消亡。通过风速的增加和循环运动，可以从小的风暴演化为大的飓风。这种逐步变化的过程，有利于人员转移安置以及采取保护措施减少事件的影响。气旋的频率和量级呈现反向关系，小气旋发生的频率会更高一些。气旋会带来暴雨和强风，引发海岸洪水、滑坡、泥石流等相关的次生致灾事件。

海啸是海洋地震、滑坡、火山爆发引起的海平面异常扰动，它们会引发极端长度和周期的海波，从源地向各个方向传播，速度可以达到 500km/h。当撞击海岸时，波高可以超过30m。持续时间从数秒到数小时，波与波之间的时间间隔为 15～45min，其中第一个波的危害性最大。海啸的发生频率与量级关系和触发因素有关。

缓发的海岸带致灾事件类型主要包括海平面上升、地面沉降、岸线侵蚀和淤积等。海岸带地面沉降是在人类工程经济活动影响下，地下松散、地层固结压缩，导致地表标高降低的一种局部的下降运动。处于地质年代新、地基松软的城市地区，地面沉降是一种严重的致灾事件，沉降速度可以达到 15cm/年，甚至更多。地下水的过度抽取是地面沉降的主要原因。地面沉降地区更容易遭受海洋、河流洪水的共同影响。一个典型的例子就是印度尼西亚的三堡垄港市，地面沉降速度达到 11.5cm/年。

岸线侵蚀和淤积基本上属于一种自然过程，它会影响海岸带的基础设施及其他各种类型的土地利用，如渔业养殖、水稻种植等。在海岸带地区，风浪、潮浪以及河流波浪的复合作用，会产生高度变化和复杂的近岸水文系统。通过海域和陆域的物质运动，动态、持续地改变着海岸线的形态。

二、致灾事件量级-频率分析

1. 概述

风险可以理解为预期损失和概率的集合，下面将重点关注致灾事件的概率问题，分析事件量级与频率（概率）之间的关系。

图 4-4a 反映了大多数致灾事件量级-频率的反向指数关系，即量级越小，发生概率越大；量级越大，发生概率越小。图 4-4b 反映了洪涝和干旱流量-频率之间的二项式分布关系，即小流量和大流量极端事件发生概率较低，而正常流量概率较高。小量级和大量级事件都会引发灾害（如干旱、洪涝等）。图 4-4c 反映了极端事件发生的概率和量级之间的关系，但是由于事件类型及所处地理位置不同，又会呈现一定的差异性。以洪水为例，由于所处地理环境的差异，每个地点都有自身的水位-频率关系，整个流域范围内洪水也具有自身的流量-频率关系。

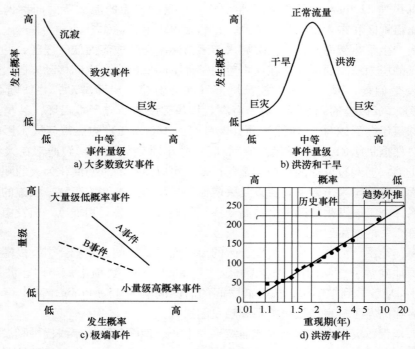

图 4-4　致灾事件量级-频率关系

通常基于历史记录数据建立量级-频率关系，如图 4-4d 所示。数据来源包括：

1）各种监测仪器记录的数据（例如水文站数据、地震台站数据）和灾害地图等（例如洪水淹没区域图、滑坡位置分布图）。

2）各种历史资料（例如新闻报纸、城市档案、地方志等）。

3）社区尺度的参与式制图，通过实地调研和访谈等推断大量级历史致灾事件发生的状况。

历史资料通常不全面，只能获取某个时间段的数据和信息。历史记录的时间跨度对于估算量级-频率关系具有非常重要的作用。如果时间太短，而且没有包含主要典型事件，则很难评估更长重现期事件的发生概率。同时，评估的精度也依赖于给定时间段内数据记录的完整性，在很多事件记录缺失的情况下，很难做出合理的评估。

根据各类致灾事件的量级-频率关系以及发生时间特征，进行初步的归类，见表 4-4。

表 4-4　主要致灾事件发生可能性及量级-频率关系

	致灾事件	发生可能性	量级-频率关系
水文气象	雷电	季节性	随机分布
	冰雹	季节性	泊松分布、伽马分布
	龙卷风	季节性	负二项式分布
	暴雨	季节性（雨季）	泊松分布、甘布尔分布
	洪水	季节性（雨季）	伽马分布、对数正态分布、耿贝尔分布
	飓风（台风）	季节性（飓风季）	不规则分布
	雪崩	季节性（冬季）	泊松分布、伽马分布
	干旱	季节性（枯水期）	二项式分布、伽马分布

（续）

	致灾事件	发生可能性	量级-频率关系
环境	林火	季节性（枯水期）	随机分布
	作物病害	季节性（生长期）	环境
	荒漠化	季节性（雨季）	不规则分布
地质	地震	季节性（风暴潮期）	渐进性
	滑坡	发生可能性	连续性
	海啸	季节性	对数正态分布
	地面沉降	季节性	泊松分布
	火山爆发	季节性	连续性
	海岸侵蚀	季节性（雨季）	随机分布

从表中可以看出，量级-频率关系分布呈现多种不同的形式。有些分布是完全随机的，两者之间没有关系。有些分布是不规律的，意味着量级和频率之间有一定的关系，但是没有规律，在不同的地方呈现差异性，因此也很难建立两者之间的数学方程。有些分布遵循一定的函数，例如对数正态分布、二项式分布、伽马分布、泊松分布、指数分布等。

2. 致灾事件量级-频率分析举例——以地震致灾事件为例

衡量地震量级的指标是里氏震级，它利用对数刻度反映地震释放能量的大小。地震震级和频率之间呈反向指数关系，震级大的地震发生频率更低，见表4-5。例如，在特定时间段内，震级为4.0的地震发生的次数大致是震级为5.0的地震的10倍。按照里氏震级，每天都会发生许多地震，大多震级在2.5以下，并且不被感知。只有震级大的地震才会造成破坏。例如，虽然6.0级地震只比5.0级地震高1个等级，但是它释放出来的能量却大32倍，因而破坏性更大。震级在6.0~6.9的地震一般被认为非常大。

震级超过7.0，则被认为更加严重，可能会有大范围的破坏。震级越高，造成的伤亡可能会越大。人员伤亡和财产损失程度还与地震发生的位置有关（如接近居民区等），同时取决于建筑物的抗震性能。

表 4-5　里氏震级与发生数量的统计关系

里氏震级	年均地震数量（次）	主要影响
≤3.4	800000	只有地震仪器才能监测到
3.5~4.2	30000	只在室内感受到
4.3~4.8	1800	多数人能感受到。窗户嘎嘎作响
4.9~5.4	1400	大家都能感受到。房屋晃动
5.5~6.1	500	建筑抹灰出现裂缝，轻微损坏，砖块脱落
6.2~6.9	100	建筑物有很多损坏，烟囱倒下，地基移动
7.0~7.3	15	建筑物损毁严重，桥梁扭曲，墙壁开裂，建筑物可能坍塌
7.4~7.9	4	破坏巨大，大多数建筑物坍塌
≥8.0	1次/（5~10）年	建筑物全部损毁，能看到表面波，物品被抛到空中

在过去的几十年内，地震活动似乎有明显增强的趋势。20世纪60年代，每年记录的地震大约5000次。到21世纪，这个数量持续增加，超过了20000次。一部分解释认为，由于

世界范围内地震观测台站的普遍增加和全球通信能力的提升，使得一些小规模地震也被快速定位和探测。在 1931 年全世界约有 350 个地震台站投入运营，2010 年则超过了 8000 个，而且监测数据会通过电子邮件、互联网和卫星通信等技术快速获取和汇集起来。过去几十年，大规模地震（震级 6.0 以上）的数量一直保持相对稳定（见图 4-5）的事实也进一步证明了这一解释。

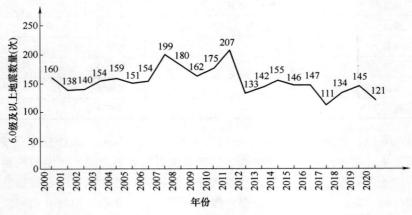

图 4-5 2000—2020 年年均观测大规模地震（震级 6.0 以上）数量变化

在地震学中，古登堡-里克特关系（G-R 关系）表述了特定地区及时间段内，地震震级与大于或等于该震级的地震发生的次数之间的关系。

$$\log N = A - bM \quad \text{或者} \quad N = 10^{A-bM}$$

式中，M 为最小震级阈值；N 为最小震级 M 及以上的地震事件的次数；A 和 b 为系数，A 反映平均地震活动水平，b 反映大小地震的比例关系，系数 b 一般取值为 1.0。

第二节　灾害中承灾体的脆弱性

20 世纪初，科学界从自然系统的致灾事件开始研究灾害，从灾害发生的机制和规律上探求减灾的途径，但并没有取得很好的效果。20 世纪 80 年代，灾害研究由致灾事件向脆弱性研究转移，把注意力更多地集中于灾害产生的社会经济系统。众多学者达成一致，致灾事件很难管控，人类社会的脆弱性才是灾害产生的关键，也是防灾减灾过程中人类可以有所作为的领域。不同区域的脆弱性程度各异是各地灾情产生差异的重要原因，因此，分析社会、经济、自然与环境系统的相互作用，以及这种作用对致灾事件的驱动、抑制和响应，从而想办法减少脆弱性，才是防灾减灾最为直接和有效的方法。

一、脆弱性概述

1. 脆弱性研究的领域

"脆弱性"源于拉丁文，原意为"伤害"，属于社会学范畴。而今"脆弱性"常用来描述相关系统及其各组分易于受到影响和破坏、缺乏抗拒干扰而恢复到初始状态（自身结构和功能）的能力，在环境管理、公共卫生扶贫、可持续发展、安全、土地利用、气候变化等领域都频繁出现。不同的研究领域，由于学科背景、研究对象和视角不同，脆弱性概念的界定有很大的差异。

自然科学领域的研究，侧重于将脆弱性理解为系统由于受到各种不利影响而遭受损害的程度或可能性，强调各种外界扰动所产生的多重影响；社会科学领域则更多地认为，脆弱性是整个系统承受负面影响的能力，并注重从人类社会自身查找脆弱性产生和扩大的原因，旨在从根本上降低脆弱性、增强系统自身抵抗不利条件的能力。

灾害系统本身就是自然系统与社会经济系统的相互作用，因而，脆弱性研究既要考虑承灾体在致灾事件中遭受损失的程度或可能性，即结果，又要考虑脆弱性产生的社会经济要素，即原因，兼顾灾害影响和因素进行分析，融合自然及社会科学的研究特征。

如图4-6所示，极端事件如地震、台风往往难以减轻，但可以通过减少暴露、降低脆弱性来降低风险。

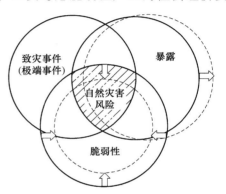

图 4-6　脆弱性在降低灾害风险中的作用示意图

2. 灾害研究中承灾体脆弱性的内涵

灾害不仅是"天灾"，由社会经济条件决定的人类社会脆弱性也是形成灾害的原因。不过，由于来自不同学科的研究人员、灾害管理机构、企业组织等对脆弱性的理解不同，灾害研究中承灾体脆弱性就有了不同的概念框架，见表4-6。

表 4-6　承灾体脆弱性典型的定义

定　义	来　源
用来表示期望损失的程度,范围从 0 到 1,是致灾事件强度的函数	联合国救灾署（UNDRO,1991）
决定人们受到特定致灾事件影响的可能性和范围,由物理、社会、经济和环境因素所形成的人类处境和过程	联合国开发计划署（UNDP,2004）
遭遇伤害或损失的可能性,与预测、应对、抵抗灾害及从中恢复的能力有关	世界银行（2005）
易受负面影响的倾向或习性。脆弱性包括各类概念和因素,如对伤害敏感或易受伤害,缺乏应对和适应的能力	联合国政府间气候变化专门委员会（IPCC,2014）
由自然、社会经济、环境因素或过程共同决定的状态,这一状态增强个体、社区、资产或系统面临灾害的敏感性	联合国国际减灾战略（UNISDR,2017）

众多承灾体脆弱性的定义可以区分为以下三类：

1）承灾体脆弱性作为一种结果。以 UNDRO 的定义为代表，脆弱性主要指承灾个体（或系统）面临一定强度的致灾事件时的损失程度，通常可通过调查或测量对损失程度进行定量化分析，可用来衡量承灾体抵抗致灾事件的能力，也可用来预测未来各种灾害情景下，区域遭受灾害损失的严重程度及分布状况。

2）将承灾体脆弱性作为一种状态。以 UNDRO 的定义为代表，在灾害风险研究中，脆弱性常指一定社会背景下，由物理、社会、经济和环境等共同决定的易于受到致灾事件损害的状态。承灾体脆弱性是区域致灾事件与人类社会相互作用的综合产物，常被定量或者半定量化，并进行区域间的对比与区划。

3）承灾体脆弱性作为状态和结果的集合。状态决定结果，结果源于状态，目前的承灾体脆弱性研究多以区域为单位，既侧重损失程度分析，衡量致灾事件对承灾体造成的伤害程度，又兼顾脆弱性因素分析，揭示自然环境与社会条件相互作用下脆弱性发生的内因机制，查找承灾体呈现这种脆弱性状态的多重因素。

尽管人们对脆弱性的认识不同，但这一概念却在很大程度上有助于理解风险和灾害，将人们从"灾害的不可避免和不可控制性"的惯性思维中解脱出来。与致灾事件和孕灾环境导致的危险性、承灾体的暴露相比，脆弱性更侧重强调承灾体本身特性和灾害产生的人为因素，即在一定的社会政治、经济、文化背景下，特定区域内的承灾体面对某种致灾事件表现出的易于受到伤害和损失的性质，使得灾害风险的研究重点从单纯的自然系统演化为以人和社会为中心，注重人和社会在脆弱性形成以及降低脆弱性中的作用，强调了人类的主观能动性和面临灾害时的"有所作为和大有可为"。

3. 承灾体脆弱性的基本特征

1）内部性。脆弱性是承灾体的内部属性。致灾事件是影响承灾体的外部因素，脆弱性则描述承灾体的本身属性，不论致灾事件是否发生，这些属性都存在。致灾事件对承灾体造成直接或者间接的冲击，其脆弱性特征也要通过承灾体本身来体现。脆弱性反映承灾个体或承灾系统面对致灾事件时造成损失或破坏的潜在能力。

2）前瞻及预测性。与贫穷等表示现状的词语相比，脆弱性更注重前瞻和预测性，是对具体致灾事件和风险条件下特定致灾事件产生后果的解释。它着眼于未来可能出现的各种冲击，结合承灾体应对冲击的能力做出预测，是一种防患于未然的思维起点。对脆弱性的充分认识，可促使人们不断提高自身应对冲击的能力，促使政府不断完善体制机制、社会保障体系等，从而减轻各种由冲击造成的损失。

3）系统性。脆弱性研究应该把握其系统性，无论是承灾个体、群体，还是区域，其脆弱性影响因素都应多方面、多领域、多角度地考虑。灾害系统中承灾体脆弱性的形成也涉及各个环节，呈现复杂性的特征，必须用系统的眼光去认识，才能把握此概念的实质，为开展相关研究奠定基础。

4）动态性。脆弱性水平随着社会经济的发展而不断变化，但两者并不具有完全的负相关关系，即脆弱性并不总是随经济发展而降低的，两者的变化速度不一定同步，而且脆弱性还会由于受到某种突发致灾事件的影响而显著发生变化，致灾事件连发或群发会强化该区的社会脆弱性，在贫困地区还会导致脆弱性累积，灾后若加强对灾害敏感部门、产业或地区的监视、防护，提高其灾害防御、救助和恢复能力，也会使该区的社会脆弱性弱化。

5）可比性。脆弱性是个相对概念，是承灾体之间相互比较而呈现的性质。只是面对某种致灾事件时，某承灾体显示出比另一个承灾体更具有脆弱性或少具有脆弱性，反映不同承灾体面对致灾事件冲击时承受能力的差异。

6）与灾种、具体承灾体的相关性。需要考虑具体致灾事件、具体承灾体，不能抽象探讨承灾体的脆弱性，也就是说，承灾体确定、灾种确定，才可以谈脆弱性。简单举例，对干旱呈现低脆弱性的钢筋混凝土楼房，却往往是受地震影响比较严重的承灾体。同样道理，对干旱敏感的农作物，受地震影响不大。

4. 承灾体脆弱性的基本类型

依据不同的标准，自然灾害系统中的承灾体脆弱性常见的分类如下：

1）按照承灾体不同，分为自然脆弱性、社会脆弱性和区域综合的地方脆弱性。

Cutter 提出的脆弱性地方模型（见图 4-7）以区域为单位，把脆弱性定义为致灾事件使个人或群体暴露于不利影响的可能性，既考虑面对外部压力的暴露，又考虑系统面对压力的内部敏感性，指出综合脆弱性主要由自然脆弱性和社会脆弱性两部分组成。

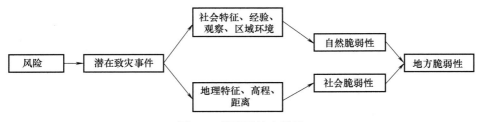

图 4-7　脆弱性地方模型

该模型强调致灾事件和区域的相互影响，考虑了不同人群、文化和环境系统之间的相互作用，尤其在空间上的相互作用，因此不同地理区域之间的脆弱性评价结果可以相互进行比较。目前，这种模型在不同尺度的区域空间承灾体脆弱性评估中广泛应用，Cutter 等应用该模型对南卡罗莱纳州乔治顿县的多个灾种进行脆弱性分析，构造了该区域承灾体脆弱性的等级分布图，将承灾体脆弱性量化并进行展示，为应急管理者、政府部门开展灾害管理提供有效指导。

2）按照脆弱性来源的不同，分为物理脆弱性（结构脆弱性）、经济脆弱性、社会脆弱性和环境脆弱性。

不同的承灾体类型都有其对应的脆弱性评估，因为损失类型不同，可以是直接的、间接的，也可以是针对人类社会的、物质的、经济的或者环境的，所以脆弱性的类别也不一样，见表 4-7，其中有下划线的项评估频率较高。

表 4-7　承灾体脆弱性评估对应的主要损失类型

类　型	人 类 社 会	物　理	经　济	文化/环境
直接损失	①死亡 ②受伤 ③收入损失或失业 ④无家可归	①建筑的结构性毁坏或坍塌 ②非结构性毁坏 ③基础设施的结构性毁坏	①因建筑物和基础设施的毁坏导致的商业中断 ②因死亡、受伤等造成的生产力的损失 ③应对及救援的资金成本	①地面沉降 ②污染 ③濒危物种 ④生态区的破坏 ⑤文化遗产的破坏
间接损失	①疾病 ②永久残疾 ③心理创伤 ④社区解体导致的社会内聚力的损失 ⑤政治动荡	未修复的受损建筑物和基础设施的进一步恶化	①活动中断造成的经济损失 ②长期的经济损失 ③保险金损失,削弱保险市场 ④投资减少 ⑤修复的资金成本 ⑥旅游业的减少	①生物多样性的损失 ②文化多样性的损失

① 物理脆弱性：灾害事件对建筑环境或人口造成物理影响的潜在可能性，可划分为 0（无损害）~1（完全损害），取决于建筑的内在品质，并不依赖于位置。

② 经济脆弱性：灾害对经济财产和进程的潜在影响（例如业务中断，增加贫困和失业等二次影响）。

③ 社会脆弱性：灾害事件对群体的潜在影响，如贫困、单亲家庭、怀孕或哺乳期妇女、残疾人、儿童、老年人；需考虑公众的风险意识、群体独立应对灾害的能力，以及帮助他们设计应对灾害的制度。

④ 环境脆弱性：灾害事件对环境的潜在影响。

3）按照研究层次不同，分为结构（物理）脆弱性、功能和经济脆弱性、社会和组织脆弱性。

从承灾体本身到社会经济系统，再到社会的上层管理系统等，反映了越来越高的社会结构层次对承灾体脆弱性的影响，也越来越强调人类的主观能动性对灾害系统中承灾体脆弱性的影响。目前，很多脆弱性评估基于区域尺度，反映的是从结构（物理）脆弱性、功能和经济脆弱性到社会和组织脆弱性的综合脆弱性。

灾害风险形成过程中，结构和物理脆弱性侧重于承灾个体，而整体社会经济环境的各种宏观条件决定的是区域承灾系统面临灾害时的系统脆弱性，简称为社会脆弱性，灾害风险的形成过程（见图 4-8）就是暴露在致灾事件冲击之下，由于承灾体个体的（物理）脆弱性及整体环境的社会脆弱性，无论最终导致应对能力之内的紧急事件，还是应对能力之外的灾难，最终存在潜在损失的都是风险。

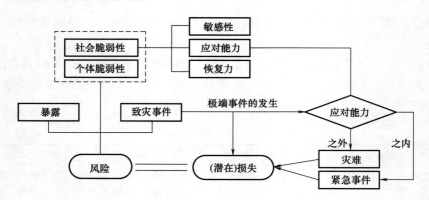

图 4-8 自然灾害风险的形成过程

社会脆弱性的结构应包括敏感性、应对能力和恢复力。其中，敏感性强调承灾体的本身属性，反映承灾体接触致灾事件时倾向受损的特征，是由其物理性质决定的，致灾事件发生之前就存在；应对能力主要表现为致灾事件发生时社会经济系统中表现出来的抗御致灾事件的特性；恢复力则为致灾事件发生之后表现出来的系统恢复能力，影响承灾系统恢复到原状态所需的时间、精力和效率。

4）根据研究灾种不同，分为洪水承灾体脆弱性、台风承灾体脆弱性和多灾种的承灾体脆弱性等类型。

同一种承灾体或承灾系统，面对不同致灾事件时的脆弱性特征不相同。针对同一种致灾事件，因考虑的致灾事件强度指标不同，脆弱性的表达方式也不同，例如，洪灾脆弱性有表达水深损失率的脆弱性曲线，还有表达流速-损失率的脆弱性曲线。

5）不同空间尺度的脆弱性。根据研究区域的空间范围不同，存在全球、大洲、国家、地方、社区、个体等不同尺度的承灾体脆弱性。

二、承灾体脆弱性的评估方法

致灾事件来临时，承灾体不一定完全受损，脆弱性评估衡量承灾体受到损害的程度，是进行灾害损失评估和风险评估的前提，是联系自然系统致灾事件和人类社会风险的桥梁，脆弱性的定量化是为决策提供指导、进入应用领域的前提。目前，承灾体脆弱性评估主要利用历史灾情数据、社会经济统计数据、现场调查数据和相关专家意见等，采用定量评估、半定量评估与定性评估（专家打分为主）的方法，得到的脆弱性结果的形式为脆弱性曲线或脆弱性表格、脆弱性指数，为风险评估提供相关信息。

1. 基于历史灾情数理统计的承灾体脆弱性评估方法

（1）原理　历史灾情中涵盖的承灾体脆弱性，更多是作为一种结果，指承灾个体（或者系统）面临一定强度的致灾事件时的损失程度。它既由灾害系统中承灾体本身的物理敏感性确定，例如：不同结构房屋、不同品种农作物的天然抗灾性能不同，又有特定的社会经济背景（减灾措施抗灾能力）造成的影响，该脆弱性是基于致灾事件造成的结果，是对物理脆弱性和社会经济脆弱性的综合、集成考虑。经济学中，投入产出模型是根据投入产出原理建立的一种经济数学模型，投入是指从事一项经济活动的消耗，产出是指从事经济活动的结果，同等投入水平下产出得越多，反映经济活动效率越高。同理，在历史灾情数据中，如用投入产出模式表示同等受灾面积下最终成灾面积所占的比例，即投入产出效率，反映农作物遭受致灾事件时受损的程度，则它为脆弱性。不同承灾体、不同统计口径有不同的脆弱性表现形式，如图 4-9 所示。以农业为例，假设遭受的致灾事件强度一致，对于同样的农作物受灾面积，成灾面积不同，即可以说明各区域该农作物面临致灾事件的脆弱性不同，单位受灾面积的成灾面积越大，脆弱性越大，其他以此类推。

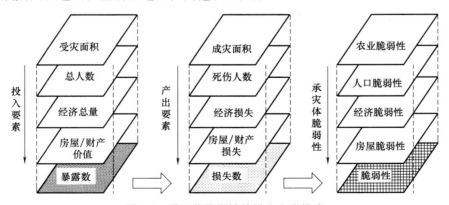

图 4-9　承灾体脆弱性的投入产出模式

当利用历史灾情的数理统计计算承灾体脆弱性时，可以直接相除，用同等受灾时成灾的"效率"表达脆弱性，也可以借鉴投入产出模型研究领域的效率分析方法，反映承灾体的脆弱性特征。然而，这种基于已有灾情的脆弱性评估，很难对脆弱性的形成机制进行较为深入的探讨。

（2）典型代表　根据致灾事件的类型和相应灾情，可以做灾后脆弱性的评估，以全球尺度的灾害风险指标计划（DRI）和热点计划（Hotspots）为典型代表，前者运用 EM-DAT 等灾害数据库，把死亡人数和暴露人数的比值作为脆弱性的度量，后者是利用历史灾情进行死亡率、相对或绝对经济损失率的估算，综合体现区域的脆弱性，且统计得出七个地区四种财富等级的死亡及经济损失脆弱性系数，体现不同社会经济条件下的脆弱性差异。

这种方法也存在诸多不足，例如，DRI 只考虑死亡人数，有利于全球不同国家和不同灾种之间进行比较，但是较为片面，因其对很少造成人员伤亡但经济损失很大的灾害影响的考虑不够。Hotspots 考虑了经济要素，但对生态功能、人体健康等隐性影响仍然无法体现。另外，利用较短时间期限的数据序列评估周期长的极端致灾事件是不够的，容易产生较大偏差，求平均值也会淡化极端事件。

（3）步骤　利用历史灾情的数理统计开展承灾体脆弱性评估，一般应该包括以下几个步骤：

1）选择区域和研究对象。脆弱性是承灾体的本质属性，确定研究区域之后，要找出该区域的主要致灾事件及主要承灾体，才可以实现区域之间的脆弱性对比。

2）确定脆弱性的历史灾情表达方式。确定用历史数据中的哪些指标来反映承灾体的脆弱性。以农业为例，暴露在致灾事件中的播种面积与暴露于致灾事件之中的耕地面积相比，前者更能体现农作物的暴露量，因为播种面积更能反映实际的农作物总量，最终的成灾面积也是播种面积中的一部分。

3）利用一定的数理统计方法，进行脆弱性分析。简单的脆弱性分析，可以直接拿受损量与暴露量相比，得到部分有意义的结论和规律。也可以选用一些专业的效率分析方法进行承灾体脆弱性分析，并得到一些与脆弱性相关的有益结论。

4）根据评估结果，各区域之间实现脆弱性的对比和区划。根据客观评估结果，进行区域脆弱性的对比和区划，为区域防灾减灾提供科学依据。

5）对脆弱性的区域差异进行成因探讨。如方法得当、规律明显，还可以从中发现一些深层次的原因，找到脆弱性形成机制的部分蛛丝马迹。

2. 基于指标体系的承灾体脆弱性评估方法

（1）原理　在脆弱性形成机制还没有研究透彻的情况下，指标体系是目前脆弱性评估最常用的方法。该方法选取代表性指标组成指标体系，综合衡量区域面临致灾事件的脆弱性。该方法衡量的是脆弱性状态，即致灾事件发生时，承灾体易于受到伤害和导致损失的性质。以指标体系衡量脆弱性，实质上就是选择可以评估承灾体脆弱性、敏感性、应对能力和恢复力的指标，并采用一定方法集成，综合反映承灾体的脆弱性。

（2）步骤　利用指标体系法，开展区域的承灾体脆弱性评估，一般应该包括以下几个步骤：

1）选择区域和研究对象。确定研究区域之后，要找出该区域的主要致灾事件及主要承灾体，明确研究对象与研究重点，才可以有效、有针对性地实现区域之间的脆弱性对比。

2）确定脆弱性的代表性指标。在厘清脆弱性基本构成的理论基础上，选择具有代表性、典型性的指标，分别衡量承灾体灾前的敏感性、灾中的应对能力和灾后的恢复力，常用的脆弱性度量指标列举见表 4-8。

表 4-8　承灾体脆弱性评估的常用指标（以水灾为例）

敏感性	应对能力	恢复力
60 岁以上人口比例（%） 危房简屋面积比例（%） 外来人口比例（%） 贫困人口比例（%）	公民防灾意识教育普及率（%） 每万人拥有医生数（人） 男女比例 劳动力人口所占比例（%）	居民人均可支配收入（元） 城镇最低生活保障对象发放人次 （万人次） 经济密度①（万元/km²） 人均增加值②（元/人）
农业人口比例（%） 失业人口比例（%） 第一产业所占比例（%）	灾害救援组织的完善程度 灾害管理机构的完善程度 灾害应急预案的完善程度	人均保险额（元/人） 境内公路密度（km/km²） 金融机构存款余额（元）

① 经济密度为区域国民生产总值与区域面积之比。它代表了城市单位面积上经济活动的效率和土地利用的密集程度。

② 人均增加值为总增加值除以平均人数。增加值是指常住单位生产过程创造的新增价值和固定资产的转移价值。它可以按生产法计算，也可以按收入法计算。按生产法计算，它等于总产出减去中间投入；按收入法计算，它等于劳动者报酬、生产税净额、固定资产折旧和营业盈余之和。增加值反映了企业生产过程中产出超过这一过程中投入的价值。常住单位是一个统计项目，是指在一国的经济领土范围内具有经济利益中心的经济单位既包括具有法人资格的企业和行政事业单位，也包括住户。所有常住单位组成国民经济核算的经济主体。

3）确定权重、建立脆弱性评估模型。采用主成分分析等比较客观的权重确定方法，并尽可能克服数据难以获取等困难，最大限度地降低评估空间的尺度，提高最终评估精度，为决策提供更有价值的科学依据。

4）根据评估结果，各区域之间实现脆弱性对比和区划。根据客观评估结果，进行区域脆弱性的对比和区划，找出地域分布规律，也可以对脆弱性的区域差异进行一些成因探讨，为区域防灾减灾工作奠定基础。

3. 基于脆弱性曲线的承灾体脆弱性评估方法

（1）原理　脆弱性曲线，又叫脆弱性函数，或灾损（率）函数，或灾损（率）曲线，衡量不同强度的各灾种与各类承灾体损失（率）之间的关系。该方法主要应用于物理脆弱性，可分成两大类。

相对曲线：强度-损失率曲线，反映在各致灾事件强度下价值的损失率。

绝对曲线：强度-损失（或单位面积损失）曲线，反映在各致灾事件强度下受损价值的绝对总量。

这种方法试图从根本上解决脆弱性评估结果粗糙、可操纵性不强等缺陷，希望通过承灾个体的脆弱性反映区域总体承灾体的脆弱性特征，找到最基础的方式，对不同区域、不同承灾体的脆弱性进行评估。

（2）步骤　通过构建脆弱性曲线来开展区域的承灾体脆弱性评估一般应该包括以下几个步骤：

1）根据灾种，选用其强度和损失表达方式。不同致灾事件类型有不同的强度表达方式、同一致灾事件类型也有不同的强度表达方式，因此，首先需要确定灾种强度的具体表达方式，同时，采用损失率、绝对损失，还是采用单位面积损失，只计算直接损失还是计算总损失，对其表达方式也需要明确。

2）对承灾体进行类型划分。根据可能影响受灾性能的承灾体要素，对承灾体进行分类。例如，建筑的楼层、材料不同，承灾性能会有很大的区别，因此，同样作为承灾体的建筑，需要根据楼层、建筑材料等进行类型的细分。

3）收集承灾体不同受灾强度与对应损失的数据，估算资产的总体价值。根据历史灾情数据、实际调查数据或结合相关数据库，搜寻各种承灾体在不同受灾强度下的受损数值。如果计算损失率，还要估算受灾资产的总价值。

4）脆弱性曲线（函数）的构建。针对每类承灾体，将损失绝对值、单位面积损失或损失率作为因变量，建立其与致灾事件强度参数的关系，用表格或者散点图（或者其趋势线）来描述，建立脆弱性曲线，也可建立致灾事件强度参数与损失之间的回归分析，从已有灾情中寻找规律，用来预测未来灾害可能造成的损失。

4. 三种承灾体脆弱性评估方法的对比

对承灾体脆弱性的三种评估方法进行的对比研究见表 4-9。

表 4-9　三种承灾体脆弱性的评估方法对比

方　法	目　的	适用时间	思　路	承 灾 体
基于历史灾情的数理统计	灾情体现状态	灾后	演绎	个体或系统
基于指标体系	状态预测灾情	灾前	归纳	系统
基于灾损曲线	个体体现系统	灾前或灾后	归纳、演绎	个体或系统

从最终目的来说，第一种方法利用历史灾情反映脆弱性结果，以结果来体现状态；第二种方法的评估结果反映脆弱状态，以状态来衡量一旦发生灾害时灾情的大小；第三种方法通过灾损曲线反映个体损害程度，从而评估整个区域承灾系统的脆弱程度。

从适用时间来讲，第一种方法必须在灾后才能应用；第二种方法常用于灾前；第三种方法既可以在模拟的历史灾害情景中应用，也可以在模拟的未发生灾害的情景中应用。

从评估思路来讲，第一种方法为演绎，利用历史灾情数据反推造成该灾情的脆弱性值；第二种方法为归纳，找出影响脆弱性的要素，综合求出脆弱性值；第三种方法为归纳、演绎并用，首先从历史灾情中找出各承灾体脆弱性的一般规律，再将该规律普遍应用于该类承灾体，依据承灾个体损失特征得到承灾系统（区域）的损失特征。

从承灾体角度分析，指标体系只能对承灾系统进行脆弱性分析，很难对承灾个体的脆弱性进行评估；如果有足够的数据资料，第一种方法既可以分析区域整体的脆弱性，也可以分析区域某种承灾体的脆弱性或者某个承灾个体的脆弱性；第三种方法也是同样，如果知道承灾系统中各承灾个体的脆弱性，就可以计算该承灾系统整体的脆弱性特征。

实质上，三种方法对应脆弱性的三种概念，历史灾情的数理统计得到的脆弱性，是一种结果；指标体系评估出的脆弱性，是一种状态；灾损曲线所表达的脆弱性含义，根据灾损曲线构建方法的不同而有所差异，有时反映状态，有时反映结果，有时是状态和结果的结合。

三、物理脆弱性的测量

物理脆弱性是指建筑和人等个体或系统面对致灾事件的潜在物理冲击时可能受损的程度。这与承灾体的特征及致灾事件强度、范围相关，相对容易量化，测量物理脆弱性日益被看作一个降低风险和进行灾后恢复提升的有效工具。

1. 物理脆弱性评估的方法

物理脆弱性用来衡量暴露在一定强度的致灾事件时承灾体的损失程度，针对承灾个体或系统，定量化反映其物理受损状况，表现为脆弱性曲线（或函数）。

利用该曲线，通过各承灾体承受的致灾事件强度（如水深）推断其损失率、损失、单位面积损失，使评估细化到个体或系统，最终加和得到整个区域的灾害损失，提高了评估的精确性。脆弱性曲线还使灾损计算摆脱了实际调查的巨大工作量，某类承灾体在各种受灾强度下的损失率参数一旦确定后，可作为一般规律普遍适用，利用该参数计算灾损，省时省力，节省了大量资源。

常用的评估物理脆弱性、构建脆弱性曲线的方法如下。

（1）基于灾情数据的脆弱性曲线构建　以收集、分析的近期或历史上灾害事件的统计资料为基础，采用曲线拟合等数学方法建立承灾体受损状况与不同致灾事件强度间的联系，是目前构建脆弱性曲线最为常用的方法。灾情数据来自历史文献、灾害数据库、实地调查或保险数据等。比如加拿大对马尼托巴湖区域，基于 1997 年洪水事件的 186 个索赔案例建立了脆弱性曲线，具体步骤如下：①据结构特征对建筑分类（包括一层居住用房、多层居住用房、移动房屋和商业/公共/工业建筑等 13 种建筑）；②评估每座建筑的市场价值；③洪水索赔作为损失价值，计算其占总价值的百分比。加拿大所建的曲线针对三种类型的承灾体损失：地基、房屋结构和财产。这些组分的损失率和一层地板上的洪水深度的关系即构成灾损曲线。

基于问卷和访谈等方式开展灾后实地调查，可以获取灾情数据的第一手数据，但较难应用于没有发生灾害的地区且工作量较大。在保险市场较为发达的国家或地区，针对水灾等较为成熟的险种，保险数据中的灾情记录较为精细完善，可据此对承灾体脆弱性特征进行推断。总之，基于已有灾情数据，利用各种方式进行致灾事件强度与损失（率）的统计，如果调查科学且样本足够，所得的结果较接近事实状况。然而，基于某个地区某次灾害得到的脆弱性曲线对其他地区的适用性，因预警时间不同、建筑和财产类型各异而有待验证。

（2）基于系统调查的脆弱性曲线构建　基于对承灾体价值的调查，假设受灾情景，推算出不同致灾强度下的损失率，进而构建脆弱性曲线的方法，称为系统调查法，又称合成法。该方法适用于既没有历史灾情的调查资料，又没有足够的保险索赔样本数据的区域。

基于合成法构建的脆弱性曲线，摆脱了灾害案例数据不完备的局限。但该方法的使用存在一系列的假设，适用性容易受限：①致灾事件为单要素设置，如在洪灾中，若同时考虑水深和淹没时间、水速等，则合成法构建脆弱性曲线时困难重重；②假定致灾事件发生时，内部财产都停留在原来摆放的位置，人的主观能动性不在考虑范围之内；③适用范围受限，对于内部财产摆设差异很大的住宅，不能采用假设的统一标准得到的脆弱性曲线进行脆弱性评估。

（3）基于模型模拟的脆弱性曲线构建　随着现代信息技术快速发展，基于计算机模型的脆弱性曲线应运而生。此方法在数字环境下通过模型模拟，跟踪致灾事件和承灾体的相互作用过程，定量表达脆弱性曲线。不同的灾害研究均发展了各自的灾害评估模型，用于脆弱性曲线的构建。比如，在地震灾害中面对建筑、桥梁等主要地震承灾体，基于工程设计标准，利用地震载荷分析，推导出故障出现的可能性，结合计算机模拟的方法构建了以超越概率表示的结构理论脆弱性曲线。

基于模型模拟构建的脆弱性曲线的优势表现在：在技术允许的范围内可以模拟任意灾害情景中的承灾体脆弱性水平，较少受到实际灾情数据缺乏的限制，可以从灾害自身机理出发，细致刻画承灾体的脆弱性。主要问题是，在处理海量数据时，模型的运算量较大，技术要求高。因而在模型构建和模拟过程中，还需通过对实际灾情数据进行检验和修正，从而保证脆弱性曲线的精度。

（4）基于专家观点的脆弱性曲线构建　在很多情况下专家观点是获得脆弱性信息最可行的选择，或因为没有历史损害信息，没有采用分析工具的足够资金，或因为其他地区的建筑分类不能反映当地建筑物，当地分类被认为更合适。该方法为：一组专家对于脆弱性给出自己的观点，并进行商讨，如针对不同灾害强度下的不同结构类型，预期的损害比例。比如，滑坡评估中经常使用的基于专家观点的不同风险因子的脆弱性，见表4-10。

表 4-10　滑坡损伤类型中不同风险因子的脆弱性

风险因子	损伤因子	损伤类型	脆弱性（0~1）
建筑	I	轻微的非结构性破坏,稳定性不受影响,家具或配件损坏	0.01~0.1
	II	墙壁裂缝,稳定性不受影响,修复不迫切	0.2~0.3
	III	强烈变形,墙壁上出现巨大缝隙,支撑结构出现裂缝,稳定性受影响,门窗无法使用,需疏散	0.4~0.6
	IV	结构性破坏,部分毁坏需疏散,毁坏部分须重建	0.7~0.8
	V	部分或全部毁坏需疏散,全部重建	0.9~1.0
道路	I	道路轻微损害	0.05~0.3
	II	道路损伤,用 $10m^3$ 材料修复	0.3~0.6
	III	道路损伤,用 $100m^3$ 材料修复	0.7~0.8
	IV	道路毁坏	0.8~1.0
人口	I	精神不适	0.002
	II	心理问题	0.003~0.005
	III	重伤	0.005~0.9
	IV	死亡	1.0

2. 人口脆弱性

人口脆弱性可以划分为人口直接物理脆弱性（受伤、死亡、无家可归），及间接的社会脆弱性等。前者仅考虑受灾时人的受损状况，后者则要考虑周围环境及人的主观能动性对脆弱性的影响。

以地震中建筑物损伤对建筑物内人口的影响为例，在美国 HAZUS 灾害风险管理系统中，对于人口损失评估，第一步是定义人口受伤严重性等级（见表4-11）。之后，有几种方法可以将建筑损伤和人口伤亡的严重性等级联系起来。表4-12给出了 HAZUS 系统使用的地震中人口脆弱性信息，表4-13给出了加拿大 NHEMATIS 方法使用的损失评估。人口受损状况都是通过与建筑损伤比例相联系进行判断的。

表 4-11　HAZUS 系统所表述的受伤严重性水平

受伤严重性水平	受 伤 描 述
严重程度 1	需要基本的医疗援助,无须住院治疗
严重程度 2	需要更大程度的医疗保健和住院治疗,但没有发展到危及生命的状况
严重程度 3	如果不及时、充分治疗,将直接威胁生命。大多数的伤害都是由结构性坍塌造成的
严重程度 4	当场死亡或致命伤

表 4-12　HAZUS 系统使用的地震中人口脆弱性信息

结构损伤	结构类型	受灾人群比例(%)			
		严重等级 1	严重等级 2	严重等级 3	严重等级 4
完全(坍塌)	混凝土结构	40	20	3~5	5~10
	砖石	40	20	5	10
完全(未坍塌)	混凝土结构	5	1	0.01	0.01
	砖石	10	2	0.02	0.02
大范围的	混凝土结构	1	0.1	0.001	0.001
	砖石	2	0.2	0.002	0.002
中度的	混凝土结构	0.20~0.25	0.025~0.3	0	0
	砖石	0.35	0.4	0.001	0.001
轻微的	混凝土结构	0.05	0	0	0
	砖石	0.05	0	0	0

表 4-13　NHEMATIS 方法使用的损失评估

建筑损伤的比例 (%)	受灾人口比例		
	轻伤	重伤	死亡
0	0	0	0
0.50	3/100000	1/250000	1/1000000
5.00	3/10000	1/25000	1/100000
20.00	3/1000	1/2500	1/10000
45.00	3/100	1/250	1/1000
80.00	3/10	1/25	1/100
100.00	2/5	2/5	1/5

与建筑等承灾体不同的是，人的可移动性导致不同时空人口的分布状况不同，因此评估时除了考虑致灾事件的严重性和建筑的受损情况，还要结合当地人口的时空分布模式，考虑具体时段，才能进行人群脆弱性及损失状况的准确评估。

四、社会脆弱性的测量

除了由承灾体本身结构属性决定的物理脆弱性，从社会整体环境出发寻找人类在致灾事件中易于受到伤害的根源，属于社会脆弱性研究的范围。它体现了人类社会系统中特定的政治、经济和文化条件对灾害防御与应对能力的影响，目的在于能真正确认社会中最脆弱的群体，从而体现出能够预测的特质，真正了解灾害中不同群体应对灾害风险能力的差异，为防灾与减灾规划提供有针对性的建议。

社会脆弱性更多地表示为个人、群体由于应对和适应外部压力所处的一种状态，由资源的授权、公平、种族歧视、贫困等因素决定。该概念多描述人（群）的脆弱性，是一个面对多重压力，从社会经济领域寻找原因来解释人类脆弱性的概念。

社会脆弱性根据人们如何响应并处理灾害背后的社会、经济、政治、文化及制度因素，并通过对各种因素的分析来评估一个地区、系统或人类群体等特定范围内既存或预期的冲击或灾害的脆弱程度，以便找到降低脆弱性的方法来增强人们对灾害与风险的适应和应对能力。

社会脆弱性由于兼顾的因素较多，一般采用指标体系的方法进行衡量。Cutter 结合灾害学和社会学，认为社会脆弱性是社会群体在应对灾害时的敏感性以及受到灾害影响后的应对能力和恢复能力，是一个社会不平等的产物，主要通过人口特征和社会经济条件来反映，并以美国为研究样本，利用社会经济统计和人口普查数据，根据 1990 年左右各州的 42 种社会与人口变量，通过因子分析法浓缩为 11 个因子，并将因子分数加总而构成各州的社会脆弱性指标，对美国各州的灾害社会脆弱性状况进行比较研究，并利用地理信息系统将较为脆弱的区域标示出来，结果正确预言了卡特里娜飓风受害者的地理分布。为了呈现各个变量的个别评分价值，Cutter 并没有采取权重的方法，而是直接加总各项社会脆弱性评分，并将社会脆弱性评分的和再乘以自然脆弱性评分，显示出地区脆弱性的高低程度。

思 考 题

1. 什么是致灾事件？致灾事件主要包括哪些方面？
2. 简述致灾事件的特征和分类。
3. 简述承灾体脆弱性的内涵。
4. 简述承灾体脆弱性的基本特征。
5. 简述承灾体脆弱性的基本类型。
6. 简述基于历史灾情数理统计的承灾体脆弱性评估方法原理及步骤。
7. 简述基于指标体系的承灾体脆弱性评估方法的原理及步骤。
8. 简述基于脆弱性曲线的承灾体脆弱性评估方法原理及步骤。
9. 什么是物理脆弱性？物理脆弱性评估有哪些方法？
10. 如何进行基于灾情数据的物理脆弱性曲线构建？
11. 如何进行基于系统调查的脆弱性曲线构建？
12. 什么是社会脆弱性？如何进行测量？

灾害风险统计基本方法

风险的概率统计方法；风险的模糊观点；模糊数学中的基本概念；常用模糊系统分析方法。

本章培养目标

了解灾害风险统计基本方法；掌握概率统计方法；理解风险的模糊观点和模糊数学中的基本概念；掌握模糊数学方法。通过本章的学习，让学生更加了解灾害、提高学生对灾害的认知和理解以及灾害发生的规律和趋势，从而更好地适应自然环境中的变化，用科学的方法来面对未来的风险。

第一节 风险的概率统计方法

一、风险评价中常用的离散型分布

1. 二项分布

令随机事件 A 在每次试验中发生的概率为 p。如果在相同的条件下重复进行了 n 次独立的试验，则 A 总共发生 k 次的概率可由下式算出：

$$p_k = \binom{n}{k} p^k (1-p)^{n-k}, \; k = 0, 1, \cdots, n; n \in N, 0 < p < 1 \qquad (5\text{-}1)$$

满足式（5-1）的离散型分布称为二项分布。其中，$\binom{n}{k}$ 是从 n 个不同元素中，每次取出 k 个不同的元素，其组合种数称为"组合"，有时也记为 C_n^k。计算式为

$$\binom{n}{k} = \frac{n!}{(n-k)! \; k!}$$

$n! = 1×2×3×\cdots×n$，称为"n 阶乘"。有趣的是，二项分布正好是代数中二项式 $(a+b)n$ 展开通项

$$\binom{n}{k} a^k b^{n-k}$$

令 $a=p$，$b=1-p$。二项分布的均值和方差分别为

$$\mu = np,\quad \sigma^2 = np\,(1-p)$$

取 $n=11$，$p=0.4$，可以得到相应分布，如图 5-1 所示。

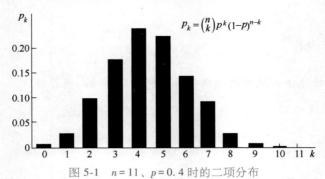

图 5-1　$n=11$、$p=0.4$ 时的二项分布

2. 泊松分布

若每次试验中事件 A 的概率很小（$p \ll 1$），在大量试验的总结果中，事件的数目有一个有限的期望值 $\lambda = \lim\limits_{n \to \infty} np$，则 A 总共发生 k 次的概率可由下式算出：

$$P_K = e^{-\lambda}\,\frac{\lambda^k}{k!},\ k=0,1,2,\cdots,n,\ 0<\lambda<\infty \tag{5-2}$$

满足式（5-2）的离散型分布称为泊松分布，是在 $n \to \infty$ 时二项分布的极限。泊松分布的均值和方差分别为

$$\mu = \lambda,\quad \sigma^2 = \lambda$$

如果 k 是某个随机事件的次数，并且满足下面的条件，k 就近似地服从泊松分布：

1）k 在一个有限的期望值 λ 左右摆动。

2）k 可以看作大量独立试验的总结果。

3）对于每一次试验，事件有相同概率在条件 1）和 2）的限制下，这个概率必然很小。

在灾害系统中，如果灾害事件数服从泊松分布，则两个灾害事件之间的时间间隔就服从指数分布。对于某种随机发生的灾害现象，如果单位时间间隔内平均事件数为 λ，而且事件的概率与时间无关，即在任意固定长度 Δt 的时间区间内，事件有相同的概率，与区间的位置无关，则单位时间内的事件数目 k 满足泊松分布条件 1）和 2），k 服从泊松分布，$\lambda = 5$ 时的泊松分布如图 5-2 所示。

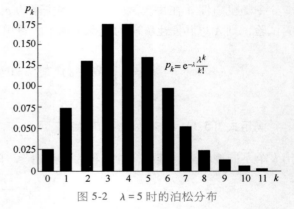

图 5-2　$\lambda = 5$ 时的泊松分布

二、风险评价中常用的连续型分布

1. 均匀分布

若随机变量 X 的概率密度函数为式（5-3），则称 X 服从 $[a, b]$ 上的均匀分布。该均匀分布的概率密度函数是一个常数。此分布是所有统计分布中最简单的。均匀分布又称为矩形分布，简记作 $U(a, b)$

$$p(x) \begin{cases} \dfrac{1}{b-a}, & a \leqslant x \leqslant b \\ 0, & \text{其他} \end{cases} \tag{5-3}$$

均匀分布的均值和方差分别为

$$U = \frac{a+b}{2}, \quad \sigma^2 = \frac{(b-a)^2}{12}$$

均匀分布的概率密度函数如图 5-3 所示。由于对连续随机量来讲，选中指定区间上一个点的概率为零，因此，均匀分布的区间是开还是闭，对分布性质都没有影响，通常选用闭区间。

2. 正态分布

若随机变量 X 的概率密度函数为式（5-4），则称 X 服从以 μ 和 σ 为参数的正态分布。该分布又称为高斯分布，是概率统计中最重要的一个分布，其两个参数正好分别是分布的均值和标准差。正态分布简记作 $N = (\mu, \sigma^2)$，正态分布如图 5-4 所示。

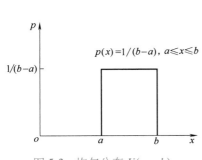

图 5-3　均匀分布 $U(a, b)$

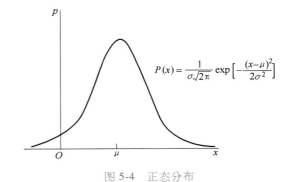

图 5-4　正态分布

$$P(x) = \frac{1}{\sigma\sqrt{2\pi}} \exp\left[-\frac{(x-\mu)^2}{2\sigma^2}\right], \quad -\infty < x < +\infty, \quad \mu, \sigma \text{ 均为常数且 } \sigma > 0 \tag{5-4}$$

$\mu = 0$，$\sigma = 1$ 时的正态分布称为标准正态分布。若随机变量 ξ 服从标准正态分布，则随机变量 $\eta = \sigma\xi + \mu$ 是一个正态分布变量，它的均值为 μ，方差为 σ^2。因此，只需对标准正态分布进行讨论而不失一般性。

对一服从正态分布 $N = (\mu, \sigma^2)$ 的随机变量 ξ 有

$$P(\mu - \sigma \leqslant x \leqslant \mu + \sigma) = 0.6826$$

$$P(\mu - 2\sigma \leqslant x \leqslant \mu + 2\sigma) = 0.9544$$

这说明，68% 的样本点取值落在均值 μ 的一个 σ 范围内，95% 的样本点取值落在均值 μ

的两个 σ 范围内。

3. 对数正态分布

若随机变量 X 的概率密度函数为式（5-5），则称 X 服从以 μ 和 σ 为参数的对数正态分布（见图5-5）。显然，此时随机变量 $\log x$ 服从以 μ 和 σ 为参数的正态分布。

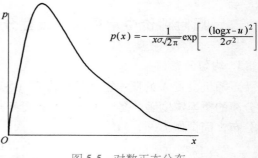

$$p(x) = \frac{1}{x\sigma\sqrt{2\pi}}\exp\left[-\frac{(\log x - u)^2}{2\sigma^2}\right], \ 0 < x < \infty \tag{5-5}$$

图5-5　对数正态分布

此处"log"是自然对数（即以 e = 2.718… 为底的对数，严格来讲，应该记为"ln"，但由于历史的原因，人们习惯于记为"log"，全书同）。易知，对数正态分布的均值和方差分别为

$$E(x) = \exp\left(\mu + \frac{\sigma^2}{2}\right), \ \mathrm{Var}(x) = \left[\exp(\sigma^2 - 1)\right]\exp(2\mu + \sigma^2)$$

该分布的概率密度函数还有别的表达式。例如，式（5-6）就是其中的一种，并称 σ 为形状参数，θ 为位置参数，m 为比例参数。

$$p(x) = \frac{e^{-\left[\ln((x-\theta)/m)^2/(2\sigma^2)\right]}}{(x-\theta)\sigma\sqrt{2\pi}}, \ x \geq \theta; \ m, \sigma > 0 \tag{5-6}$$

式（5-6）和式（5-5）的表达方式不同，但本质相同。式（5-4）和式（5-5）中的有关参数形式不一样，它的均值和方差也与式（5-5）的表达式不一样。由于式（5-5）最简单，使用率也最高。本书选用式（5-5）作为对数正态分布的概率密度函数。

4. 指数分布

若随机变量 X 的概率密度函数为式（5-7），则称 X 服从参数为 λ 的指数分布（见图5-6）。

$$p(x) = \lambda e^{-\lambda x}, \ x \geq 0, \ \lambda > 0 \tag{5-7}$$

易知，指数分布的均值和方差分别为

$$\mu = \frac{1}{\lambda}, \ \sigma^2 = \left(\frac{1}{\lambda}\right)^2$$

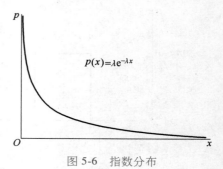

图5-6　指数分布

在排队论中，指数分布的随机值表示两个排队者进入队列的时间间隔；而泊松分布的随机值表示的是单位时间内进入排队者的数量。如果事件发生的时间间隔服从指数分布，那么单位时间内事件发生的次数就服从泊松分布。

5. 皮尔逊Ⅲ型分布

在我国的水文界广泛用皮尔逊Ⅲ型分布来模拟水文数据系列。所谓皮尔逊Ⅲ型曲线，数学上称为伽马分布。

皮尔逊分布族包括了一系列不同形状的频率分布，在观测数据的曲线拟合方面有着广泛的应用。皮尔逊分布族的概率密度函数 $f(x)$ 满足式（5-8）的微分方程。

$$f'(x) = (x-d)\frac{f(x)}{ax^2+bx+c} \tag{5-8}$$

皮尔逊的意图是模拟歪斜的、不对称的各种分布。特别的，当式（5-8）中的 $c=-1$，且 $a=b=d$ 时，解此微分方程所得的分布就是标准正态分布。

若随机变量 X 的概率密度函数为式（5-9），则称 X 服从以 α 和 β 为参数的皮尔逊 III 型分布，记为 $\Gamma(\alpha, \beta)$

$$p(x)=\frac{x^{\alpha-1}\mathrm{e}^{-x/\beta}}{\tau(\alpha)\beta^{\alpha}}, \ x\geqslant 0 \tag{5-9}$$

$$\Gamma(U)=\int_0^{\infty} X^{u-1}\mathrm{e}^x\mathrm{d}x \tag{5-10}$$

式（5-10）的伽马函数 Γ 具有下述性质：

$$\Gamma(\alpha+1)=\alpha\Gamma(\alpha), \ \alpha>0$$

$$\Gamma(1)=1,$$

$$\Gamma(n)=(n-1)!, \ n \text{ 为正整数}$$

伽马分布 $\Gamma(\alpha, \beta)$ 的均值和方差分别为

$$\mu=\alpha\beta, \ \sigma^2=\alpha\beta^2$$

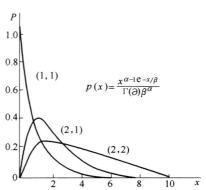

图 5-7　伽马分布 $\Gamma(\alpha, \beta)$（参数 α 影响陡峭程度，β 影响散布程度）

伽马分布 $\Gamma(\alpha, \beta)$ 有一个峰，但左右不对称。分布中的参数 α 称为形状参数，β 称为尺度参数。参数 α 影响 PDF 图形的陡峭程度，而 β 影响散布程度。图 5-7 给出了 3 个不同参数（α, β）对应的图形曲线。

三、风险评价中常用的统计方法

1. 极大似然估计方法

设随机变量 X 的概率密度函数 $p(\cdot; \boldsymbol{\theta})$ 的类型是已知的，但参数 $\boldsymbol{\theta}$ 是一个未知的 r 维常向量 $\boldsymbol{\theta}=(\theta_1, \theta_2, \cdots, \theta_r)$。⊛ 表示参数空间（Parameter Space），它是所有 $\boldsymbol{\theta}$ 可能取值的集合。因此，$\boldsymbol{\theta}\in\circledast\in R^r, \ r\geqslant 1$。

如果知道 $\boldsymbol{\theta}$ 的值，那么在理论上就可以算出所有感兴趣的概率值。然而，在实践中，$\boldsymbol{\theta}$ 通常不知道。因此，估计 $\boldsymbol{\theta}$ 值的问题被提出来；通常感兴趣于估计 $\boldsymbol{\theta}$ 的一些函数值，如 $g(\boldsymbol{\theta})$，这里 g 通常是（可测的）实值函数。下面将给出 $g(\boldsymbol{\theta})$ 的估计量和估计值的定义。令 $X_1, X_2, \cdots, X_n$ 是独立同分布随机变量，总体密度函数为 $p(\cdot; \boldsymbol{\theta})$。

定义 5-1　设 $\{X_1, X_2, \cdots, X_n\}$ 是一个随机样本。若 $T\{X_1, X_2, \cdots, X_n\}$ 为 n 元连续函数，且 T 中不包含任何未知参数，则称 $T\{X_1, X_2, \cdots, X_n\}$ 为一个统计量。

定义 5-2　任何一个用来估计未知量 $g(\boldsymbol{\theta})$ 的统计量 $T\{X_1, X_2, \cdots, X_n\}$ 称作 $g(\boldsymbol{\theta})$ 的一个估计量。用观测值 $(x_1, x_2, \cdots, x_n)$ 计算估计量 $T\{X_1, X_2, \cdots, X_n\}$ 称作 $g(\boldsymbol{\theta})$ 的一个估计值。

例如，样本均值是一个统计量，样本均值是总体期望值的一个估计量，用具体的观测值计算出来的样本均值是一个估计值。

总而言之，统计量强调量值具有统计意义，估计量强调有具体的估计对象，估计值强调是一次具体的实现。为了简单起见，统计量和统计值这两个术语常常通用。

若 $\{x_1,x_2,\cdots,x_n\}$ 是具有参数 $\boldsymbol{\theta}$ 的概率分布 $p(\cdot;\boldsymbol{\theta})$ 的随机样本，则 $\{x_1,x_2,\cdots,x_n\}$ 的联合密度函数 $p(x_1;\boldsymbol{\theta})$，$p(x_2;\boldsymbol{\theta})$，$\cdots$，$p(x_n;\boldsymbol{\theta})$ 称作样本 $\{x_1,x_2,\cdots,x_n\}$ 的似然函数（Likelihood Function），记作 $L=(x_1,x_2,\cdots,x_n\mid\boldsymbol{\theta})$。

$$L(x_1,x_2,\cdots,x_n\mid\boldsymbol{\theta})=p(x_1;\boldsymbol{\theta})p(x_2;\boldsymbol{\theta})\cdots p(x_n;\boldsymbol{\theta}) \tag{5-11}$$

似然函数就是在参数取特定值 $\boldsymbol{\theta}$ 的条件下，取得一组实验观测值 $x_1,x_2,\cdots,x_n$ 的条件概率密度函数，即

$$L(x_1,x_2,\cdots,x_n\mid\boldsymbol{\theta})=p(x_1,x_2,\cdots,x_n\mid\boldsymbol{\theta}) \tag{5-12}$$

当记 $X=(x_1,x_2,\cdots,x_n)$ 时，似然函数记为 $L=(X\mid\boldsymbol{\theta})$。

定义 5-3 估计值 $\boldsymbol{\theta}=\boldsymbol{\theta}(x_1,x_2,\cdots x_n)$ 称作参数 $\boldsymbol{\theta}$ 的极大似然估计值，如果满足

$$L(x_1,x_2,\cdots,x_n\mid\boldsymbol{\theta})=\max[L(x_1,x_2,\cdots,x_n\mid\boldsymbol{\theta})];\boldsymbol{\theta}\in\vartheta \tag{5-13}$$

其相应的统计量 $\boldsymbol{\theta}(x_1,x_2,\cdots,x_n)$ 称作参数 $\boldsymbol{\theta}$ 的极大似然估计量。

由于函数 $y=\log x$，$x>0$ 是 x 的单调增函数，因此求 $L(x_1,x_2,\cdots,x_n\mid\boldsymbol{\theta})$ 当日 $\vartheta\subseteq R$ 时的最大值转换为求 $\log L=(x_1,x_2,\cdots,x_n\mid\boldsymbol{\theta})$ 的最大值。从下面的例子可以看出这样做可以大大减少运算量。

【例 5-1】 令 $x_1,x_2,\cdots,x_n$ 是取自以 λ 为未知参数的指数分布总体的独立同分布随机变量。设概率密度函数为

$$p(x;\lambda)=\lambda e^{-\lambda x}$$

$$L(x_1,x_2,\cdots,x_n\mid\lambda)=\lambda e^{-\lambda x_1}\cdot\lambda e^{-\lambda x_2}\cdot\cdots\cdot\lambda e^{-\lambda x_n}=\lambda^n e^{-\lambda(x_1+x_2+\cdots+x_n)}$$

$$\log L(x_1,x_2,\cdots,x_n\mid\lambda)=n\log\lambda-\lambda(x_1+x_2+\cdots+x_n)$$

为求似然函数的最大值，解似然方程：

$$\frac{\delta}{\delta\lambda}\log L(x_1,x_2,\cdots,x_n\mid\lambda)=0$$

$$\frac{n}{\lambda}-(x_1+x_2+\cdots+x_n)=0$$

$$\lambda=\frac{n}{x_1+x_2+\cdots+x_n}=\frac{1}{\bar{x}}$$

它就是用极大似然估计方法给定样本 $X=\{x_1,x_2,\cdots,x_n\}$ 对指数分布总体参数 λ 的估计值。这个值正好是样本均值的倒数。

【例 5-2】 令 $x_1,x_2,\cdots,x_n$ 是取自正态分布 $N=(\mu,\sigma^2)$ 总体的独立同分布随机变量，参数 $\boldsymbol{\theta}=(\mu,\sigma)$。于是

$$L(x_1,x_2,\cdots,x_n\mid\boldsymbol{\theta})=\left(\frac{1}{\sqrt{2\pi\sigma^2}}\right)^n\exp\left[-\frac{1}{2\sigma^2}\sum_{i=1}^{n}(x_i-\mu)^2\right]$$

两边取对数，得

$$\log L(x_1,x_2,\cdots,x_n\mid\boldsymbol{\theta})=-n\log\sqrt{2\pi}-n\log\sqrt{\sigma^2}-\frac{1}{2\sigma^2}\sum_{i=1}^{n}(x_i-\mu)^2$$

分别对 μ 和 σ^2 求偏微分，并令结果表达式等于 0，则有

$$\frac{\delta}{\delta\sigma^2}\log L(x_1,x_2,\cdots,x_n\mid\boldsymbol{\theta})=-\frac{n}{2\sigma^2}+\frac{n}{2\sigma^4}\sum_{i=1}^{n}(x_i-\mu)^2=0$$

解方程组可得

$$\bar{\mu}=\bar{x},\ \overline{\sigma^2}=\frac{1}{n}\sum_{i=1}^{n}(x_i-\bar{x})^2$$

可以证明，$\hat{\mu}$ 和 $\overline{\sigma^2}$ 确实是似然函数的最大值。因此

$$\mu=x,\hat{\sigma}^2=\frac{\hat{1}}{n}\sum_{l=1}^{n}(x_l-\bar{x})^2$$

分别是 μ 和 σ^2 的极大似然估计。

---

2. 区间估计

设 x_1，x_2，$\cdots$，x_n 服从正态分布，$\bar{x}$ 是样本均值，s^2 是样本方差，即

$$\bar{x}=\frac{1}{n}\sum_{i=1}^{n}x_i,\ s^2=\frac{1}{n-1}\sum_{i=1}^{n}(x_i-\bar{x})^2$$

样本方差计算式中，当 n 较大时，常用 $\frac{1}{n}$ 替代 $\frac{1}{n-1}$，则期望值 μ 的区间估计是

$$\mu\in\left[\bar{x}-t_{a,v}\cdot\frac{s}{\sqrt{n}},\ \bar{x}+t_{a,v}\cdot\frac{s}{\sqrt{n}}\right] \tag{5-14}$$

$\xi=1-2a$ 是置信水平（即 μ 落入所估计区间内的概率值），自由度 $v=n-1$，n 是样本容量，依 ξ 和 n，从 t 分布表可以查出 $t_{a,v}$ 的值。方差 σ^2 的区间估计是

$$\sigma^2\in\left[\frac{n-1}{\chi^2_{1-a}}s^2\cdot\frac{n-1}{\chi^2_{a}}s^2\right] \tag{5-15}$$

置信水平 $\xi=1-2a$。χ^2_a 值可以从 χ^2 分布表中查出，自由度是 $v=n-1$。有时，为了强调 χ^2_{1-a} 和 χ^2_a 自由度，也把它们分别记为 $\chi^2_{1-a}(n-1)$ 和 $\chi^2_a(n-1)$。此时，式（5-15）将被书写为

$$\sigma^2\in\left[\frac{n-1}{\chi^2_{1-a}(n-1)}s^2\cdot\frac{n-1}{\chi^2_{a}(n-1)}s^2\right]$$

该式中，分母上的 $n-1$ 并不是一个因子项。而是函数 χ^2_{1-a} 和 χ^2_a 的变量，不能同分子上的 $n-1$ 相约而把分子上的 $n-1$ 消去。

关于区间估计，有三点需要特别注意的地方：

1）只有正态分布的区间估计才有可操作性：此时可通过查 t 分布表和 χ^2 分布表进行计算。对于其他的分布，并不能进行实际的计算。

2）当置信水平是 $1-\alpha$ 时，式（5-14）中的 $t_{a,v}$ 要改为 $t_{\alpha/2,v}$；式（5-15）中的 χ^2_1 和 χ^2_α 要分别改为 $\chi^2_{1-\alpha/2}$ 和 $\chi^2_{\alpha/2}$。这样不仅表达式较复杂，而且式子和相应分布表中的 α 意义也不一样，查表时容易出错。

3）由于置信水平和 α 关系的不同，t 分布表可能不同。

3. 经验贝叶斯估计

在灾害的概率风险估计中，用样本估计出的概率分布 $p(x;\boldsymbol{\theta})$ 由于样本的随机性而使

参数 θ 本身也是一个随机变量。例如，正态分布的样本均值和样本方差都是随机变量。参数 θ 是一个随机变量，从而可有相应的概率密度函数，假设其为 $p(\theta)$，称为关于随机变量 X 的先验分布。

现有一些观测值 x_1，x_2，$\cdots$，x_n 在出现这一组特定观测值的条件下，参数 θ 的条件概率密度函数 $p(\theta|x_1,x_2,\cdots,x_n)$ 叫作参数 θ 的后验分布，可用经验贝叶斯式（5-16），由先验分布 $p(\theta)$ 和样本 x_1，x_2，$\cdots$，x_n 的似然函数 $L(x_1,x_2,\cdots,x_n|\theta)$ 来估计。

$$P(\theta|x_1,x_2,\cdots,x_n) = \frac{L(x_1,x_2,\cdots,x_n|\theta)p(\theta)}{\int_{-\infty}^{+\infty} L(x_1,x_2,\cdots,x_n|\theta)\,\mathrm{d}\theta} \tag{5-16}$$

使用经验贝叶斯公式的条件是 $p(\theta)$ 已知。在没有任何经验时，通常假定 $p(\theta)$ 为均匀分布。例如，假定观测值 x 服从正态分布 $N(\theta,1)$，即期望值 θ 是随机变量，方差是 1。又假定随机变量 θ 的验前分布是均值为 0、方差为 1 的正态分布，即对以前的观测值做过研究，获知 θ 是均值为 0、方差为 1 的正态分布。于是，现有观测值的分布为

$$p(x;\theta) = \frac{1}{\sqrt{2\pi}}\exp\left[-\frac{1}{2}(x-\theta)^2\right]$$

参数 θ 的验前分布为

$$p(\theta) = \frac{1}{\sqrt{2\pi}}\exp\left[-\frac{1}{2}\theta^2\right]$$

样本 $\{x_1$，x_2，$\cdots$，$x_n\}$ 的似然函数：

$$L = (x_1,x_2,\cdots,x_n|\theta)$$
$$= \prod_{i=1}^{n}\frac{1}{\sqrt{2\pi}}\exp\left[-\frac{1}{2}(x_i-\theta)^2\right] = (2\pi)^{-\frac{n}{2}}\exp\left[-\frac{1}{2}\sum_{i=1}^{n}(x_i-\theta)^2\right]$$

乘上 $p(\theta)$ 后可计算得

$$L = (x_1,x_2,\cdots,x_n|\theta)p(\theta)$$
$$= (2\pi)^{-\frac{n+1}{2}}\exp\left\{-\frac{1}{2}\left[\sum_{i=1}^{n}x_i^2 + (n+1)\theta^2 - 2\left(\sum_{i=1}^{n}x_i\right)\theta\right]\right\}$$

$$\int_{-\infty}^{+\infty} L = (x_1,x_2,\cdots,x_n|\theta)p(\theta)d(\theta)$$
$$= (n+1)^{-\frac{1}{2}}(2\pi)^{-\frac{n}{2}}\exp\left\{-\frac{1}{2}\left[\sum_{i=1}^{n}x_i^2 - \frac{1}{n+1}\left(\sum_{i=1}^{n}x_i\right)^2\right]\right\}$$

依贝叶斯公式，可计算得 θ 的概率密度函数为

$$p(\theta|x_1,x_2,\cdots,x_n) = \sqrt{\frac{n+1}{2\pi}}\exp\left[-\frac{1}{2}(n+1)\left(\theta-\frac{1}{n+1}\sum_{i=1}^{n}x_i\right)^2\right]$$

该函数是先验分布和现有观测结果的一个综合体。

4. 直方图估计法

直方图（Histogram）是用区间对数据分组的一个图，图中每一个区间上的有关数值是用矩形块高低来表示的。直方图是数据分析中较为常用的统计图表，由于矩形块多呈柱状，因此直方图也被称为柱状图。

频率直方图（Frequency Histogram）是若干矩形排列的图，每一个矩形的面积与落入相应区间内观测值个数成比例。我们从频率直方图中读出每一个区间中确切的观测值个数。

相对频率直方图（Relative Frequency Histogram）是若干矩形排列的图，每一个矩形的面积与相应区间内观测值个数的百分率成比例。

根据概率密度函数的定义，相对频率直方图除以区间长度就变成概率密度函数的估计。

【例 5-3】　根据 1900—1975 年我国内地观察到的中强地震记录得知，震中烈度 $I_0 = Ⅷ$ 拥有 24 个地震记录。表 5-1 给出了它们的里氏震级，将数据进行了重新排列。例如，x_3 在记录中是第七个记录，但是在表 5-1 中排第三，震中烈度 $I_0 = Ⅷ$ 的里氏震级为 6.0。

表 5-1　震中烈度 $I_0 = Ⅷ$ 的地震震级记录

i	1	2	3	4	5	6	7	8	9	10	11	12
x_i	6.4	6.4	6.0	6.0	7.0	6.25	5.75	5.8	6.5	5.8	6.0	6.5
i	13	14	15	16	17	18	19	20	21	22	23	24
x_i	6.3	6.0	6.0	6.0	6.8	6.4	6.5	6.6	6.5	6.0	5.5	6.0

给定初值 $x_0 = 5.4$，宽 $h = 0.4$，对于正整数 $m = 5$，可以做出基于如下区间上的直方图：

$$I_1[5.4, 5.8], \quad I_2[5.8, 6.2], \quad I_3[6.2, 6.6], \quad I_4[6.6, 7.0], \quad I_5[7.0, 7.4]$$

现在计算落入每一个区间的观测值的数目。例如，落入区间 $I_1[5.4, 5.8]$ 的观测值为 $x_{23} = 5.5$ 和 $x_7 = 5.75$。因此，落入该区间的观测值的数目为 2。对每一个区间都采用同样的方法。各区间观测值的数目记在表 5-2 中的"频率"栏。

表 5-2　地震震级记录的频率分布

区间	中点	频率
$[5.4, 5.8)$	5.6	2
$[5.8, 6.2)$	6.0	10
$[6.2, 6.6)$	6.4	9
$[6.6, 7.0)$	6.8	2
$[7.0, 7.4)$	7.2	1

由频率分布表可以构造这样一个频率直方图，如图 5-8 所示。该图由 5 个宽为 0.4 的纵向矩形组成，每一个矩形的底为所属的区间，矩形的高等于区间的频率，即落入每个区间的观测值的数目。将每个区间中的观测值数目除以总观测值数目 24，得到相对频率直方图，如图 5-9 所示，纵坐标最大值仅为 0.417。

用 $\{u_1, u_2, \cdots, u_m\}$ 表示直方图中各个区间的中点，也是区间的标准点。用区间长度除相对频率，其结果记为 $\bar{p}(u_i)$，$i = 1, 2, \cdots, m$。绘出点 $(u_i, \bar{p}(u_i))$，$i = 1, 2, \cdots, m$，并将所有点连接起来，得到总体概率密度函数 $p(x)$ 的一个估计。为简单起见，通常将 $(u_i, \bar{p}(u_i))$，$i = 1, 2, \cdots, m$ 和其产生的曲线视为同一函数。

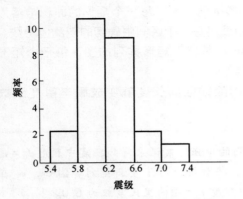

图 5-8　震级观测样本的频率直方图

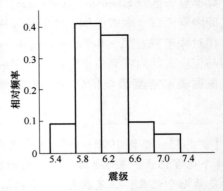

图 5-9　震级观测样本的相对频率直方图

定义 5-4　令 $X = \{x_1, x_2, \cdots, x_n\}$ 为取自具有概率密度函数 $p(x)$ 的总体的样本。给定初值 x_0，区间长度 h，正整数或负整数 m。$[x_0 + mh, x_0 + (m+1)h]$ 称为直方图区间。

$$\bar{p}(u_i) = \frac{1}{nh}(\text{与 } x \text{ 在同一个区间内的 } x_i \text{ 的数目})$$

（5-17）

称为 $p(x)$ 的直方图估计，简称 $p(x)$ 的直方图。

用表 5-1 提供的数据，能得到产生地震震中烈度是 $I_0 = \text{Ⅷ}$ 的地震震级的概率密度函数 $p(m)$ 的一个直方图估计。这一估计如图 5-10 所示。

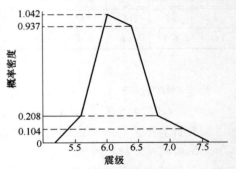

图 5-10　用直方图估计地震震级 m 的概率密度函数 $p(m)$

5. 核函数方法

由概率密度的定义知，若随机变量 X 的概率密度为 $p(x)$，则

$$p(x) = \lim_{x \to 0} \frac{1}{2h} P(x - h < X < x + h)$$

任给定 h 的值，可以通过估计样本点落入区间 $(x-h, x+h)$ 的概率来估计 $p(x-h < x < x+h)$。因此，对于一个给定的小数值 h，一个概率密度的估计量 $\bar{p}$ 如下定义：

$$\bar{p} = \frac{1}{2hn}[x_1, x_2, \cdots, x_n]\text{落入区间}(x-h, x+h)\text{的数目}$$

（5-18）

称作 p 的朴素估计量。

为了更清楚地描述这个统计量 $\bar{p}$，引进一个权函数 ω

$$\omega(x) = \begin{cases} \dfrac{1}{2} & x < 1 \\ 0 & \text{其他} \end{cases}$$

（5-19）

显然可以得到朴素估计量的如下表达：

$$\bar{p}(x) = \frac{1}{nh}\sum_{i=1}^{n} \omega\left(\frac{x - x_i}{h}\right)$$

（5-20）

式（5-19）和式（5-20）形成一种构造法：放一个宽为 $2h$、高为 $(2nh)^{-1}$ 的"盒子"

在观察值 x_i 处，累加这些"盒子"，生成概率密度函数的估计函数。

利用朴素估计量，可以构造这样一个直方图，事先不把分割区间定下来，而让区间随着要估计点 x 跑，使 x 始终处于区间中心位置。分割区间的宽度由参数 h 决定，从而 h 决定了估计曲线的光滑程度。

与朴素估计量定义类似，核函数为 K 的核估计量定义如下：

$$\bar{p}(x) = \frac{1}{nh} \sum_{i=1}^{n} K\left(\frac{x-x_i}{h}\right) \tag{5-21}$$

式中，h 为"窗宽"，也称作光滑函数或带宽。朴素估计中的权函数 ω 由满足条件

$$\int_{-\infty}^{+\infty} K(x)\,dx = 1$$

的核函数 K 代替。通常考虑的核函数 K 有对称性，或是朴素估计量定义中用到的权函数 ω。

从直观上看，核估计在每个观测点 x_i 有一凸起，估计量是这些"凸起"之和，核函数 K 决定了每一个"凸起"的形状，而 h 则决定了"凸起"的宽度。

理论上可证明，能使核估计 $\bar{p}(x)$ 与总体密度 $\bar{p}(x)$ 的均方差（Mean Square Error）

$$\text{MSE}(\bar{p}(x)) = E[\bar{p}(x) - p(x)]^2$$

最小的核函数 K 应满足条件

$$\int_{-\infty}^{+\infty} x^2 K(x)\,dx = 1$$

研究表明，只有一个函数满足此条件，可称其为最优核函数，它就是 Epanechnikov 核函数

$$K_{\text{opt}}(x)\begin{cases} \dfrac{3}{4\sqrt{5}}\left(1 - \dfrac{x^2}{5}\right) & |x| < \sqrt{5} \\ 0 & \text{其他} \end{cases} \tag{5-22}$$

并且，当总体密度 $p(x)$ 已知时，理论上可推导出，Epanechnikov 核函数的最优窗宽是

$$h_{\text{opt}} = 0.7687 \left\{\int_{-\infty}^{+\infty} p''(x)\,dx\right\}^{-1/5} n^{-1/5} \tag{5-23}$$

然而，对于 h 的选择仍然是概率密度估计中的一个重要问题。事实上，在总体密度 $p(x)$ 未知的情况下，h_{opt} 的值是无效的，此时式（5-23）无法使用。

此时可以利用标准正态分布给表达式（5-23）中的 $\int_{-\infty}^{+\infty} p''(x)\,dx$ 赋值。若使用 Gaussian 核函数

$$K_{\text{gauss}}(x) = \frac{1}{\sqrt{2\pi}} \exp\left[-\frac{1}{2}x^2\right] \tag{5-24}$$

则相应的窗宽为

$$h_{\text{opt}} = 1.06\sigma n^{-1/5} \tag{5-25}$$

虽然用核方法估计概率密度时，最好情况下均方误差的值小至 $n^{-4/5} \sim n^{-8/9}$ 的程度，但是，对是否支持使用核估计，存在正反两方面的争论。最主要的问题是，对于小样本问题，因为没有足够的信息，选择比较好的核函数和窗宽是十分困难的工作。而如果样本足够大，或者有了关于总体概率分布类型的确切信息，核估计方法并没有什么优势。虽然近邻估计法

和自适应核估计方法已被用来改进核估计，并且用可变的窗宽取代选定的 h，但是仍然破坏了概率密度的性质。事实上，$\forall_n < \infty$ 必有 $\int_{-\infty}^{+\infty} \overline{p}(x)\,\mathrm{d}x > 1$。

【例 5-4】 对表 5-1 中的数据用 Gaussian 核函数，得到

$$h_{\mathrm{opt}} = 1.06\sigma n^{-1/5} = 1.06\sqrt{\frac{1}{n}\sum_{i=1}^{n}(x_i - \bar{x})^2 n^{-1/5}}$$

$$= 1.06\sqrt{\frac{1}{n}\sum_{i=1}^{24}(x_i - 6.208)^2 24^{-1/5}} = 0.198$$

则，核估计为

$$\overline{p}(x) = \frac{1}{24 \times 0.198}\sum_{i=1}^{24}\frac{1}{\sqrt{2\pi}}\exp\left[-\frac{1}{2}\left(\frac{x - x_i}{0.198}\right)^2\right]$$

$$= 0.084\sum_{i=1}^{24}\exp\left[-12.75(x - x_i)^2\right]$$

如图 5-11 所示。

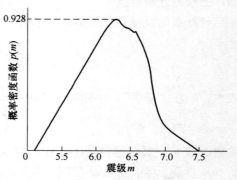

图 5-11　用核方法估计地震震级 m 的概率密度函数 $p(m)$

第二节　风险的模糊数学方法

灾害系统中的不确定性，从属性上来分，有随机不确定性和模糊不确定性两种。前者主要指致灾因子发生与否是随机不确定的；后者不仅指对致灾因子的活动规律尚没有认识清楚，而且指对灾害系统中各种关系的认识并不很清楚。

例如，在地震灾害中，若掌握信息资料不充足，描述地震的理论不成熟，进而对地震致灾因子的活动规律认识不清，就无法精确估计出某地在未来 50 年内将发生 7 级地震的概率。再如，由于地表过程和灾害形成十分复杂，人们对地表过程变化与灾害风险的关系认识不足，就不可能精确地找到全球气候变化和土地利用变化对某流域洪水风险的确切影响。但是，这种模糊不确定性并不是漫无边际的，而是有一定的范围。

美国控制论专家扎德于 1965 年提出的模糊集理论，为研究模糊现象提供了重要工具。经过多年的发展，尤其是在模糊控制方面的成功应用和软计算体系的建立，模糊集理论成为继概率统计后用于风险分析最有效的工具。

由于模糊集理论早期由国内的数学家引进，习惯于将其称为模糊数学，为了阅读方便，本书将基于模糊集理论的方法称为模糊数学方法。

一、风险的模糊观点

在扎德模糊概率之上的风险研究，并不能改进人们对风险的认识。二阶不确定性的描述，有望发挥模糊数学的作用，为人们认识风险提供重要的帮助。

1. 扎德的模糊概率

直接引用扎德提出的模糊概率，即模糊事件的概率，似乎就能处理风险分析中的模糊不确定性，事实并非如此。

设 Ω 是一个非空集合，其元素记为 ω。设 θ 是样本空间 Ω 的幂集的一个非空子集，其元素记为 θ，称为事件，且 θ 是一个 σ 代数，即 $\Omega \in \theta$。

若 $A \in \theta$，则 $\overline{A} \in \partial$；

$$\text{若} A_n \in \theta, \ n = 1, \ 2, \ \cdots, \ \text{则} \bigcup_{n=1}^{\infty} A_n \in \theta$$

设 P 是一个从集合 θ 到实数域 R 的函数，每个事件都被此函数赋予一个 $0 \sim 1$ 的概率值，且 $P(\Omega) = 1$，则称（Ω，θ，P）为一个概率空间。

如果 $\widetilde{A}$ 是 Ω 上的一个模糊集，则称 $\widetilde{A}$ 是一模糊事件。设 $\widetilde{A}$ 由隶属函数 $u_A(\omega)$ 定义，则称式（5-26）计算的数值为模糊概率。

$$p(\widetilde{A}) = \int \Omega \mu_A(\omega) \mathrm{d}P = E(\mu_A(\omega)) \tag{5-26}$$

用一个简单的例子来说明这种模糊概率。设某地区震中烈度 $I_0 = \text{VIII}$ 的地震震级 m 的概率密度函数为（见图 5-12 中实线）

$$P(m) = \frac{1}{0.45\sqrt{2\pi}} \exp\left[-\frac{(6-m)^2}{2 \times 0.45^2}\right]$$

假定产生震中烈度为 VIII 的"大地震"被定义为（见图 5-12 中虚线）

$$\mu_{\text{大地震}}(m) = \frac{1}{1 + [0.9(m-6)^{-5}]}$$

则当该地区发生一次震中烈度为 VIII 的地震时，模糊事件"大地震"出现的概率是

$$P(\text{大地震}) = \int_6^8 \frac{1}{1 + [0.9(m-6)^{-5}]} \times \frac{1}{0.45\sqrt{2\pi}} \exp\left[-\frac{(6-m)^2}{2 \times 0.45^2}\right] \mathrm{d}m = 0.019856$$

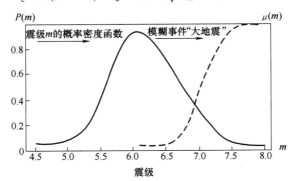

图 5-12　某地区震中烈度 $I_0 = \text{VIII}$ 的震级 m 概率分布
（实线）和"大地震"隶书函数（虚线）

显然，计算模糊事件发生的概率，其先决条件是已知基本事件 m 的概率分布为 $p(m)$，而这正是灾害风险分析的根本问题之一。这种将"细"［即 $p(m)$］变"粗"［$P\widetilde{A})$］的模糊概率，没有明显的应用价值。例如，假定灾害管理部门知道某地发生 8 级地震时死亡人数

x 的概率分布是 $p(x)$，对于计算模糊事件"大批人员死亡"的概率并没有实质意义。不仅定义"大批"这一模糊概念的隶属函数没有一定之规，计算结果也不会有什么发现。

当然，如果一个复杂的风险系统可分解为几个简单的风险子系统，而子系统中的基本概率分布容易获取，并且复杂系统中的模糊事件可以很容易地由子系统中的模糊事件合成，那么模糊事件的概率或许能发挥重要作用。然而，这种情况十分罕见。

2. 二阶不确定性

人们对一枚硬币的正面和背面不会有任何疑问，这是确定性的。抛掷一枚硬币，落地后可能出现正面向上，也可能出现背面向上，事先无法确定，这是一阶不确定性。如果连硬币的均匀性都产生了怀疑，这就是二阶不确定性。通常，一阶不确定性是指数据的可变性，并反映在方差上；二阶的不确定性是指有关参数值的不确定性，并反映在标准误差上。

震害现场考察者不会怀疑其判断灾区某楼房是基本完好还是完全毁坏的能力，这是确定性的。但是，地震中该楼房将会受到何种程度的破坏，震前并不知道，这是一阶不确定性。人不可能用有限的资料精确计算出地震危险区某楼房在给定时段内的破坏概率，这是二阶不确定性。

研究二阶不确定性最早涉及的是二阶概率，是在处理专家经验时碰到，二维的 Dirichlet 分布被用来对其进行描述。大量的二阶不确定性问题涉及不精确概率，并出现了所谓的"不精确的层次不确定性模型"，而用可能性-概率分布表达的模糊概率则使得人们可以用矩阵工具来直观地表达不精确概率的二阶不确定性。

设 A 是与某种不利事件有关的一种未来情景。当 A 是一个随机事件时，A 是概率风险；当人们对 A 的发生的认识尚不清晰时，A 是模糊风险。例如，设 A 是地震区某建筑物未来的破坏情景，如果破坏程度只由地震大小决定，由于地震发生的随机性，则 A 是一个随机事件，即 A 是概率风险，风险的大小可由期望破坏来度量；如果破坏程度还受到建筑物老化程度的影响，并且只能用模糊关系近似描述，则人们对 A 的发生的认识尚不清晰，从而是模糊风险。模糊风险的大小可用模糊期望（即区间期望值）来表达。

对于客观存在的风险，人们并不一定能认识清楚。风险管理措施总是依据人们的认识而定。正确面对模糊风险是提高风险管理水平的需要。

理论上讲，风险的概率观点就是将一个不利事件 A 视为 θ 中的一个元素，其发生的可能性用概率测度 P 来度量。当 Ω 中的元素 ω 可以用随机变量 x 来表达时，概率测度函数 $P(A)$ 的表达式为概率分布函数 $F(x)$。概率风险分析的核心就是寻找 $F(x)$ 或其相应的概率密度函数 $p(x)$。

风险的模糊观点则认为，不利事件 A 发生的不确定性是二阶不确定性，即随机不确定性加模糊不确定性。

将概率空间中的 θ 拓展为具有 Borel 可测隶属函数的模糊集族 $l_B(R^n)$，并将 P 拓展为可以测度模糊事件 $\widetilde{A}$，人们可以构造模糊事件概率空间 $(R^n, l_B(R^n), P)$。但是，它不是描述 A 的二阶不确定性，而只是 $\widetilde{A}$ 的一阶不确定性。模糊事件概率空间，并不能改进人们对风险的认识。

为了形式化地表述风险的模糊观点，须引入模糊值概念，并提出衍生模糊值概念。

定义 5-5 设 A 是论域 $X=[0, 1]$ 上的模糊集，隶属函数为 $\mu_A(x)$。当且仅当它的 α-截

集 A_a，$0<\alpha<1$，都是闭区间时，称 A 为一个模糊值。

定义 5-6 设 x 是论域 $X=[0,1]$ 中的一个点，γ 是一个算子，使 x 产生一个模糊值 A，且 x 是 A 的核的中点，称 A 是由 x 依 γ 衍生的模糊值。

算子就是集合上的映射。γ 的原象集是 X，象集是所有模糊值组成的集合。模糊集的 1-截集称为其核。

回顾前文提到的用二维 Dirichlet 分布研究二阶概率，易知随机不确定性加模糊不确定性的二阶不确定性也应该用一个二维分布来描述，为此提出模糊概率空间的概念。

定义 5-7 设 Ω 是一个样本空间，令 θ 是 Ω 上的一个 σ-代数，F 是 (Ω,θ) 上的一个概率测度，Π 是由 P 衍生的模糊值的全体，称 (Ω,θ,Π) 为一个模糊概率空间。

显然，模糊概率空间不同于模糊事件概率空间 $(R^n,l_B(R^n),P)$。当 $\Omega=R$ 时，P 是一条曲线，而 Π 是一个曲面，表现了随机变量 x 出现的概率是一个模糊数。

可以用一个更简单的例子来说明什么是确定性的灾难，什么是概率风险，以及什么是二阶不确定性意义下的模糊风险。

假定一个盛有病毒的密封玻璃器皿不慎落入一个顽皮孩子的手中，一旦器皿被摔碎，病毒将会造成灾难。又假定该孩子正在一个 2m 高的圆台上玩耍，试图将器皿扔下圆台。如果器皿落在水泥地上，器皿必碎无疑；如果落在草地上，器皿完好无损。显然，如果圆台的四周均为水泥地，灾难必定发生，这是确定性的灾难。如果圆台的四周既有水泥地又有草地，以概率风险的观点，就是根据落在水泥地和草地的比例来计算灾难发生的概率。然而，真实情况是，如果有时间精确计算出水泥地和草地的比例，就有时间阻止孩子扔出器皿，人们只可能目视判断是水泥地多还是草地多，只能计算出模糊概率。也就是说，风险是二阶不确定的：孩子向什么方向扔出器皿是随机不确定的，人们对水泥地和草地比例的认识是模糊的。

二、模糊数学中的基本概念

1. 集合论及其运算

一些不同的确定的对象的全体称为集合，而这些对象称为集合的元素。由此可见，集合是由元素组成的。元素与集合一样，也是无法定义的，元素可以理解为存在于世上的客观物体。当然，这些事物可以是具体的，也可以是抽象的，如人、书、桌子、花、太阳、地球、原子、自然数、实数、字母、点、三角形等。

但当人们在考虑一个具体问题时，总是把议题局限在某一个范围内，这就是所谓的论域，在英文文献中常简称 universe，这就是常用大写字母 U 表示论域的原因。论域中每个对象就是元素，通常以小写字母 u 等来表示。给定一个论域 U，U 中某一部分元素的全体，叫作 U 中的一个子集合，常用 A，B，C，…表示。

在经典的集合论中，要想确定 U 中的一个子集合 A，只要对 U 中的任一元素 $x\in A$，或 $X\notin A$ 之间做一选择即可。若元素个数为有限，一个集合 A 可以用枚举法来表示，亦即

$$A=\{x_1,x_2,\cdots x_n\}$$

当元素个数为无限时，上述枚举法是行不通的，这时通常用描述法表示

$$A=\{x\mid P(x)\}$$

上式当然也适用于元素为有限的情况，其中 $P(x)$ 是 x 所满足的条件。经典集合论的几

个基本运算和符号概括如下：

（1）包含 ⊇

设 A、B 是论域 U 的两个集合，如果对任意 $x \in U$，若 $x \in A$，则可推得 $x \in B$，便称 B 包含 A，记作 $B \supseteq A$，A 叫 B 的子集。如果 $B \supseteq A$，又能找到元素 $x \in B$，但 $x \in A$，则称 A 是 B 的真子集，记作 $B \supset A$。

若 $B \supseteq A$ 与 $A \supseteq B$ 同时成立，则 A、B 两个集合相等，记作 $A = B$。不含有任何元素的集合叫作空集，用符号 $\emptyset$ 来表示。根据定义，对任何集合 A，显然有

$$U \supseteq \supseteq \emptyset$$

包含关系的另一种写法是 $\subseteq$，$A \subseteq B$ 称为 A 包含于 B。相应于 $\subseteq$ 的真子集关系符号 $\subset$

集合

（2）集合 A 的余集 A^c

设 A 是论域 U 的集合，A 的余集 A^c 定义为

$$A^c = \{x \mid x \in U \text{ 但 } x \notin A\}$$

（3）集合 A 和 B 的并集 $A \cup B$

设 A、B 是论域 U 的两个集合，A、B 的并集 $A \cup B$ 定义为

$$A \cup B = \{x \mid x \in U \text{ 或 } x \notin A\}$$

（4）集合 A 和 B 的交集 $A \cap B$

设 A、B 是论域 U 的两个集合，A、B 的交集 $A \cap B$ 定义为

$$A \cap B = \{x \mid x \in A \text{ 且 } x \in B\}$$

2. 模糊子集的概念

在经典集合论中，一个元素 x 和一个集合 A 的关系只能有 $x \in A$ 和 $x \notin A$ 两种情况。然而，在现实生活中大量存在着外延不分明的概念，用经典集合论"非此即彼"的思想尚不能界定所有元素和集合的关系。例如，医学中的"发高烧"，体温 38.5°C 算不算发高烧？界限是模糊的。也就是说，一个元素 $x = 38.5$ 和一个集合 $A =$ "发高烧"，不能简单地用 $x \in A$ 来表示。我们称外延不分明的概念为模糊概念。扎德建议用模糊集来界定模糊概念，其基本思想是把经典集合中的绝对隶属关系灵活化。

在经典集合论中，可以通过一个称为特征函数的表达式来界定元素与集合之间的关系，或者说，集合可以通过特征函数来界定，每个集合 A 都有一个特征函数 $\chi_A(x)$。如果 $x \in A$，则 $\chi_A(x) = 1$；如果 $x \notin A$，则 $\chi_A(x) = 0$，即

$$\chi_A(x) = \begin{cases} 1 & \text{当 } x \in A \\ 0 & \text{当 } x \notin A \end{cases}$$

将绝对隶属关系灵活化，用特征函数的语言来讲，就是元素对"集合"的隶属度不再局限于取 0 或 1，而是可以取 ［0，1］区间中的任一数值。具体表述为：设给定论域 U 和一个资格函数把 U 中的每个元素 x 和区间 ［0，1］ 中的一个数 $\mu_A(x)$ 结合起来。$\mu_A(x)$ 表示 x 在 A 中的资格等级。此处的 A 就是 U 的一个模糊子集。此处的 $\mu_A(x)$ 相当于上面的 $\chi_A(x)$，不过其取值不再是 0 和 1，而扩展到 ［0，1］ 中的任一数值。一般也称模糊子集为模糊集，而一般集是模糊集的特例。

用数学语言来讲，可以给出如下定义：

定义 5-8 设给定论域 U，U 到闭区间 ［0，1］ 的任一映射 μ_A

$$\mu_A : U \to [0, 1]$$
$$x \to \mu_A(x) \tag{5-27}$$

可确定 U 的一个模糊子集 A。

模糊子集通常简称为模糊集，简写为 A。

如果 U 是模糊集 A 的论域，则称 A 是 U 上的一个模糊集，或简称 A 是 U 的模糊集。数值 $\mu_A(x)$ 称为 x 属于 A 的隶属度。函数 $\mu_A(x)$ 称为 A 的隶属函数。

定义 5-9　设 U 上的模糊集 A 的隶属函数是 $\mu_A(x)$，其中 $x \in U$，$\alpha \in [0, 1]$，称

$$A_\alpha = \{x\} \mid x \in U, \mu_A(x) \geq \alpha \tag{5-28}$$

为 A 的 α-截集或 A 的 α-水平集，称

$$A_\alpha = \{x\} \mid x \in U, \mu_A(x) > \alpha \tag{5-29}$$

为 A 的 α-强截集或 A 的 α-强水平集。

A 的 0-强截集称为 A 的支集，记为 $\mathrm{supp}A$，即

$$\mathrm{supp}A = \{x \mid x \in U, \mu_A(x) > 0\} \tag{5-30}$$

A 的 1-截集称为 A 的核，记为 $\mathrm{ker}(A)$，即

$$\mathrm{ker}(A) = \{x \mid x \in U, \mu_A(x) = 1\} \tag{5-31}$$

有一种特殊的模糊集常被用到，这就是模糊单点集。

定义 5-10　U 上的一个模糊集叫作一个模糊单点集，它的隶属函数在 U 中除一个点外，所有点都取零值。易知，一个模糊单点集的支集有且只有一个元素。U 上的所有模糊集的全体构成的集合称为 U 上的模糊幂集，记为 $l(U)$。

3. 模糊子集的运算

两个模糊子集间的运算，实际上就是逐点对隶属度进行相应的运算。

（1）包含 $\supseteq$

设 A、B 是论域 U 的两个模糊子集，如果对任意 $x \in U$ 均有 $\mu_A(x) \leq \mu_B(x)$，便称 B 包含 A，记作 $B \supseteq A$。

如果 $\mu_A(x) = \mu_B(x)$，则称 A、B 两个模糊子集相等，记作 $A = B$。

所有隶属度均为 0 的模糊子集叫作空集，用 $\varnothing$ 表示。

（2）模糊子集 A 的余集 A^C

设 A 为论域 U 上的模糊子集，隶属函数为 $\mu_A(x)$，则 A 的余集 A^c 的隶属函数是

$$\mu A^C(x) = 1 - \mu A(x) \tag{5-32}$$

（3）模糊子集 A 和 B 的并集 $A \cup B$

设 A、B 均是论域 U 的两个集合，A 和 B 的并集是一个新的模糊子集 C。对于任意 $x \in U$，x 属于 C 的资格函数取 $\mu_A(x)$ 和 $\mu_B(x)$ 中较大的一个，即

$$C = A \cup B \Leftrightarrow \forall_X \in U, \mu c(x) = \max(\mu A(x), \mu B(x)) \tag{5-33}$$

（4）A 和 B 的交集 $A \cap B$

定义如下：

$$C = A \cap B \Leftrightarrow \forall_X \in U, \mu D(x) = \min(\mu A(x), \mu B(x)) \tag{5-34}$$

即逐点对隶属度做取小运算。

4. 模糊关系的定义

世界上存在着各种各样的关系。人与人之间有"同事"关系、"上下级"关系、"父

子"关系等;两个数之间有"大于"关系、"等于"关系及"小于"关系等。变量之间的函数关系是一种更为普遍的关系。为了描述关系,需要引入直积的定义。

定义 5-11 由两个集合 U、V 各自的元素 x、y 构成序偶 (x,y),所有这样的 (x,y) 构成的集,称为 U 与 V 的直积,记作 $U \times V$,即

$$U \times V = \{(x, y) \mid x \in U, y \in V\} \tag{5-35}$$

直积也称直积空间或卡氏积,只是叫法不同而已。利用上述定义可以说明什么叫关系。设 A、B 是 U、V 上的两个模糊集,其直积 $A \times B$ 由式(5-36)定义。

$$\mu_{A \times B}(u, v) = \mu A(u) \wedge \mu B(v) \tag{5-36}$$

定义 5-12 对于集合 U、V,其直积 $U \times V$ 的任一子集 R 均可称为 U 与 V 之间的二元关系。

同理,可定义:设 U_1,U_2,$\cdots$,U_n 均为集合,其直积 $U_1 \times U_2 \times \cdots \times U_n$ 上的任一子集 R_n 可称为集合 U_1,U_2,$\cdots$,U_n 之间的一个 n 元关系。二元关系和 n 元关系都可简称为关系。

普通关系只能描述元素之间关系的有无。现实世界存在着大量更为复杂的关系,元素间的联系不是简单的有和无,而是不同程度的存在。

5. 模糊关系的分类

当 U、V 为有限集时,关系 R 可以用一个矩阵来表示

$$R = \{r_{ij}\}_{n \times m}$$

这里 U 有 n 个元素,V 有 m 个元素,$y_{ij} \in [0,1]$,$i = 1, 2, \cdots, n$;$j = 1, 2, \cdots, m$;当 R 是一个模糊关系时,称 R 为模糊关系矩阵。此时 R 的元素值也可以用 $r_{ij} = \mu_R(u_i, v_j)$ 来表示。其中,$\mu_R(u_i, v_j)$ 是在论域 $U \times V$ 的隶属函数。

从应用的角度,将模糊关系矩阵分为相似矩阵、评判矩阵和因果矩阵三类。

(1)相似矩阵

设 R 是一个以 $U \times U$ 论域的模糊关系矩阵。如果 $\mu_R(u_i, u_i) = 1$,$i = 1, 2, \cdots, n$,称 R 满足自反性;若 $\mu_R(u_i, u_j) = \mu_R(u_j, u_i)$,$i$,$j = 1, 2, \cdots, n$,则称 R 满足对称性。若 R 既满足自反性又满足对称性,则称 R 是一个相似矩阵。

当 U 为无限集时,自反性表示为 $\mu_R(u, u)$,对称性表示为 $\mu_R(u, u) = \mu_R(v, u)$,$\forall_{u,v} \in U$,相应的 R 为一种相似关系。

由此可知,相似关系是一个 U 到 U 的自身集值的映射,是否为相似关系只与表征映射程度的数值有关(当 U 为有限集时,也就是只与矩阵各元素的数值有关)。相似矩阵一般被用来对同一论域上的一系列事物进行分类,也就是通常所说的模糊聚类分析。

(2)评判矩阵

设论域 U 的每一元素均是一个因素,论域 V 的每个元素均是一个等级,R 是定义在 $U \times V$ 上的一个模糊关系,称 R 为评判矩阵。

评判矩阵是因素集到等级集的一个集值映射。一个模糊关系矩阵是否为评判矩阵,与元素的数值无关,只与映射两边的集合性质有关。

评判矩阵通常用于模糊综合评判分析。评判矩阵有时也被称为变换矩阵。

(3)因果矩阵

设论域 U 为某一物理过程的自变量论域,V 为因变量论域。设 R 是 $U \times V$ 上的一个模糊关系。设 A 是 U 上的任一模糊集,令 $B = A \circ R$,其中"$\circ$"是某一合适的算子。如果 B 与 A

的关系符合所研究的物理过程的规律，则称 R 是描述该物理过程的因果型模糊关系。若 U，V 均为有限离散论域，则称 R 为因果矩阵。

一般的物理过程往往用函数关系来描述。此种方法事实上只适用于确定型关系，或只能描述统计意义下的标准形态，而因果型模糊关系则具有更普遍的意义。因果模糊关系的建立和应用构成了模糊近似推理的主要内容。模糊控制问题通常也转化为因果模糊关系问题来加以解决。

三、可能性理论

从哲学意义上讲，"可能性"是相对于"现实性"的一个概念，反映的是存在于现实事物中的、预示着事物发展前途的种种趋势。可能性着眼于事物发展的未来，是一种潜在的、尚未实现的东西。

在工程实践中，"可能性"更多与不确定性和约束相关。人们用概率论、Dempster-Shafer 理论和模糊集理论等对"可能性"展开了大量的研究。以概率论的观点，可能性就是随机事件出现的概率，可能性的大小可以用概率值来度量；以 Dempster-Shafer 理论的观点，可能性是不确定性证据成立的强度，亦即证据的可靠性；模糊集理论则认为，可能性是一个模糊集在论域中取值的弹性约束，亦即论域中元素属于该模糊集的隶属度。事实上，直到 1978 年扎德将模糊集理论用于研究可能性后，可能性理论才逐渐形成。

1. 模糊约束

设 X 是在 U 中取值的一个变量，所取值记为 u，设 F 是 U 上的一个模糊子集，其隶属函数为 $\mu_F(u)$。那么，当 F 对赋予 X 的值起弹性限制的作用时，F 就成为对变量 X 的一个模糊约束，记为

$$X = u : \mu_F(u)$$

式中，$\mu_F(u)$ 解释为当 u 赋予 X 时，模糊限制 F 被满足的程度。等价的，$1 - \mu_F(u)$ 解释为，为了将 u 可以任意地赋予 X，模糊限制必须被扩展的程度。模糊子集 F 本身并不是一个模糊约束，只有当它所起的作用是对论域上的变量进行限制时，才产生与 F 相应的模糊约束。

为了区分这一点，设 $R(X)$ 为对 X 的一个模糊约束，为了表明 F 对 X 的约束作用，记

$$R(X) = F \tag{5-37}$$

这种形式的方程称为关系赋值方程，表明 X 的约束 R 被指定为一个模糊子集 F。

为了进一步阐明模糊约束的概念，考虑命题

$$P = X \text{ 是 } F \tag{5-38}$$

式中，X 为一个物体的名称、一个变量或一个命题，如"玛丽""损失"和"读书使人充实"等；F 为论域 U 上的一个模糊子集的名称，如"年轻""很小""基本正确"等。式（5-38）表述的命题，如

$$P_1 = \text{玛丽是年轻的}$$
$$P_2 = \text{损失很小}$$
$$P_3 = \text{读书使人充实基本正确}$$

等，扎德将式（5-38）中的命题转化为式（5-39），以表明 F 的约束作用。

$$R(A(X)) = F \tag{5-39}$$

式中，$A(X)$ 为 X 的内在属性，在 U 中取值。式（5-39）表示命题"X 是 F"具有将"F 指派为 $A(X)$ 的模糊约束"的作用。

2. 可能性分布

可能性分布的定义如下：

定义 5-13 设 F 是论域 U 上的模糊子集，它具有隶属函数 $\mu_F(u)$。设 X 为在 U 上取值的变量，而 F 起着与 X 相关联的模糊约束 $R(X)$ 的作用，则命题"X 是 F"可以转换为

$$R(X) = F \tag{5-40}$$

称 $R(X)$ 的一个可能性分布（Possibility Distribution），并记为 Π_x，即

$$\Pi_x = R(x) \tag{5-41}$$

可能性分布函数在数值上等于 F 的隶属函数，并记为

$$\pi_x(u) = \mu_F(u) , \mu \in U \tag{5-42}$$

对于从 F 到 Π_x，表明模糊约束诱导出了一个可能性分布。事实上，物理约束也可以诱导出可能性分布。例如，考察投入某金属箱中网球的个数。在这个问题中，X 是所讨论的网球个数，$\pi_x(u)$ 则是将 u 个球塞进箱中方便程度的一个量度（依据某个特定的技术标准）。对于有弹性的物理约束，可以用一个模糊约束来表述，所以主要关注模糊约束。

3. 可能性测度

设 A 是 U 的普通子集，Π_X 是与变量 X 相联系的可能性分布，X 是在 U 中取值的变量

$$\pi(A) = \sup_{u \in A} \pi_x(u) \tag{5-43}$$

称为 A 的可能性测度。式中，$\pi_x(u)$ 为 Π_X 的可能性分布函数。$\pi(A)$ 这个值可以解释为 X 的取值属于 A 的可能性，并用下式表示：

$$\text{Poss}(X \in A) = \pi(A) = \sup_{u \in A} \pi_x(u) \tag{5-44}$$

当 A 是模糊子集时，X 取值属于 A 是无意义的。为此，必须将上式扩展，从而可以得到可能性测度更一般的定义。

定义 5-14 设 A 是 U 上的模糊子集，Π_X 是与变量 X 相关的可能性分布，而 X 在 U 中取值

$$\text{Poss}(X \text{ 是 } A) = \pi(A) = \sup_{u \in U} \{\mu_A(u) \wedge \pi_x(u)\} \tag{5-45}$$

称为 A 的可能性测度。式中，$\mu_A(u)$ 为 A 的隶属函数；$\pi_x(u)$ 为 Π_X 的可能性分布函数。

4. 可能性与概率的关系

在数理逻辑上，将模糊与概率的区别归结为处理一个集合 A 与它的余集 A^C 的方式不同。概率被认为遵守排中律，模糊被认为不再遵守排中律，即

$$\text{概率}: A \cap A^C = \varnothing, P(A \cap A^C) - P(\varnothing) = 0$$

$$\text{概率}: A \cap A^C \neq \varnothing$$

举例说明能用模糊描述的不一定能用概率描述。例如，加利福尼亚州的失业率是 12.6%。若某人住在加利福尼亚州，那他是失业者的概率是什么？再如，x 是远远大于 5 的数，那么 x 介于 50 和 100 的概率是多少？模糊性是指事件发生的程度，而不是一个事件是否发生；而随机性是描述事件发生的不确定性，即一个事件发生与否。

虽然一些表达物理现象的模糊集之隶属函数可以用基于概率论的统计方式获得，但模糊与概率根本就是两个互不相关的概念；正如大地震造成堰塞湖，继而溃坝产生洪水，但地震

和洪水是两个互不相关的概念。

可能性与概率是不同的概念，但却有弱相关性。一般来说，可能性与概率有如下的关系：如果一个事件的发生概率大，那么它发生的可能性也大，等价的，它的逆否命题（一个事件的发生概率很小，那么它发生的可能性也很小）也成立。这就是概率/可能性相容原理。具体的，扎德给出了下面的公式：

若 X 可以取值 u_1，u_2，$\cdots$，u_n 并且分别有可能度 $\Pi = (\pi_1$，π_2，$\cdots$，$\pi_n)$ 和概率 $P = (p_1$，p_2，$\cdots$，$p_n)$。那么，概率分布 P 与可能性分布 Π 的相容度可用下式表示：

$$\gamma = \pi_1 p_1 + \pi_2 p_2 + \cdots + \pi_n p_n \tag{5-46}$$

需要注意的是，此原理并不是一种严谨的法则，而是由直觉体验到的近似表达。可能性分布与概率分布通过相容性原理松散地联系着。

从应用的角度看，可能性同人们对可实行性的程度或技能的熟练程度的感觉有关，而概率与似然性、信念、频率或比例有关。在所研究的不确定性问题无法得到统计特征或无法进行统计分析时，可以考虑采用可能性理论。当研究的对象为信息的意义或语言变量等带有主观特征时，可以考虑采用可能性理论。

四、常用模糊系统分析方法

1. 隶属函数的确定

目前，确定隶属函数的方法尚有许多争议，学者们还未达成共识。以概率论为基础的统计学，已经相当成熟，它提供了一整套利用随机抽样逐步逼近所研究之随机事件的方法。国内外学者在这方面进行了大量的工作，提出了示范法、统计法、滤波函数法、二元对比排序法、多维量表法、人工神经元网络学习法、遗传算法、选择法等方法。下面介绍 3 种常用的途径，能确定隶属函数。

途径一：根据主观认识或个人经验，给出隶属度的具体数值。

这时的论域元素多半是离散的。例如，"几个"一词，在一定的场合下有人凭经验可以表示为

$$几个 = 0.5/3 + 0.8/4 + 1/5 + 1/6 + 0.8/7 + 0.5/8$$

这里，取论域 $U = \{1, 2, \cdots, 10\}$。式中，右端各项的"分母"部分表示论域 U 的组成元素，"分子"部分表示该元素符合"几个"这一概念的程度。按定义，隶属度都在闭区间 $[0, 1]$ 内取值。

上式是凭经验写出来的，因为一般说"几个"，总是意味着 5 个或 6 个，所以它们的隶属度是 1。取多或少都会远离"几个"一词的含义，因而隶属度要下降。当然，这都是在 $U = \{1, 2, \cdots, 10\}$ 的前提下定出来的，否则，隶属度的取法也要变。

对于这个凭经验写出来的隶属度，人们应当承认两个事实：一方面，从挑剔的角度来看，当承认 5 个或 6 个是"几个"的隶属度为 1 时，为什么 4 个的隶属度是 0.8，3 个的隶属度是 0.5 等，可以说，这样的隶属度递减规律带有很强的主观人为性；另一方面，从可行性的角度来看，尽管上式所取的数值不一定可信，但这是一次可喜的逼近，它总比只有 0、1 两种隶属程度来描写"几个"这一概念要更接近于真实程度。

途径二：根据问题的性质，选用某些典型函数作为隶属函数。

选用典型函数作为隶属函数的基本条件是，论域为实数集的一个子集。例如，地震科学中的震中烈度 I_0 可以看作震级在论域 M 上的模糊子集 $\mu I_0(m)$，此时的震级论域是实数集的一个子集。因为影响震中烈度和震级关系的因素太多、太复杂，所以可以假定描述震中烈度概念的模糊子集之隶属函数呈正态分布，即

$$\mu I_0(m) = \exp\left[-\frac{(m-\overline{m})^2}{\sigma^2}\right]$$

式中，$\overline{m}$、σ 能产生某个震中烈度 I_0 的震级数据的平均值和标准离差。正态型模糊集的隶属函数与正态概率分布的密度函数相差乘积因子 $1/\sigma\sqrt{2\pi}$。这样，隶属函数在 $m=\overline{m}$ 处取值为1，是一种归一化隶属函数。

第一种和第二种隶属函数及其所代表的语言概念可以划分为形容词（如远、近、亲近等，用 S 表示）、定量词（如多、少等，用 Q 表示）和判断词（如真、假、可能等，用 T 表示）三大类型。

途径三：以调查统计结果得出的经验曲线作为隶属函数。

20多年前，我国地震系统的有关研究人员分别以房屋震害的宏观现象（如基本完好、轻度破坏、中等破坏、严重破坏、毁坏）和震害指数作为论域元素，给出了各种强震烈度的隶属函数曲线。在强震烈度的隶属函数中，论域元素本身也是模糊的，它们都可以表示为震害指数的模糊子集。有时也可用人为评分进行统计的办法来给出某些模糊概念的隶属度表示曲线。

第一种方法和第二种方法都带有很强的主观性。第三种方法中，统计人为评分的办法局限性很大，实际是一种多人主观性的平衡，在实际应用中会碰到很多问题。一般而言，通过对大自然提供的原始信息进行分析和统计所得的隶属函数更为客观。

2. 择近原则

通过模糊分析得出的结论，常常是一个多值结论，有时为了决策的需要，须将其单值化，主要有下列3种择近原则：

1）最大隶属度原则 I：给定论域 U 上的一个模糊子集 A。设 U 中有 n 个待求取对象 u_1，u_2，…，u_n，问在 A 的模糊限制下优先取谁？

答：若 $\mu A(u_i) = \max_{1 \leqslant j \leqslant n}\mu A(u_j)$，则优先取 u_i。

2）最大隶属度原则 II：给定论域 U 上 n 个模糊子集 A_1，A_2，…，A_n，$u_0 \in U$ 是被识别对象，问 U_0 优先归于谁？

答：若 $\mu A_i(u_0) = \max_{1 \leqslant j \leqslant n}\mu A_j(u_0)$，则将 u_0 优先归于 A_i。

3）择近原则：在 U 上给定 n 个模糊子集 A_1，A_2，…，A_n（n 个模型）。被识别对象也是 U 上的一个模糊子集 B，问 B 应划归哪一个模型？

答：若 $\rho(B, A_i) = \max_{1 \leqslant j \leqslant n}\rho(B, A_j)$，则将 B 划归模型 A_i。此处 ρ 是某一种贴近度。

3. 近似推理的合成规则

推理的合成规则是下面熟知过程的一种一般化。如图5-13所示，假定有一条曲线 $y=f(x)$ 并且给出 $x=a$。那么，从 $y=f(x)$ 和 $x=a$，能推断 $y=b=f(a)$。

把上面的过程一般化，一般化到 a 是一个区间，而 $f(x)$ 是图5-14所示的区间值函数。在这种情况下，为找出与区间 a 相对应的区间 $y=b$，首先构造一个底为 a 的柱状集 $\overline{a}$，即

$\overline{a}=a\times Y$，并找出 $\overline{a}$ 和区间，如图 5-14 所示，从 $x=a$ 和 $y=f(x)$ 推知 $y=b$ 时，曲线的交点为 I，然后把交点投影到 Y 轴上，得到 y，即区间 b。

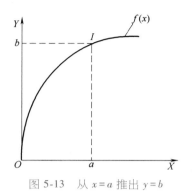

图 5-13　从 $x=a$ 推出 $y=b$

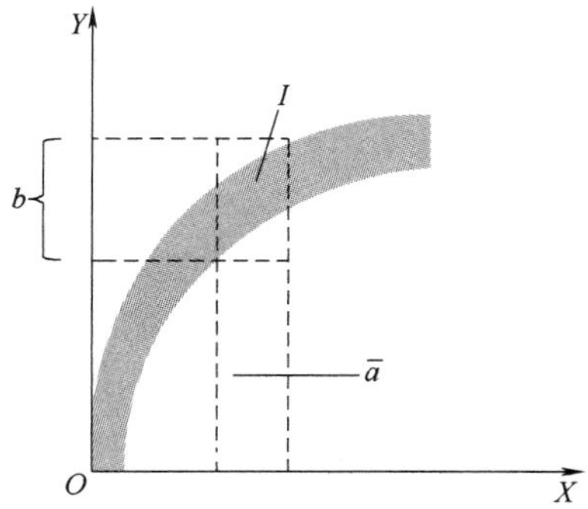

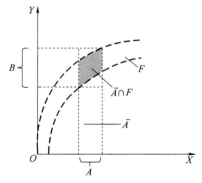

图 5-14　在区间值变量情况下的推理合成规则示意

接着把一般化的过程向前推进一步，假定 A 是 X 轴上的一个模糊子集，而 F 是从 X 轴到 Y 轴的一个模糊关系，此时仍然可以形成一个底为 A 的柱状模糊集合 $\overline{A}$，使 $\overline{A}$ 与模糊关系 F 相交（见图 5-15），得到与图 5-13 中交点 I 类似的模糊集合 $\overline{A}\cap F$。然后把这个集合投影到 Y 轴上，得到 Y 轴上的模糊子集 B。这样，从 $y=F(x)$ 和 $x=A$（X 轴上的模糊集合），可以推断出 y 来，就是 Y 轴上的模糊子集 B。

图 5-15　在模糊变量情况下的
推理合成规则示意

更具体地讲，令 μ_A、$\mu_{\overline{A}}$、μ_F 和 μ_B 分别为 A、$\overline{A}$、F 和 B 的隶属函数。那么，根据 $\overline{A}$ 的定义

$$\overline{A}=A\times Y=A\times[0,\infty)$$

由于 $[0,\infty)$ 是一个经典集合，而且包含论域中所有的元素，即

$$\mu_{[0,\infty)}(y)=1, y\in[0,\infty)$$

于是，根据模糊集直积的定义，见式（5-36），可知

$$\mu_{\overline{A}}(x,y)=\mu_A(x)$$

因而

$$\mu_{\overline{A}\cap F}(x,y)=\mu_{\overline{A}}A(x,y)\wedge\mu_F(x,y)=\mu_A(x)\wedge\mu_F(x,y)$$

而其投影必然是取重叠后的最大值，所以把 $\overline{A}\cap F$ 投影于 Y 轴上，可以写为

$$\mu_B(y)=\bigvee_x(\mu_A(x)\wedge\mu_F(x,y))$$

它是 $\overline{A}\cap F$ 在 Y 轴上投影的隶属函数的表达式。

将这一表达式和上面的过程进行简化后，B 可以表达为

$$B=A\circ F$$

这里"$\circ$"表示合成运算。这一运算当 A 和 F 都是有限离散点上的模糊子集时简化为"取大-取小"矩阵积运算，即

$$A \circ F = \int_{X \times Y} \bigvee_x (\mu_A(x) \wedge \mu_F(x, y))$$

现代模糊信息处理的研究结果表明，由于生成模糊关系 F 的方法不同，尽管近似推理的合成规则的一般原理仍然没有变化，但其相交和投影的法则，即合成运算"$\circ$"的构成与生成 F 的方式有关。利用模糊关系生成模式

$$\mu_F = 1 \wedge (1 - \mu_A(x) + \mu_B(x)) \tag{5-47}$$

生成的模糊关系 F 进行推理时，合成运算 max-min 具备较好的识别效果。

要注意的是，式（5-47）是从二值逻辑推理句"若-则"的表达式演变而来，只满足简单条件命题的要求。如果是众多简单条件命题叠合在一起，要寻找具有平均意义的模糊关系，问题就不是那么简单了。此时如果也希望用式（5-47）来进行叠合，常常又会引起条件命题的分量有轻有重，即信息不守恒的问题。

正因为如此，才提出了很多生成模糊关系的法则，相应地也提出了许多合成运算规则。事实上，生成模糊关系是比生成简单的模糊集更复杂的问题，必须根据所需模糊关系的用途（如聚类分析、综合评判、近似推理）来进行深入研究。

4. 综合评判

综合评判通过权衡各种因素项目，给出一个总概括式的优劣评价或取舍来。综合评判原本是多目标决策问题的一个数学模型，后被拓展到模糊集领域。以下对该模型进行详细介绍。

首先，介绍模糊变换的概念。一个有限基础论域上的模糊集 A 可以用模糊向量来表示

$$A = (a_1, a_2, \cdots, a_n)$$

式中，基础论域 $U = \{a_1, a_2, \cdots, a_n\}$；$a$ 为相应的隶属度 $\mu_A(x_i)$；$i = 1, 2, \cdots, n$。

将模糊向量看作只有一行的模糊矩阵，从而可以定义模糊变换。因此，有时会将 $(a_1, a_2, \cdots, a_n)$ 写为 $(a_1 a_2 \cdots a_n)$，即去掉向量中的逗号。

接着，参考线性代数中的线性变换知识，引入模糊变换概念。在线性代数中，给出矩阵 $A = (a_{ij})_{n \times m}$ 和列向量 X，则可得

$$Y = AX$$

式中，Y 为一个列向量，并且 Y 中的元素按

$$y_i = \sum_{k=1}^{m} a_{ik} x_k, i = 1, 2, \cdots, n$$

计算。也就是说，y_i 根据通常的矩阵运算而得，即

$$\begin{pmatrix} y_1 \\ y_2 \\ \vdots \\ y_n \end{pmatrix} = \begin{pmatrix} a_{11} & \cdots & a_{1m} \\ \vdots & & \vdots \\ a_{n1} & \cdots & a_{nm} \end{pmatrix} \begin{pmatrix} x_1 \\ \vdots \\ x_m \end{pmatrix}$$

在模糊情形，设给定一个模糊矩阵

$$R = (\gamma_{ij})_{n \times m}, 0 \leq \gamma_{ij} \leq 1$$

和一个模糊向量

$$X = \{x_1, x_2, \cdots, x_n\}, 0 \leq x_i \leq 1, i = 1, 2, \cdots, n$$

如果把线性变换中的乘法换为取小运算"$\wedge$"，加法换为取大运算"$\vee$"，并把 X 写在

R 之前，即

$$X \circ R = Y \tag{5-48}$$

其结果 Y 实际上是模糊向量 X 和模糊关系 R 的合成，这个合成法则与模糊近似推理的合成运算相同。式（5-48）称为模糊变换。综合评判模型是建立在模糊变换概念之上的。

设给定两个有限论域

$$U = \{u_1, u_2, \cdots, u_n\}, \quad V = \{v_1, v_2, \cdots, v_m\}$$

式中，U 为综合评判的因素所组成的集合；V 为评语所组成的集合。

此时，模糊变换式（5-48）中的 X 是 U 上模糊子集，而评判的结果 Y 是 V 上的模糊子集。

模糊综合评判的实例很多，如评定污染环境中的水质，评价某类产品，特别是烟、酒、茶等。例如，震害考察中评定地震烈度等，也都可以用综合评判。如果考虑的问题很单一，则评判是比较好办的，当涉及多因素问题时，做出综合评判就比较困难了，举一个简单的例子来加以说明。

在进行综合评判时，因素 u_1，u_2，$\cdots$，u_n 要选取得适当，参加评判的人数不能太少，且要有代表性和实践经验。权重矩阵 A 的选取目前在实际中采取专家指定的情况比较多，必要时可采用统计中的主因素分析方法来进行，不过工作量比较大。由于综合评判中的"取大-取小"运算本身就比较粗糙，因此权重的选取只需基本合理就能达到要求。

事实上，综合评判中的运算"$\circ$"也可以选用其他模式，从而得到不同的综合评判数学模型，它们具有不同的含义。正确理解其含义才能正确运用该数学模型。有研究表明，在现有的一些数学模型中，只有在 $A \circ R$ 代表普通矩阵乘积时，A 才具有"权向量"的含义。在其他数学模型中将 A 作为权向量处理，就会导致不合理的计算结果，甚至使方法失效。例如，在地震烈度的综合评判中，就以取普通矩阵乘法为宜。

在研究复杂问题时，需要考虑的因素很多，而且这些因素往往还分别属于不同的层次。在遇到这种情况时，常常是先把所有因素按某些属性分成几类，在每一类的范围内进行第一级的综合评判，然后再根据各类评判的结果进行第二级的综合评判，对更复杂的问题还可以分成更多的层次进行多级综合评判，其目的就是在较小范围内便于比较少数因素的相对重要性，有利于合理地确定各级评判中的权向量。

多级综合评判是从树的末梢向根部逐次进行简单综合评判从而完成复杂的评判工作，并且在地震烈度的评定中能发挥一定的作用。

上面介绍的是综合评判的正问题，即已知单因素评判矩阵 R 和权重矩阵，问综合评判 $B = ?$

答：$B = A \circ R$

与此相应的还有所谓综合评判的逆问题，即已知单因素评判矩阵 R 和综合评判 B，仅问权重矩阵 $A = ?$

答：可求解模糊关系方程：$X \circ R = B$

由于模糊关系方程常是无穷多解，还可采取另一答案。

答：给定权重的备择集 $\{A_1, \cdots, A_s\}$，若

$$\rho(A_i \circ R, B) = \max_{1 \leqslant j \leqslant s} \rho(A_j \circ R, B)$$

则认为 A_i 是所求的权重矩阵。式中，ρ 为某一种合适的贴近度。

综合评判的逆过程有潜在的重要意义。它或许能用数学方法对以往不太精确的经验进行某种总结，有助于提高灾害风险分析的能力。目前的模型还太粗糙，需要不断改进。

5. 传递闭包聚类法

用模糊等价矩阵聚类，是传递闭包聚类法的基本思想。第一步是给出识别对象之间的一个亲疏关系，这也就是所谓的标定。如果假定识别对象是论域 X 中的元素，则这种标定就是根据实际情况，按一个准则或某一种方法，给论域 X 中的元素两两之间都赋以区间 [0，1] 内的一个数，数学上称为相似系数。

用 γ_{ij} 表示元素 X_i 与 X_j 的相似系数，其中

$$X_i = \{x_{i1},\cdots,x_{ik},\cdots,x_{im}\}, \ X_j = \{x_{j1},\cdots,x_{jk},\cdots,x_{jm}\}$$

X_i 和 X_j 的各分量是与识别有关的诸特征。当 $r_{ij}=0$ 时，表示 X_i 与 X_j 截然不同，毫无相似之处；当 $r_{ij}=1$ 时，表示它们完全相似或等同。当 $i=j$ 时，r_{ij} 就是自己与自己相似的程度，恒等于 1。关于 r_{ij} 的确定，可以采用数量积法、相关系数法、马氏距离法、主观评定法等，依具体问题而定。

经过标定工作，对于容量为 n 的集合 X，可以得到 $n \times n$ 个表示元素两两之间相似程度的数，它们满足：

1）自反性：$r_{ij}=1$，$\forall_i$。

2）对称性：$r_{ij}=r_{ji}$ $\forall_{i,j}$，$r_{ij} \in [0，1]$。

可以把 $n \times n$ 这个数表示成矩阵的形式

$$R = (r_{ij})_{n \times n} = \begin{bmatrix} r_{11} & \cdots & r_{1n} \\ \vdots & & \vdots \\ r_{n1} & \cdots & r_{nn} \end{bmatrix}$$

这样的矩阵称为相似矩阵（或相容矩阵）。

3）传递性：$r_{ij} \wedge r_{ji} \leqslant r_{ik}$，$i$，$j$，$k=1$，$\cdots$，$n$，（即 $R \circ R \subseteq R$）

若 R 的元素还满足传递性的要求，则称 R 为模糊等价矩阵。

一般所得到的相似矩阵并不满足传递性，因此，首先要将这种矩阵进行改造，使之变成等价矩阵，然后进行聚类。改造的方法是将 R 自乘得 $R \times R = R^2$，再自乘 $R^2 \times R^2 = R^4$，然后再得到 R^8，R^{16}，$\cdots$如此继续下去，直至某一步出现

$$R^{2k} = R^k$$

至此，R^k 是一个模糊等价关系。这个方法由所谓"传递闭包"理论而来，因此，必然有这样的 k 存在。上述称为模糊方阵 R 的模糊自乘积，也是一个 n 阶模糊方阵，其元素

$$r_{ij}^{(2)} = \bigvee_{t=1}^{n} (r_{it} \wedge r_{tj}) \tag{5-49}$$

有了等价关系 R^k 后，聚类的工作就是根据聚类需细分还是粗分的要求，在 [0，1] 中选取一个数 γ，若 $r_{ij} \geqslant \gamma$，则元素变为 1，否则变为 0，从而可以达到分类的目的。

6. 模糊 K-means 算法

人类具有识别事物的能力，从而可以进行风险分析。这种判断一个待识别的事物是什么或者不是什么的能力，学术上称为"模式识别"。正是由于这种能力，尽管世界上没有完全

相同的两片树叶，仍然可以识别出任意两片树叶是否来自同一种树木；正是由于这种能力，尽管风险系统提供的信息总是不完备，仍然可以大体上识别出风险的高低。所谓模式，其实就是用于识别某类事物的特征信息。

由于模式是抽象的事物特征，因此，它需要在认知的过程中，从大量属于同一种类的事物中提取出来。只有先对事物进行分类，才能提取特征，换言之，模式识别的本质是对事件的分类。认识过程是建立类别标签和类别模式特征之间关联的过程。识别，就是将新的事物根据特征划归到已知的类别中去。

对事物进行分类，又分判别分类和聚类分类两种。两者有明显的区别，前者又称判别分析，后者则称聚类分析。

分类的前提是已知若干个样品的类别及每个样品的特征，在此基础上才能对待测样品进行分类判别。这是一种有监督学习的方法。支持向量机是较成功的有监督学习分类器。它的基本思想是：在样本空间或特征空间中，构造出最优超平面，使超平面与不同类样本集之间的距离最大，从而达到最大的泛化能力。

聚类分析前提是已知若干对象和它们的特征，但是不知道每个对象属于哪一类，而且事先并不知道究竟分成多少类，在此基础上用某种相似性度量的方法，把特征相似的归为一类。K-means 是一种最基本的聚类算法。它的基本思想是：对于给定的 n 个对象，首先随机选取 k 个对象作为初始聚类中心，即把 n 个对象分成 k 个类，然后将剩余对象根据其与各个初始聚类中心的距离分配到最近的类，再重新计算每个类的聚类中心。这个过程反复迭代更新，直到目标函数最小化，达到较优的聚类效果，即实现簇内对象具有较高的相似度，而不同簇之间的对象相似度较低。

给定 n 个样本点 X_1，X_2，$\cdots$，X_n，用 K-means 算法将其分为 k 类，就是要找含有 k 个 Q_1，Q_2，$\cdots$，Q_k 的集合 Q，使得加权距离平方和最小，即求解数学优化问题 F：

$$\min F(W, Q) = \sum_{j=1}^{k} \sum_{i=1}^{n} \omega_{ij} d^2(X_i, Q_j) \tag{5-50a}$$

$$\text{s. t.} \sum_{j=1}^{k} \omega_{ij} = 1, 1 \leqslant i \leqslant n \tag{5-50b}$$

$$\omega_{ij} \in \{0, 1\}, 1 \leqslant i \leqslant n, 1 \leqslant j \leqslant k$$

式中，W 为一个 $n \times k$ 权矩阵；$d(\cdots)$ 为两个对象之间的距离；$\omega_{ij} = 1$ 为样本 X，属于第 j 个簇。

K-means 算法的聚类分析给出的是一种硬划分，它把样本集中每个数据严格地划分到某个类中，具有非此即彼的性质。这种分类的类别界限是分明的。然而，事物之间的界限，有些是确切的，有些则是模糊的。例如，人群中的面貌相像程度之间的界限是模糊的，天气阴晴之间的界限也是模糊的。模糊 K-means 算法此时就能发挥作用。

同其他大多数数学方法的模糊化一样，模糊 K-means 算法就是将算法涉及的 $\{0, 1\}$ 集合扩展到 $[0, 1]$ 集合，允许 ω_{ij} 在区间 $[0, 1]$ 上取值。第一个模糊 K-means 算法由 Ruspini 提出，Bezdek 对模糊 K-means 聚类进行了更详细的研究，并提出了模糊迭代自组织聚类法（ISODATA）。为便于读者进行模糊 K-means 聚类分析，本书给出具体算法如下：

设被分类对象（样本）集合为 $X = \{x_1, x_2, \cdots, x_n\}$，其中每一个对象 x_i 均有 m 个属性值，因而其属性值矩阵为

$$A_X = \begin{pmatrix} x_{11} & \cdots & x_{1m} \\ \vdots & & \vdots \\ x_{n1} & \cdots & x_{nm} \end{pmatrix} \tag{5-51}$$

将对象集合 X 分为 k 类（$2 \leqslant k \leqslant n$），设 k 个聚类中心向量为

$$V = \begin{pmatrix} V_1 \\ \vdots \\ V_k \end{pmatrix} = \begin{pmatrix} V_{11} & \cdots & V_{1m} \\ \vdots & & \vdots \\ V_{k1} & \cdots & V_{km} \end{pmatrix} \tag{5-52}$$

例如，已知某 10 个老水库曾发生过水库地震，而 6 个新水库没有发生过水库地震，可以根据水库的参数值（属性值）对这 16 个水库进行分类，从而根据同一类中老水库曾发生过的地震震级判定新水库的地震风险。此时，k 的选择就是 10 个老水库曾发生地震震级的区间个数。

为了得到最优的分类，需使如下目标函数 F 取得极小值：

$$F(\boldsymbol{R}, V) = \sum_{i=1}^{n} \sum_{j=1}^{k} (r_{ij})^q \| x_i - V_j \|^2 \tag{5-53}$$

式中，$y_{ij} \in [0, 1]$ 为第 i 个对象在第 j 类里的隶属度；$\boldsymbol{R} = (r_{ij})_{n \times k}$ 为模糊分类矩阵，且满足

$$\sum_{j=1}^{k} r_{ij} = 1, \; \forall_i; \; 0 < \sum_{i=1}^{n} (r_{ij})^q < n, \; \forall_j \tag{5-54}$$

$\| x_i - V_j \|$ 表示对象 x_i 与聚类中心 V_j 的距离。在应用中最常用的距离一般有以下 4 种：

$$\text{最大距离} \| x_i - V_j \| = \max_{1 \leqslant t \leqslant m} | x_{it} - V_{jt} | \tag{5-55}$$

$$\text{欧式距离} \| x_i - V_j \| = \sqrt{\sum_{t=1}^{m} (x_{it} - V_{jt})^2} \tag{5-56}$$

$$\text{绝对值距离} \| x_i - V_j \| = \sum_{t=1}^{m} | x_{it} - V_{jt} | \tag{5-57}$$

$$\text{闵可夫斯基距离} \| x_i - V_j \| = (| x_{it} - V_{jt} |^p)^{1/p} \tag{5-58}$$

已经证明，当 $q \geqslant 1$，$x_i \neq V_j$ 时，上述目标存在极小值。其迭代求解步骤为以下几步：

1）初始化。选定 $k(2 \leqslant k \leqslant n)$，$q(q \geqslant 1)$，任取一个初始模糊分类矩阵 $\boldsymbol{R}^{(\circ)}$，逐步迭代，迭代变量为 s，此时 $s = 0$。

2）对于 $\boldsymbol{R}^{(s)}$，依式（5-59）计算其聚类中心向量：

$$V_j^{(s)} = \frac{\sum_{i=1}^{n} (r_{ij}^{(s)})^q x_i}{\sum_{i=1}^{n} (r_{ij}^{(s)})^q} \tag{5-59}$$

式中，$x_i = (x_{i1}, x_{i2}, \cdots, x_{im})$，即

$$V_{jt}^{(s)} = \frac{\sum_{i=1}^{n} (r_{ij}^{(s)})^q x_i}{\sum_{i=1}^{n} (r_{ij}^{(s)})^q}, \; t = 1, 2, \cdots, m \tag{5-60}$$

3）修正模糊分类矩阵 $\boldsymbol{R}^{(s)}$

$$r_{ij}^{(s)} = \frac{1}{\displaystyle\sum_{i=1}^{k}\left(\frac{\left\|x_i - V_j^{(x)}\right\|}{\left\|x_i - V_l^{(x)}\right\|}\right)^{\frac{2}{q-1}}}$$

注意，式中分母部分求和式中的分子部分对于给定的 i、j 总是不变，而分母部分随着 l 的变化在变。也就是说，这是一个分子不变而分母在变的求和式。

4）比较 $\boldsymbol{R}^{(s)}$ 和 $\boldsymbol{R}^{(s+1)}$，若对取定的误差极限 $\varepsilon > 0$，$\max\limits_{\substack{1 \leqslant i \leqslant n \\ 1 \leqslant j \leqslant k}} \{\,|\,r_{ij}^{(s+1)} - r_{ij}^{(s)}\,|\,\} \leqslant \varepsilon$，$\boldsymbol{R}^{(s+1)}$ 和 $\boldsymbol{V}^s$ 有即为所求，迭代停止；否则，$s = s+1$，回到步骤 2）重复进行。

上述所得为预选定分类数 k 时的最优解，为局部最优解，是在完全没有任何人为干预的情况下求得的。依模糊分类矩阵 $\boldsymbol{R}$ 的定义知，j 列中数值近于或等于 1 的行对应的样本属于同一类。

由于存在局部最优解问题，当 k 较大时，距离公式和相关系数的选取都可能影响分类结果，甚至出现中间计算数据溢出的问题。这说明，模糊 K-means 算法只能进行较粗糙的分类。

思 考 题

1. 风险评价中常用的连续型分布有哪几种？
2. 风险评价中常用的统计方法有哪些？
3. 随机不确定性和模糊不确定性的区别是什么？
4. 什么是二阶不确定性？

第六章

灾害风险分析与评估

／本章重点内容／

灾害风险分析的四个环节；灾害风险分析、灾害风险评估内容、评估技术路线及理论与方法；生命价值风险评估的方法及评估指标；灾害风险评估模型；灾害风险管理措施的选择以及利益相关者。

本章培养目标

掌握灾害风险分析的四个环节；熟悉灾害风险评估的内容和技术路线，掌握灾害风险评估的理论与方法和指标分级；掌握生命价值的概念和评估方法，熟悉生命价值的效应和赔偿；了解生命风险评估指标；熟悉灾害风险指数系统，了解各个区域的灾害风险评估模型；熟悉灾害风险管理决策的选择，了解决策中的利益相关，期望损失决策模型。通过本章学习，培养学生正确的生命价值观，树立珍爱生命、尊重科学的思想。

第一节　灾害风险分析

一、灾害风险存在的条件

一个灾害系统由风险源、承灾体、社会经济体系组成。完整的灾害风险分析是一项系统性工作，包括从风险源到灾害损失的全过程。

风险源是指"使风险情景出现"的触发因素，如地震、洪水。在自然灾害研究领域，也将风险源称为"致灾因子"。

承灾体是灾害作用的对象，是承担风险后果的客体，如地震灾害中的建筑物、洪水灾害中的庄稼地。

社会经济体系是承受灾害损失的个人、家庭和社会。

灾害风险的存在需要三个条件：

1）必须存在灾源，可以向周围释放巨大的致灾力量。例如，突然破裂的地震断层、从崩塌堤坝滚滚而下的洪流、威力强大的台风等都是灾源。

2）必须有暴露于灾源影响范围内的人员和财物。例如，地震波及范围之内有城市或村庄；人们将房屋建于可能溃决的大坝下方，泛洪区种植庄稼；台风经过之处有船只、城市、村庄等。

3）必须存在伤亡和损失的可能性。由于灾害水平取决于致灾因子强度、承灾体暴露的程度、伤亡和损失的相对数值，因此，一个全面的风险分析必须能够综合表述这三个部分，并考虑相应的不确定性。

二、灾害风险分析的四个环节

为了从量化的层次上对这三个部分（风险源、承灾体、社会经济体系）进行风险分析，必须首先确定有关的测度空间，即致灾因子测度空间、场地致灾力测度空间、承灾体破坏测度空间、伤亡和损失测度空间。每个测度空间称为一个环节。因此，系统分析涉及四个环节。

在灾害系统分析中，测度空间也称为论域。用 U 代表论域，论域中元素变量用 u 代表。在需要有所区别时，用 M（量级）记致灾因子论域；W（波）记场地致灾力论域，D（破坏）记承灾体破坏论域，L（损失）记伤亡和损失论域，相应的元素变量分别记为 m，w，d，l。从致灾因子到损失是一个因果链，如图 6-1 所示。需注意的是，L 是一个多维空间，元素 l 有多个分量。通常一个分量是死亡人数，一个分量是受伤人数，一个分量是损失金额。不过，在灾害风险研究中，人们常常只分析损失分量。

在原因环节中，主要工作是估计致灾因子 m 发生的可能性 $P(m)$。例如全球地震危险性图使用测量随机不确定性的概率测度表

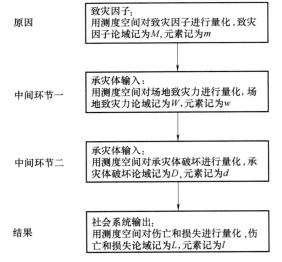

图 6-1 灾害风险分析的四个环节和相应的论域

达可能性，主要工作是用 Cornell 总结的 PSHA 方法估计地震参数 m 发生的概率分布 $P(m)$。如果概率分布不易估计，则可代之估计可能性——概率分布 $P(m，p)$，相应的风险称为模糊风险。

中间环节一的主要工作是识别灾害打击力 m 从灾源到场地的衰减关系 $w=f_1(m，s)$，以便根据暴露的承灾体的环境参数 s（包括距离在内），计算出该承灾体将面对的场地致灾力 w。

中间环节二的主要工作是识别致灾力 w 与承灾体破坏程度 d 之间的"剂量-反应"关系 $d=f_2(w，\theta)$，以便根据承灾体参数 θ（通常是一个向量），计算出该承灾体的破坏程度 d。

在结果环节中，主要工作是识别破坏程度 d 和损失程度 l 之间的关系 $l=f_3(d，\varphi)$，以便根据社会性参数 φ（包括人口密度、承灾体价值等），计算出该承灾体将面对的损失 l。

灾害风险分析的最后一部分工作，就是研究出某种模型，由致灾因子 m 发生的可能性 $P(m)$

和承灾体系统中的三个关系 $w=f_1(m, s)$、$d=f_2(w, \theta)$ 和 $l=f_3(d, \varphi)$，计算出承灾体 O 的损失 l 发生的可能性 $P_o(l)$。对于由 n 个承灾体 O_1，O_2，O_3，…，O_n，组成的区域 C 的灾害风险分析，需进行合成运算得出区域 C 的损失 l_c 发生的可能性 $P_c(l_c)$。

显然，灾害风险分析主要涉及两类模式识别：致灾因子概率分布识别和承灾体系统的输入关系识别。由于概率分布和输入关系在数学上均可用函数表达，因此，灾害风险分析涉及的两类模式识别均是函数关系的识别。

灾害风险分析的基本任务是总结灾害频发地区历史上不同风险水平发生的频率，绘制回归风险图；针对系统可能出现的变化，研究未来风险，绘制未来风险图。根本任务是研究灾害可能发生地区不同强度灾害发生的可能性，绘制可靠的多属性风险区划图。图 6-2 所示为进行灾害风险分析的基本流程。

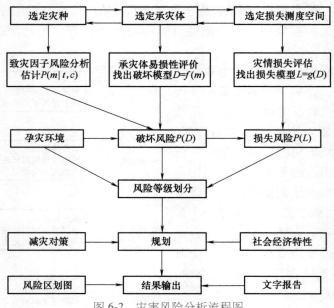

图 6-2　灾害风险分析流程图

在图 6-2 中，$P(m \mid t, c)$ 是在给定时间 t 和空间 c 条件下，量值为 m 的致灾因子出现的可能性。通常用概率来测度此可能性。如 2019—2022 年，地点为海地西部尼普斯省，m 为里氏 7.2 级地震。如果能在事前推算出一定会有这样大的地震发生，则 $P(m \mid t, c) = 1$。图 6-2 中的破坏模型 $D=f(m)$ 是一个简写形式，它是图 6-1 中的中间环节一和中间环节二两部分工作的合成，f 是 $f_1(m, s)$ 和 $f_2(w, \theta)$ 的复合函数。

在此分析流程中，只考虑了致灾因子的不确定性，将破坏模型和损失模型都简化为确定性模型。许多情况下这两个模型也会涉及不确定性。例如，遭遇一次地震袭击的同一地点完全相同的两座烟囱，有时破坏情况就不一样。

m 发生的不确定性，自然使承灾体的破坏具有不确定性，从而根据 $P(m \mid t, c)$ 和 $D=f(m)$，可以推算出破坏程度为 D 的可能性 $P(D)$。例如，假定某建筑物遭遇一次 7 级地震袭击时将会严重破坏，即 $D=f(m)=f(7)=$ 严重破坏。又假定该建筑物在未来 10 年内遭遇一次 7 级地震袭击的可能性是 0.001，则该建筑物在未来 10 年内震害为严重破坏的可能性是 0.001。显然，由于还有发生其他级别地震的可能性，该建筑物也有发生其他破坏程度的可能性，因此，破坏程度的可能性 $P(D)$ 通常是一个可能性分布。同理，根据 $P(D)$ 和 $L=g(D)$，可以推算出损失可能性分布 $P(L)$。$P(D)$ 和 $P(L)$ 分别称为破坏风险和损失风险。

由于风险问题的复杂性，人们试图通过组合使用多种方法、多种资源和多种监测手段来提高风险分析的可靠性。这就是传统意义上的"综合风险分析"。如对于技术风险，其综合分析涉及相关设备、外部安全形势、规章制度、规划、训练、应急管理，还要考虑风险沟通，并从环境、人类健康和社会经济的角度综合评估物理和化学指标。又如，对于洪水风险，其综合分析涉及气象、水文、社会经济、遥感技术、地理信息系统、保险数据率、民政灾情数据库等，而且综合使用多元统计、模糊逻辑、人工神经元、遗传算法等数据分析方法。

这种强调信息和方法综合的分析，其实是对风险的"综合分析"。

上述综合风险分析的概念有利于不同学科间的融合，有助于捕捉风险问题的不同方面。但更应该关注"综合风险"的分析。如一座城市可能面对洪水、地震、地质灾害等多种灾害。系统性地分析这些灾害对该城市的影响，就是"综合风险"分析。

广义而言，任何由一个以上的因素决定的风险都是综合风险。例如，地震风险是一种综合风险，因为它由地震和人类社会决定。从此意义上讲，任何系统性的灾害风险分析都是综合风险分析，因为必然涉及风险源和承灾体两部分。严格来讲，决定风险的因素必须是不确定的。否则，这一因素可以作为常态考虑，忽略不计。没有不确定，就没有风险。

对于自然灾害而言，无论是对风险的"综合分析"，还是"综合风险"的分析，其分析的基础还是图 6-1 所示的四个环节。

例如，对洪水风险综合使用气象、水文、社会经济、遥感、保险损失、民政灾情等数据和多元统计、模糊逻辑、人工神经元、遗传算法等方法进行综合分析时，只有结合各环节的物理模型才能发挥作用。而物理模型只有针对相对独立的环节才有意义。当水文和遥感数据通过使用多元统计和人工神经元方法来学习淹没深度与水稻受害程度的关系时，进行的是中间环节二的工作，必须使用水稻生长期的物理模型，因为不同生长期其淹没深度和持续时间对水稻的影响是不同的。

又如，对一座城市面对的多种自然灾害综合风险的分析，既可以对每一种灾害分别依图 6-1 所示的四个环节进行分析后，将第四个环节的输出进行综合，给出结果，也可以将所有致灾因子组成的风险源系统视为一个超级致灾因子，并对承灾体和社会系统等进行相应处理，然后遵循四环节的原则进行分析。

第二节　灾害风险评估概论

一、风险评估概述

1. 风险评估的概念

风险评估通常是指在风险事件发生之前或之中，对现有数据进行判断，以确定未来事件发展的重要程度及其可能性，即对潜在事件可能给人们的生活、生命、财产等造成的损失和影响的程度及其可能性进行量化评估。广义的风险评估包括风险识别、风险估计和风险评价三部分内容，国际标准化组织关于风险评估的定义包括风险识别、风险分析和风险评价的全部过程。狭义的风险评估是指在对相关灾害风险损失资料分析的基础上，运用各种方法对某类特定灾害风险发生的频率或损失程度做出的定性或定量分析，其本质是对风险的概率及后果进行赋值的过程，也称为风险估计。

2. 风险评估中的问题

首先，需要全面考虑利益相关者的利益诉求。所谓的利益相关者是指直接受到风险影响的人，如果不把他们考虑在内，可能会导致难以实现期望的结果。例如专题研讨会、问卷调查和现场调查没有把所有的利益相关者都包括在内，可能会带来难以接受的后果。其次，需要适度地侧重学习性的沟通理解，风险评估的目的之一就是倾听、考虑和学习对某种风险有独到认识的人员的理解，否则将导致评估结果的不准确甚至错误的判断。第三，风险评估需要确定合理的目标，并考虑相关事件所处的环境背景，才能根据风险评估深度和广度做出相应的判断。研究风险发生的原因、方式和根源，有助于管理者制定有效的风险战略和措施。

3. 灾害风险评估

针对灾害风险，国际风险管理理事会提出风险评估包括风险评估和关注度评估两方面内容，特别是社会关注度评估的提出，反映了风险评估需要重视社会和经济问题。联合国国际减灾战略认为灾害风险评估是对生命、财产、生计及人类依赖的环境等可能带来的潜在威胁或伤害的致灾因子和承灾体的脆弱性进行分析和评价，进而判定风险性质和范围的过程。有学者认为灾害风险评估包括孕灾环境稳定性、致灾因子危险性和承灾体脆弱性的评估，而不是仅对致灾因子危险性的评估。有学者认为灾害风险评估是通过风险分析的手段或方法，对尚未发生的自然灾害的致灾因子强度、受灾程度进行评定和估计。有学者认为灾害风险评估是指对一定区域内、一定时期内，灾害发生的可能性，以及其可能造成的损失（人口、经济、城市基础设施和环境等）的可能性做出科学的评估，包括致灾因子危险性分析、承灾体脆弱性和暴露性分析、损失结果可能性量化分析等。

国内外很多学术组织和学者都认为灾害风险评估是灾害学与其他学科和领域的理论与实践的交叉应用，是强调灾害系统内在属性和外部环境的整体性评估。现代灾害风险评估研究一方面加强研究灾害系统风险评估的内在机理，另一方面也越来越重视基于社会和经济发展以及人类心理和行为，探讨人类社会自身可接受风险水平的研究。因此，灾害风险评估是把致灾因子的危险性与承灾体的暴露性和脆弱性评估紧密联系起来，对灾害可能导致的对人类生命健康、经济财富、生态环境、社会秩序与经济发展等的影响进行定量分析和定性描述，并最终得到各类灾害损失的发生概率、损失程度以及对社会和经济发展的影响。

二、灾害风险评估内容

根据上述灾害风险评估定义，灾害风险评估的内容主要包括以下四个方面：致灾因子危险性的定量分析和定性估计、承灾体的暴露性和脆弱性评估（包括社会经济系统的灾害恢复力与减灾能力）、灾害直接和间接损失以及灾害对社会、经济、环境等的影响等。

1. 致灾因子危险性评估

联合国国际减灾战略 2009 年给出修订后的致灾因子定义：可能造成人员伤亡或影响健

康、财产损失、生计和服务设施丧失，引发社会和经济混乱或环境破坏的危险的现象、物质、人类活动或局面。致灾因子评估一般借鉴各类致灾因子的发生机理研究成果，通过分析致灾因子过去活动频繁程度和强度的记录，确定致灾因子的强度及其发生的可能性。通常情况下，所有的致灾因子描述与量化都包括时间、空间和强度等三个必不可少的参数，其中，时间参数是指致灾因子发生的时间（包括持续的时间），空间参数是指致灾因子发生的地理位置和区域范围，强度参数是指致灾因子的物理强度，如地震的震级、飓风（我国称为台风）的速度等参数。我国相关灾害的管理和研究机构已经做了大量的监测预报和评估工作，如地震动区划图、洪水的地理分布图、滑坡泥石流区划图、台风季节变化及其发生频率图等，这些是致灾因子评估的基本背景资料和基本依据。

（1）致灾因子发生的强度评估　致灾因子发生的强度通常是根据致灾因素的变异程度（震级、风力大小、温度/降水异常程度）或承灾体所承受灾害影响程度（地震烈度、洪水强度）等属性指标确定。具体可以直观表达为无、轻、中、重、特等级别。

（2）致灾因子发生的概率评估　一般根据一定时段内某种强度的灾害发生次数确定，通常用概率（或频次）等表示，特定情况下也用致灾因子发生频率（百年一遇、十年一遇）表示。

（3）致灾因子的危险性程度评估　致灾因子的危险性程度评估是指对致灾因子强度、概率及致灾环境的综合分析，并给出评估区域的每一种灾害风险的危险性等级，以地震为例，给出致灾因子危险性的简单评估流程。

地震发生的概率一般采用泊松分布模型，利用泊松模型，仅需地震年平均发生率这一个基本参数即可确立概率公式，得到时间 T 内不发生震级 $M>m$ 地震的概率。地震发生概率的评估还可以采用非齐次泊松模型、双态泊松模型、马尔可夫过程模型等。比较经典的方法是超概率评估法（主流方法），该评估法的工作流程如下：

1）收集所评估地区历史地震数据统计资料。

2）综合考虑震级关系与地震动参数（或烈度）衰减关系，使用一定概率模型求给定地震动参数（或烈度）超越概率。

3）用一定等级的烈度或加速度等指标的超概率反映特定区域地震致灾因子的危险性。风险管理者不需要专门进行致灾因子的危险性研究，可以利用各类灾害领域专家学者给出的研究成果数据和信息，进行致灾因子危险性等级评估或者直接利用其给出的研究成果。

2. 脆弱性评估

致灾因子与承灾体的脆弱性共同作用导致灾害风险损失，如果说致灾因子是灾害风险产生的外因，那么脆弱性则是灾害风险产生的内因。如果一个地区面临多种灾害威胁，可以对每种灾害的脆弱性分别进行评估，也可以对多种灾害覆盖的综合脆弱性进行评估。通常情况，脆弱性评估不仅包括物理、经济、社会、环境等方面的脆弱性评估，还包括承灾体的恢复力和应对能力评估。

3. 灾害风险损失评估

灾害风险损失评估是指评估致灾因子与承灾体脆弱性共同作用导致的潜在损失，主要包括物理破坏导致的直接经济损失评估、间接经济损失评估、社会损失评估（主要是指人员伤亡）、生态环境损失评估以及社会经济的长期影响评估。

（1）经济损失评估

1）直接损失与间接损失评估。经济损失包括直接经济损失、间接经济损失和长期经济影响评估。直接经济损失包括流量损失和存量损失，具体可以推算各类社会财富的经济损失，如工业、农业、企业、交通、通信、能源、水利工程等基础设施损坏情况及其对经济发展的影响；为了进一步区分灾害直接造成的损失，还可以把直接损失分为两个部分：原生直接损失和次生直接损失。把灾害导致的财产损失称为原生直接损失，而把次生灾害造成的损失称为次生直接损失。间接损失为直接损失所造成物理破坏的后果，是灾害发生以后产生的，灾害的直接损失往往会影响企业的正常生产，引起企业产量下降或停产，造成间接损失即产品或服务流量损失，如由于地震、洪水的影响，厂房、设备发生部分或全部损毁，产量下降的损失。一般情况下，灾害的发生伴随着其他次生灾害，尽管次生灾害造成的损失对某种灾害来说是间接的，但次生灾害造成的财产损失为资产存量损失，也是灾害的直接损失。当然，次生灾害带来的直接损失同样会造成产品产量下降和收入降低等流量损失，这部分损失则属于间接损失。例如，灾害导致的企业营业中断，包括企业的资产没有发生直接损毁，但由于基础设施等受到破坏以后，企业停产而受到的损失，企业受到的影响并没有就此结束，而会发生连锁反应，总的间接损失将会以类似于"乘数"的方式影响着社会经济，前向关联（产出依赖于区域市场）和后向关联（供给依赖于区域资源）的经营活动会发生中断。为了区分直接损失造成的"直接"的间接损失和由于前向联系和后向联系造成的间接损失，还可以把间接损失分为原生间接损失和关联间接损失。原生间接损失为财产损失的直接后果，关联间接损失为前向联系和后向联系造成的损失，是以乘数形式影响经济的。

2）市场影响和非市场影响的损失评估。其实，各种灾害对于人类的影响是多方面的，灾害风险不但能够导致房屋、工厂、建筑物和基础设施的破坏，还可以造成人员伤亡，并给受灾的人们带来巨大的精神创伤。在这些损失中，有一些可以量化，易于用货币形式来表示，如房屋、建筑物的损失；还有一些损失难以用货币形式来表示，如环境的影响、心灵的创伤和生活上的不便等。尽管这些损失存在定量评估的困难，但越来越受到广大研究人员的重视，人们也越来越关注灾后健康、安全和生态系统等相关问题。因此，按照灾害影响是否具有市场价值，可以把灾害对经济、社会和环境的影响分为市场影响和非市场影响。市场影响是指灾害所造成的具有市场价值的影响，其价值可以在市场中加以衡量，具有市场价格，并且可以在市场中进行交易，包括财产的损失、收入的降低及产量的下降等；非市场影响是指灾害所造成的不具有市场价值的影响，其价值不能或难以在市场中加以衡量，这些影响往往没有市场价格，不能在市场中进行交易，如环境的影响、心灵的创伤和生活上的不便等。一些受到灾害影响的对象，尽管没有市场价格，但并不表明其没有价值，仅仅是市场失灵的结果，如果不充分考虑这种市场失灵的影响，会导致减灾、应急响应或灾后恢复重建过程中资源配置失当。例如，道路、桥梁等生命线工程等基础设施，它们属于公共物品而非私人物品，供人们免费使用，没有市场价格。一些灾害所造成的非市场损失可能远大于市场损失。

3）存量与流量损失评估。世界银行和联合国在1991年发布的《自然灾害社会经济影响评估手册》中明确指出，间接损失为产品的流量损失，直接损失是不动产和存货所遭受的损失，包括成品和半成品、原材料、其他材料和备用品等。根据很多国际组织和学者所述，本书也将直接损失评估内容定为存量损失评估，包括建筑物、基础设施、存货、半成品和原材料的损失评估，间接损失为直接损失的后果，指产品或服务流量损失，一般难以直接量化评估，如直接损失而影响的生产能力，如基础设施的破坏而造成产量下降即为流量损失。

（2）社会损失评估　社会损失评估包括个体风险和社会风险评估，以及需安置转移的人员、受伤人员及死亡人员数评估等。

（3）生态环境损失评估　生态环境损失评估包括对生态环境的平衡破坏和生产生活环境的破坏造成的损失。

4. 灾害风险的社会关注度评估

国际风险管理理事会（IRGC）风险管理框架中强调：关注度评估是针对灾害风险对社会经济、法律、制度和稳定等潜在影响的评估和判断，具体内容是基于个人与社会关注点的识别结果，调查和计算风险对经济和社会的影响，社会关注度评估尤其关注风险对财政、法律和社会的影响，这些次生的影响称为风险的社会放大。风险的社会放大是由于公众对风险或产生风险的活动的关注而引起的，对风险严重程度的高估或低估。这种放大作用的假设前提是：与致灾因子有关的事件与心理、社会、体制和文化进程相互作用，能够增强或减弱个人和社会的风险感知，从而塑造风险行为。风险的行为方式又产生次生的社会、经济影响，其结果远远超过对健康、环境的直接影响，这些影响还包括债务、非保险成本和对制度失去信心等，甚至有可能引起对制度响应和保护行为需求的增加或减少。灾害风险的关注度评估强调风险感知，因为塑造和影响人类行为的主要因素不是事实，也不是风险分析人员或科学家所理解的事实，人类行为主要受到主观感知和事件描述的影响，而客观事件与事件描述是有区分的，事件描述更多地依赖主观概率判断的支持理论。大多数心理学家相信，感知是由常识性推理、个人经历、社会交往和文化传统所决定的。人们把具有不确定结果的活动或事件与一定的预期、理念、希望、恐惧和感情联系起来，但并不是采用完全不合理的策略评估信息，大多数情况下，而是遵循相对一致的方式建立映像并且评价。

5. 减灾能力评估

减灾是人类应对灾害的一种积极反应，目的是减轻灾害造成的不利后果，这种灾害应对和反应的能力和救灾资源情况如何及其在政治上、经济上是否合理，需要进行评估。

（1）减灾能力评估　减灾能力评估包括对组织管理机构、可用于减灾的资源、各种减灾工程和非工程措施等分项的和综合的减灾能力评估。这种评估可为政府决策提供依据，以最大限度地发挥减灾的作用，而又避免做力所不能及的事情。

（2）减灾效益评估　减灾效益评估包括减灾经济效益评估和社会效益评估。减灾经济效益评估通常采用投入产出比，但由于减灾的产出是以减少因灾损失量的形式出现，而这个量通常较难计算，因为采取了减灾措施，这部分量是没有损失的，它与不采取减灾措施也不会损失的量的界限并不十分明确，所以只能根据经验和历史资料进行粗略评估。但所有的减灾措施都必须建立在投入产出比（投入/产出）大于 1 的基础上，否则减灾在经济上不合算。减灾的社会效益主要表现在维持社会稳定和经济的可持续发展及巩固政府的地位，逐步提高人民的生活条件和水平等方面，有些减灾措施可能在经济上是不合算的，但从社会效益的角度还必须进行，如对公众的减灾教育及公益性的灾害预警等，都得不到直接的经济效益。

三、灾害风险评估的技术路线

灾害风险评估的技术路线：首先是选择灾害种类并确定承灾区域（或承灾体），包括承灾体的区域背景及其本身的基本信息，如人口、经济、经济活动类型、地理、社会基本特征等。其次，进行致灾因子危险性估计、承灾体脆弱性和灾害损失评估，一方面考虑表征致险因子特征，如孕灾环境、灾害强度、频率、时空分布等信息；另一方面考虑表征灾害脆弱性信息，如经济、社会、生态环境等脆弱性、抗灾能力、恢复重建能力。基于上述信息综合考虑历史灾情，包括人员伤亡、财产损失等信息，给出风险等级划分（注意标准的选择和确定科学性）。然后，确定防灾减灾规划、防灾减灾对策和救援恢复重建等，同时要综合考虑其对社会和经济的影响。最后，给出灾害风险区划图，为整个社会、政府、公众和相关组织决策服务，如图6-3所示。

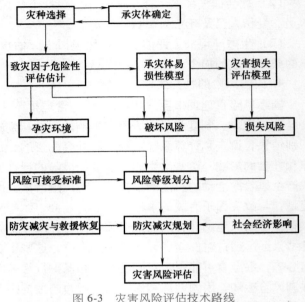

图6-3 灾害风险评估技术路线

四、灾害风险评估理论与方法

灾害风险评估方法在对灾害主要特征和内在联系进行概括和抽象的基础上，对灾害风险进行系统描述和分析。由于灾害风险是错综复杂的，在评估每个灾害风险时，往往舍弃一些非基本因素，只对灾害的基本因素及其相互联系进行研究，从而使得灾害风险评估能够说明灾害风险的主要特征和相关的基本因素之间的因果关系。

1. 相关性评估理论

（1）相关性 相关性是指两种或两种以上客观事物形态之间相互依存的关系。在灾害风险评估中，某一类不同时间、不同地点、不同强度的灾害风险存在着一定的相关性，某一次灾害风险的致灾因子与脆弱性、风险损失之间也存在相互依存的关系。相关性评估理论方法是基于历史上不同时间发生的灾害之间的相互关系所折射出的灾害风险信息，分析现有灾害风险信息所不包含的新的信息成果的方法。相关性评估理论为灾害风险评估与管理提供了逻辑推理与演绎分析方法，克服了统计方法的弱点，使得灾害风险评估具有更强的准确性。通过相关性评估方法，能够从错综复杂的各种现象中找出导致灾害发生的致灾因子、区域或承灾体的脆弱性关系，建立科学的风险评估模型，定量分析或定性描述灾害风险，客观准确评价灾害风险等级，以提高灾害应对能力和灾后恢复重建资源配置效率，最终建立兼顾经济、社会效益和生态环境可持续发展的灾害风险评估与决策模型。从灾害风险评估系统的角度看，其相关性关系主要包括独立关系、依赖关系和复杂关系，下面分别介绍这几种关系：

1）独立关系。一般在进行灾害风险评估中经常会假设风险因素是独立的，以便更好地进行风险因素分析和建立风险评估模型，如经常应用的二项分布模型、泊松概率分布模型等。

2）依赖关系。一种灾害风险的发生依赖于另一种灾害风险的发生与否、发生的强度大小或者影响范围等情况。例如，地震引起的山体滑坡、泥石流、堰塞湖等次生灾害。

3）复杂关系。多个风险因素同时影响一个或多个风险事件。实际上，这种复杂关系对于灾害风险是常见的关系，很多灾害风险都是复杂的关系。

相关性灾害风险评估可以采用定性评估、定量评估和定性与定量相结合的评估方法。例如，灾害风险指标与社会经济脆弱性指标存在相关性，灾害风险的不同指标间也存在着一定的相关关系。对应的灾害风险相关性评估方法也有两条路径：一是找出与灾害风险指标存在相关或因果关系的社会经济和环境脆弱性指标，借助社会经济环境脆弱性指标数量反映灾害风险指标数量；二是通过灾害风险指标之间存在的相对"固定"的数量比例或结构关系，衡量灾害风险指标数量之间是否"合乎规律"，并与其他灾害风险指标横向对比分析。

（2）静态与动态评估

1）静态评估。静态评估类似"正在进行时"时态，也是一种横向分析评估灾害风险，可按相关评估方法，从内、外两个方面考虑。一方面是静态外相关评估，即一个灾害过程趋于稳定时，将灾害损失指标与同其存在相关关系或因果关系的反映社会经济现象的指标连接起来，以反映社会经济现象的量化指标"映衬"灾害损失指标数量，是一种逻辑相关性分析。另一方面是静态内相关评估，即一个灾害过程趋于稳定时，将同一灾害过程中的不同灾害损失指标连接起来，通过一定的计算或分析方法使它们相互"映衬"，这种方法类似于财务指标的表内结构分析，以此反映系统灾害风险损失程度。

例如，进行旱涝灾害风险分析时，反映某区域洪涝灾害损失的指标主要包括农作物受灾面积、农作物绝收面积、受灾人口、死亡人口、紧急转移安置人口、倒塌房屋、损坏房屋、直接经济损失等；与洪涝损失指标相关的主要指标包括降水量、气温、农作物播种面积、耕地面积、农业人口数、水库蓄水量等。将其中的农作物受灾面积与降雨量进行相关分析，就属于静态外相关评估。而将农作物受灾面积与直接经济损失或受灾人口进行相关分析，就属于静态内相关评估。

2）动态评估。所谓动态相关分析，是指从动态角度纵向分析灾害风险信息。与静态相关分析相似，也可分为动态外相关和动态内相关两种方法。所谓动态外相关，实际上就是根据历史趋势对比分析，将现实的"静态外相关"与历史上发生的"静态外相关"进行比较，并以时间数列形式表现出来，以此反映灾害风险程度。例如，将湖南省2003—2013年雨季的降水量、洪涝灾害农作物绝收面积按时间排列起来，从动态排列对比中分析预估未来雨季洪涝灾害的风险程度。所谓动态内相关与动态外相关类似，只是将同一灾害过程不同指标间的关系以动态数列形式表现出来，达到评估灾害风险程度的目的。例如，将湖南省2003—2013年雨季洪涝灾害受灾人口、农作物绝收面积按时间排列起来，从静态排列对比中分析未来雨季洪涝灾害导致的农作物风险程度。

2. 指标评估法

指标评估法是基于致灾因子危险性、孕灾环境敏感性、区域承灾体脆弱性及其防灾减灾能力等方面来构建研究区域灾害风险的指标评价体系,利用数学模型计算指标的权重后结合指标值计算研究区域的风险等级。该方法主要通过专家知识与经验、灾害的历史经验、国家政府部门和相关组织的政策以及社会经济、法律、制度等定性和定量资料对灾害风险指标做出判断。典型的评估方法包括层次分析法、模糊综合评判法、主成分分析法、专家打分法、历史比对法和德尔菲法等。

3. 数理模型评估法

数理模型评估法也是一种定量风险评估方法。该方法主要通过调查灾害的历史情况和灾害损失样本数据,利用数理统计模型方法对样本数据进行分析、提炼,获得定量的灾害风险概率分布规律,从而达到灾害风险评估目的。该方法主要依据灾害样本和数理统计模型,典型的分析方法包括回归模型、时序模型、聚类分析、概率密度函数参数估计法或非参数估计法等。随着数理模型的发展,数据驱动的评估方法经历了从"确定性风险评估阶段"到"随机不确定性风险评估阶段",再到"模糊不确定性风险评估阶段"的过程。

(1)确定性风险评估　在确定性风险评估阶段,人们往往依据离散的单一极值对某一灾害风险进行描述,即常常以历史上遭受的最大灾害损失为标准,所以此阶段又称为"极值风险评估阶段",采用的模型称为"极值风险评估模型",包括线性回归模型、最大(最小)值模型等。采用极值风险评估模型对自然灾害风险进行评估,简单明了,通俗易懂,但其评估的结果与实际情形往往存在很大差异,大多数情况下容易高估风险,有时也会出现低估风险的问题。

(2)随机不确定性风险评估　随机不确定性风险评估主要是依据历史记载资料,推算灾害发生的概率,然后根据灾害可能发生地区的自然和社会经济条件,对可能造成的后果进行预测。该阶段采用的模型称为概率风险评估模型,包括 Cornell 模型、McGuire 数值模型、Bayesian(贝叶斯)模型、Monte Carlo(蒙特卡罗)模型、Markov(马尔可夫)链模型等,特别是模糊评估应用较多。灾害风险模糊评估具体包括模糊层次分析法、灰色聚类分析、神经网络分析法、模糊综合评判法、信息扩散理论以及信息不完备理论等。模糊风险评估模型的优点是考虑了灾害风险描述和分析中的模糊不确定性,不需要事先知道相关参数的概率分布,以模糊集理论和方法为数学工具,根据复杂系统的主观信息和全部的客观信息进行客观分析和判断。但是,模糊风险评估模型的评估结果是模糊关系或模糊集,不能直接进行比较,无法作为决策依据。

(3)概率与数理统计风险评估　概率风险评估的主要优点是较全面地反映了灾害事件的随机不确定性,评估结果比较可靠。该模型将灾害的发生视为随机过程,以理论上比较成熟的概率统计为数学工具,应用起来也较为方便。概率风险评估模型的核心任务是在系统参数的概率分布已知的前提下计算各种灾害风险发生的概率。

1)概率评估法。概率评估法就是在区域灾害风险分析的基础上,把各种风险因素发生的概率、损失幅度及其他因素的风险指标值综合成单指标值,以表示该地区发生风险的可能性及其损失程度,并与根据该地区经济的发展水平确定的、可接受的风险标准进行比较,进而确定该地区的风险等级,由此确定是否应该采取相应的风险处理。

传统概率风险评估的目的是对未来灾害情景发生的可能性评估。这些情景可能已经在风险识别和度量中得到了,如果某种情景频繁发生,则可以采用历史数据来估算该类事件的概率。但是,对于大地震、大洪水、核事故等比较罕见的巨灾,如果采用历史预测法将会面临数据不足的问题。这时可以采用积木法，将该情景所有单元的估算加总组合并预测该情景总的概率。

2）统计推断评估法。统计推断评估法主要根据随机抽样原则选取受灾单位，实地或采用现代技术收集受灾体损失数值，组成样本集合，并结合与受灾体密切联系的背景数据，以样本损失推断总体损失或损失次数概率的方法。

尽管概率和数理统计评估方法应用很多，也是风险评估的基础。但实际的灾害风险系统中，由于信息不完备等，估计的概率和真实的概率结果相差很大，特别是对那些样本信息量很少的灾害进行风险评估时，基于大数定律的古典概率论和统计方法给出的结果有很大的不确定性，即灾害风险的随机性和模糊性，而概率风险评估不能解决这类模糊不确定性的问题。

4. 技术评估法

技术评估法是指利用地理信息系统（GIS）、全球卫星导航系统（BDS、GPS 等）、遥感技术（RS）和飞机、摄像、互联网的社交网络平台等实时监测工具提供资料进行风险评估的方法，通过对比灾前（或灾后）地面景观变化，实时评估灾害风险情况，采用现代技术对灾害风险进行跟踪监测评估具有时效快、准确性高、效果好的特点，该方法将成为未来灾害风险评估最具有发展前景的方法，是实时获得有效灾害风险信息的有效手段，也是现阶段应急救援和管理决策的重要信息支持系统。

五、灾害风险评估指标的分级

所谓分级，是指根据一定的方法或标准把风险指标值所组成的数据集划分成不同的子集，借以凸显数据之间的个体差异性。

1. 分级原则

科学性原则：分级的科学性在于改善分级间隔的规则性。

适用性原则：分级的具体应用需要进行具体情况分析。

美观性原则：分级后的图形需要保证色彩平衡、易于理解。

2. 分级统计方法

（1）等间距分级　等间距公式为

$$D = \frac{X_{\max} - X_{\min}}{n}$$

等间距分级的优点是简明实用，分级均匀变化；缺点是当数据差异过大时，该方法不适用。

（2）分位数分级　分位数分级也是一种等值分级法，将指标值按照大小排列，划分成相等的分段，处于分段点的值是分位数。分位数分级的优点是每一级别数据个数接近一致，制图效果较好；缺点是数据差异过大时不适用。

（3）标准差分级　标准差分级是一个反映数据间离散程度的参数。

$$\sigma = \sqrt{\frac{\sum (X_i - X)^2}{n}}$$

分界点为 $\overline{X}\pm\sigma$，$\overline{X}\pm2\sigma$，$\overline{X}\pm3\sigma$，…，$\overline{X}\pm n\sigma$。

标准差分级适用于风险度数值分布具有正态分布规律的情况，是一种不等值分级方法。

（4）自然断点法 任何统计数列都存在一些自然转折点、特征点，而这些点的选择及相应的数值分级可以基于每个范围内所有数据值与其平均值之差，常见的有频率直方图、坡度曲线图、累积频率直方图法等。自然断点法的优点是每一级别数据个数接近一致，制图效果较好；缺点是数据差异过大时不适用。

此外，分级统计方法还有等比分级、等差分级和按嵌套平均值分级等。

第三节 生命价值风险评估

保护人的生命，提高人们的安全水平是一切防灾减灾、职业安全、环境治理决策的出发点和归宿点，防灾减灾是有成本的，当对各种防灾减灾进行成本收益分析时，都会涉及生命价值评估问题。20 世纪 70 年代，美国学者开始讨论生命价值的基本概念及其评估方法，其后世界各国逐渐向更广泛的研究主题拓展。近年来，世界范围内自然灾害频发，有学者开展自然灾害风险条件下的生命价值研究。20 世纪 90 年代以后，我国有学者开始进行生命价值研究，大多集中在安全生产领域。近年来，生命价值评估已经进入灾害风险管理的实践应用。

一、生命价值的概念

人类社会生活中存在各种各样的风险，疾病会严重影响人们的健康，甚至夺走生命，各种自然灾害也会造成大量人员伤亡，交通事故和生产安全事故同样会造成重大的人员伤亡。由于受到科技进步和经济资源的限制，不可能消除所有的风险。风险管理问题的关键是：通常权衡降低风险所花费的成本与其带来的收益的大小进行决策。

人们在对待死亡风险的微小变化上，与对待一般物品一样，有一个权衡的过程，即人们"购买"死亡风险的微小降低，与购买普通物品一样，需要权衡成本与收益（风险降低）之间的关系，这种市场选择的结果隐含了风险与货币的均衡，即降低的风险与增加的成本之间的均衡，这为计算生命统计价值提供了条件，如为减小万分之一的患甲肝死亡的概率，人们可以选择接种甲肝疫苗。实际中，如果接种疫苗的费用是 100 元，人们可能考虑接种疫苗以减少这万分之一的死亡概率；如果接种疫苗的花费是 1000 元，人们可能会决定不接种疫苗，因为购买这万分之一的死亡风险降低的价格太高了。人们在权衡这一价格的高低的过程中，反映了人们对降低风险的支付意愿，隐含了人的生命价值，即生命统计价值（Value of Statistical Life，VSL）。基于上述理论和方法来计算生命统计价值比较简单，就是把支付意愿除以你想要降低的风险水平。

$$生命统计价值 = \frac{支付意愿}{死亡风险降低的概率}$$

用数学表示形式如下：

$$VSL = \frac{\Delta P}{\Delta \pi}$$

或

$$VSL = \lim_{\Delta \pi \to 0} \frac{\Delta P}{\Delta \pi} = \frac{\mathrm{d}P}{\mathrm{d}\pi}$$

式中，VSL 为生命统计价值；π 为死亡的概率；P 为支付数额。

该等式给出了愿意为每一单位死亡风险所支付的数额，也就是生命统计价值。根据公式可以计算出接种甲肝疫苗中的生命统计价值为

$$VSL = \frac{\Delta P}{\Delta \pi} = \frac{100}{1/10000} 元$$
$$= 100 \, 万元$$

上面的例子为个体情况，社会总体情况的生命统计价值就是计算社会总支付意愿。如某经济体中有 1000 个人，在某种污染水平下，某一年死亡的概率为 0.004，假定一项控制污染的政策使死亡的概率降低到 0.003，死亡的概率变化了 0.001，如果这个群体中的每个人都愿意为这项政策的实施支付 1000 元，则这个群体的总支付意愿为 100 万元。如果这项政策被采纳，那么每年将平均少死亡一个人（1000×0.001＝1 人），即人们为了每年能够少死亡 1 人的总支付意愿为 100 万元。这种思考方式与上式计算的结果是一致的，采用公式计算如下：

$$VSL = \frac{\Delta P}{\Delta \pi} = \frac{100}{0.004 - 0.003} 元$$
$$= 100 \, 万元$$

根据劳动市场上的风险与工资情况，也可以推断出生命价值。在劳动市场上，工人会根据工作中的风险情况要求不同的工资水平，如果工作中具有较高的风险，工人会要求较高的工资作为补偿，当然，这已经不再是风险降低的支付意愿，而是接受风险提高的受偿意愿了。例如，工人愿意以 500 元的补偿工资，接受工作中的年死亡风险提高万分之一，这时的生命价值就是受偿意愿除以死亡概率的变化，即 500 除以 1/10000，计算的结果是生命价值为 500 万元。

$$生命价值 = \frac{受偿意愿}{死亡风险提高的概率}$$

无论是支付意愿还是受偿意愿，计算出的数字是什么含义呢？这一数字代表着人们愿意以这个数字所代表的均衡率在死亡风险与货币之间进行交换。对于很小的风险变化，支付意愿和受偿意愿是相同的。

因此，生命价值是指在给定的时间里，为降低 1% 死亡概率而愿意支付的数额，或个人愿意接受 1% 死亡概率的提高所要求的补偿。生命价值评价的是死亡风险，并不涉及特定人的确定的生与死的问题。如政府花费一笔经费来改善某一段高速公路的防护栏，使每年死于交通事故的人减少 5 人，此时这 5 人代表的只是一种概率，为全部人口中的不确定的人，而非特定的个人，此时就可用所估算出的生命价值来代表该高速公路防护栏的效益。

二、生命价值的评估方法

1. 人力资本法与支付意愿法

灾害造成的人员伤亡本身就是受灾地区和人们的一种直接损失，称为人力资本的损失。1924 年，保险学家休伯纳在其著作《人寿保险经济学》中用生命价值分析个人所面临的基本经济风险，认为生命价值是指个人未来实际收入或个人服务减去自我维持的成本后的未来净收入的资本化价值，后被美国人寿保险学会的会员们普遍接受，生命价值理论成为人寿保险的经济学基础。

通过人力资本法计算生命价值，可为意外死亡对家庭收入造成的影响提供基本参考。但人力资本法给生命价值下了一个狭窄的定义，即个人的生命价值等于个人的市场产出，隐含着低收入者的生命价值低于高收入者，容易引发棘手的道德伦理等多方面问题。由于人力资本法的固有缺陷，经济学家不断探索更好的评估生命价值的方法。与购买普通物品一样，人们在降低死亡风险时需要权衡降低死亡风险的成本与收益（风险降低）之间的关系，这种市场选择的结果隐含了风险与货币的均衡，即降低的风险与增加的成本之间的均衡，这为计算生命统计价值提供了条件。生命价值更多采用生命统计价值（VSL）的概念来表示。Schelling 较早研究了拯救生命的经济学，随后支付意愿法成为国外学者进行生命价值评估的主流方法。所以，本书的生命价值是指在给定的时间里，降低一个单位死亡风险的边际支付意愿，或个人愿意接受提高一个单位死亡风险的边际受偿意愿，且生命价值评价的是死亡风险，并不涉及生与死的问题，即

$$VSL = MWTP = \frac{d(WTP)}{d\pi}$$

式中，π 为死亡的概率；WTP 为支付意愿；MWTP 为边际支付意愿。

生命统计价值的概念可以用无差异曲线来说明。无差异曲线 $U(W, P)$ 表示效用水平相等时财富与生存概率的不同组合。当生存概率变化时，沿无差异曲线上点的垂直距离为支付意愿（WTP）或受偿意愿（WPA），即

$$VSL = \frac{WTP}{\Delta P} = \frac{WPA}{\Delta P}$$

按照支付意愿来评价生命价值时，较多学者采用显示性偏好方法，即从实际市场行为中推断出人们的偏好和支付意愿，劳动市场上的内涵工资法（工资-风险法）得到最为广泛的应用。此外，房地产市场和产品市场上的价格-风险法也得到学者的重视。近年来，学者开始应用叙述性偏好方法研究生命价值，即通过市场调查的方式，让被调查者直接表述工作风险、产品风险或环境污染等的支付意愿（或受偿意愿），或者对其价值进行判断，从而得到生命价值。

2. 劳动市场生命价值评估法

20 世纪 70 年代以来，基于劳动市场的生命价值研究很多。早期的研究一般基于机构对劳动市场的调查数据、北美精算协会风险数据和工人赔偿记录。目前，大多数研究采用美国劳工部劳工统计局和美国国家职业安全卫生研究所的职业伤亡风险数据。一些研究成果基于整个劳动力市场分析工资与风险之间的均衡，一些学者研究特定的行业、职业、地区、人群

和性别的工资-风险均衡。大多数学者针对意外死亡或意外伤害风险开展研究，一些学者则关注职业病风险。如 Lott 等在修订《雇主赔偿法》背景下研究致癌物质对工资的影响。此外，基于内涵工资模型，Viscusi、Evansa 等采用分位数回归法研究多个收入水平（或年龄）的工资-风险均衡，Scotton 把工作场所的风险异质性纳入显示性偏好框架之中。

劳动市场工资随工作的风险变化而变化，即存在补偿性工资差异。在风险条件下，理性经济人将追求期望效用最大化。不同偏好的工人通过选择工资与工作风险的最优组合而实现期望效用最大化，企业通过选择工作中的安全水平和工资实现一定的利润水平，二者相互作用实现工资-风险均衡。

在遭遇风险条件下的工人的期望效用（EU）公式为

$$EU = (1-\pi)u(\omega) + \pi v(\omega)$$

式中，$u(\omega)$ 为健康状态下工资为 ω 时工人的效用；$v(\omega)$ 为受伤状态下的效用；π 为受伤的概率。

对上式 EU 求关于 ω 和 π 的全微分，得

$$d(EU) = [(1-\pi)u'(\omega) + \pi v'(\omega)]d\omega + [-u(\omega) + v(\omega)]d\pi$$

令 $d(EU) = 0$，可得

$$VSL = \frac{d\omega}{d\pi} = \frac{u(\omega) - v(\omega)}{(1-\pi)u'(\omega) + \pi v'(\omega)}$$

上式表明，如果已知效用曲线，就可以通过求导得到生命价值。在实际操作过程中，内涵工资法通过分析解释变量（如工人特点、工作特征以及与职业有关的健康危害或死亡风险）与工资之间的关系，研究工资和风险之间的均衡，进而获得生命价值。

三、生命价值的年龄效应、收入效应

收入水平、年龄、不同文化背景人群的风险偏好、劳动市场的规章制度等多种因素影响着生命价值的大小。其中，年龄效应和收入效应受到比较广泛的关注。

1. 年龄效应

在劳动市场上进行风险-工资均衡分析进而评估生命价值时，年龄是一个重要的影响因素。早期的研究成果与一些基本的直觉一致，即由于寿命的限制，年龄较大的人对于降低死亡风险具有较低的支付意愿。Thaler 最早分析了年龄与不同职业死亡率之间的相互关系，发现二者具有显著的负向相关关系。实际上，这些理论和模型都假定个人可以通过储蓄或借用未来收入的方式保持整个生命周期内消费恒定。消费恒定这一假设条件在很大程度上依赖于是否存在完善的资本和保险市场。一般来说，消费在整个生命周期内并不恒定，而是先上升后下降。Shepard 应用消费的生命周期模型开展所谓的"罗宾逊·克鲁索"分析，模型假定个人可以前期储蓄而后消费，但不可以借用未来收入，得出在整个生命周期内个人对死亡风险的支付意愿呈现倒 U 形的结论，生命价值随年龄先上升后下降。其后，一些理论研究成果也表明年龄和生命价值之间存在倒 U 形的变化关系。Johansson 的研究成果则表明，生命价值与年龄之间的关系并不明确，年龄可能从正向或负向影响生命价值，也有可能没有影响。Johansson 认为无论是否存在精算公允的保险市场，生命价值依赖于消费的生命周期模式，其值有可能随年龄上升或下降，也有可能不依赖年龄变化。

在劳动市场上，基于生命价值的基本理论，若工人在生命周期内能够保持消费稳定，生命价值可以转化为年生命统计价值（Value of a Statistical Life Year，VSLY），通常的研究方法均假定生命价值可以表示为年生命价值的现值之和。不同年龄段的财富水平、健康状况和家庭责任等因素都影响个人对死亡风险的判断。研究年龄对生命统计价值的影响需要计算未来的消费者剩余的现值。Moore 和 Viscusi 等利用劳动市场数据、Dreyfus 等利用汽车市场数据计算了影响年生命价值的时间偏好率（折现率）。

2. 收入效应

理论上，生命价值随着收入的增加而提高。学者主要采用样本内变异值截面分析、工资-风险研究元分析、特定人群工资-风险均衡纵向分析、不同收入水平的生命价值比较分析和工资-风险数据的分位数回归等方法，并把收入弹性作为衡量收入与生命价值之间变化关系的指标。

（1）样本内变异值截面分析　Corso 通过调查汽车安全设施的支付意愿分析收入弹性。Alberini 在英国、意大利和法国开展内涵价值调查，发现收入弹性随收入水平的提高而提高，得到目前收入水平下年龄超过 40 岁人群的收入弹性。Hammitt 等和 Wang 等学者分别研究了上海和重庆两地与空气污染相关的健康风险的收入弹性。

（2）工资-风险研究元分析　对以前的工资-风险研究进行元分析是得到收入弹性的另外一种方法。例如，Viscusi 和 Aldy 在对 Liu、Miller、Bowland 和 Mroaek 4 个元分析成果进行评析的基础上，对收入弹性进行了重新分析；Belavance 等采用混合效应回归模型（Mixed Effects Regression Model）对 9 个国家收入弹性研究成果进行元分析。

（3）对特定人群的工资-风险均衡进行纵向分析　分析同一人群的工资-风险历史数据可以得到收入弹性。

（4）对不同收入水平的生命价值进行比较分析　对不同地区或国家的生命价值进行比较分析是得到收入弹性的另外一种途径。例如，Hammitt 等研究了墨西哥城非致命性职业风险的生命价值，并与美国生命价值进行比较分析得到收入弹性。

（5）工资-风险数据的分位数回归　众多的研究成果显示，不同收入水平的地区或国家收入弹性差异较大，为了弥补这一缺陷，有学者开始研究工资分配表中的多个收入水平（或年龄）的工资-风险均衡。

四、生命价值与死亡赔偿标准

人们很容易把生命价值与意外死亡的赔偿相关联，认为生命价值理论可以成为确定死亡赔偿标准的理论基础，这是一种误解。本书的生命价值概念并不适用于诸如人身伤害、交通事故、医疗事故和工伤等意外死亡事故的赔偿。其一，生命价值关注的是风险，反映风险变化的支付意愿或受偿意愿，而不是生命和死亡的价值，并不含有用一定数量货币计量生命（死亡或生存）的价值问题。其二，生命价值并不涉及特定人的确定的生与死的问题。如防灾减灾措施减少的人员伤亡，仅仅代表一种概率，并非特定的个人。其三，生命价值评估的另外一个特征是通过观察人们"事前"选择而确定其价值。如政府投入资金降低高速公路发生交通事故的风险及减轻环境污染，企业支出成本来提高产品的安全性能等，为从"事前"的角度观察某项政策或措施可能带来的收益。而由于意外事故的死亡赔偿问题是事后的确定性的问题，即特定人的确定的死亡并不适用于生命统计价值。实践中，各国法律都规定要对与受害者有关的一些人（即近亲属）的精神或财产方面损害进行赔偿。我国的法律法规或者司法解释对于意外死亡的赔偿往往根据收入水平来确定，其实质是人力资本法。

总之，生命价值评估是一个较新的学术研究热点，劳动市场、产品市场的生命价值理论和实证研究都有一定程度的文献积累。但是灾害风险背景下生命价值研究较少，一方面原因在于风险数据难以获得；另一方面灾害风险在一个国家或地区内部空间分布具有较大差异，而其他风险往往具有一定的广泛性。此外，灾害风险是一种公共风险，难以通过市场交换的手段加以降低。目前，在美国、英国、加拿大和澳大利亚等发达国家，包括国际组织等要求或建议对拟实施的环境、健康和安全政策或措施进行经济分析。我国生命价值研究相对落后，需要采用生命价值开展公共政策的成本收益分析，防灾减灾政策和措施也需要采用生命价值评估方法进行经济分析和评价。

五、生命风险评估指标

生命风险评估是指人员伤亡的指标，包括个人风险和社会风险指标。下面分别介绍这两个指标的定义及其评估公式。

1. 个人风险

（1）个人风险的定义　　个人风险（Individual Risk）是参与某项活动或处于某个位置一定时间而未采取任何特别防护措施的人员遭受特定危害的概率。此处的"特定危害"是指死亡的风险；"一定时间"是指一年或一个人的一生，记为 IR。个人风险常用致命意外死亡率（Fatal Accident Rate，FAR）或年死亡率描述。

年死亡率的表达形式是根据个人风险的定义得到的，可记作

$$IR = P_f P_{d|f}$$

式中，P_f 为风险事件的年发生概率；$P_{d|f}$ 为个人在风险事件中死亡的概率。

（2）个人风险评估模型　　个人风险模型是基于 Vrijling（2003）提出的个人风险模型。考虑到人们社会生活中总会面临一定的风险，因此可以假设理性的人总是能接受一个基本的个人风险水平，并且能够在此风险水平下正常的生活，不至于产生忧虑情绪。该个人风险水平就是个人基础风险水平，用 IR_0 表示，可以将个人参加具体某项活动，或某种职业的个人风险水平看作是个人基础风险水平的函数，这样可以得到计算某类活动或某种灾害的个人风险的函数，可记作

$$IR = \beta \times IR_0$$

式中，β 为参加活动或处于某种灾害风险情况下的风险意愿系数，在（0，∞）之间取值。当 $\beta = 1$ 时，该活动的风险等于基础风险；当 $\beta > 1$ 时，该活动的风险高于基础风险；当 $0 < \beta < 1$ 时，该活动的风险低于基础风险。如果从风险决策角度，可将风险意愿系数 β 看作效用函数，而将个人基础风险水平视为个人风险指标的基本水平。Vrijling 根据荷兰的实际统计情况，取"10^{-4}/年"为个人基础风险水平，该取值来自 14 岁少年的年意外死亡概率，这也是一个人的所有年龄段中意外死亡概率最低的数值，因此，该风险水平应是能够被社会公众广泛认可并被现实接受的个人风险水平，适合作为个人基础风险水平。同时，风险意愿系数 β 的取值与人们参与该活动的目的、通过活动获得的精神和物质利益的满足、参加活动可能导

致后果的严重程度、个人在事故发生时规避风险的能力等因素有关系。Vrijling 还通过分析几个典型的活动，标定了 β 的取值：当 $\beta = 10$ 时，表示个人极其渴望参与，但有极高风险的活动，如登山；当 $\beta = 1$ 时，表示个人可以自主决定，但有直接利益的活动，如开车；当 $\beta = 0.01$ 时，表示极度不自愿，但毫无决定权的活动。Vrijling 还进一步提出 10^{-5}/年是一个能得到广泛接受的个人风险水平，可以作为世界范围的个人基础风险水平。

风险意愿系数还可以用来确定最低合理可行（ALARP）准则中的风险水平界限。目前很多研究都认为在合理的个人基础风险水平下，对于 $\beta < 0.01$ 的个人风险，由于其远低于基础风险水平，可认为是可忽略风险水平；当 $\beta > 100$ 时，该风险是不可接受的，必须采取措施降低；当 $0.01 < \beta < 100$ 时，可认为该风险处于 ALARP 区域。

通常情况下，政府常常通过规定个人风险的下限作为项目评估或审批的依据，可将这个下限作为最低个人风险可按受水平，即个人风险可接受水平，其意义也相当于 ALARP 决策中的可忽略风险水平。例如，在荷兰国家住宅、空间规划和环境署规定的个人风险可接受水平为 10^{-4}/年，其中 $\beta = 0.01$，这一风险水平是为荷兰公众所设定的，主要针对新建工矿企业。

（3）个人风险指标　个人风险指标一般指单独一个人在一段时间内（通常为一年）暴露在危险中的伤亡风险概率。个人风险指标为目前实际在现场的个人死亡概率，这里的"个人"是统计意义上的任意一个人，具体评估指标确定则需要考虑不同类型的人。

1）年均个人风险。年均个人风险（Individual Risk Per Annum，IRPA_a）为一年时间内，由于危险 a 导致个人死亡的概率。它可以通过一年内暴露在危险 a 中的一个群体观察的致死率来估计，即

$$\text{IRPA}_a = \frac{\text{观察到的危险 } a \text{ 导致的致死人数量}}{\text{一年内暴露于危险 } a \text{ 中总人数}}$$

2）潜在等效死亡率。潜在等效死亡率（Potential Equivalent Fatality，PEF）是指灾害引起人员不同程度伤亡等效死亡率的一定比例。例如，伦敦地铁的定量风险分析中将重伤的权重定为 0.1，轻伤的权重定为 0.01。

3）场地个人风险。场地个人风险（Localized Individual Risk，LIR）是指一个人一直处于某个场地（位置）时由于事故导致其在一年内死亡的概率，也称指定地点个人风险。根据地域个体风险可以绘制风险等高线图，多用于防灾减灾土地规划。

4）预期寿命的缩短。预期寿命的缩短（Reduction in Life Expectancy，RLE）可以区分年轻人死亡和年老人死亡的不同，如一个人由于某种危险的死亡，其 RLE 可以定义为

$$\text{RLE}_t = t_0 - t$$

式中，t_0 表示与随机抽取的死亡人同龄人的平均寿命；t 表示受害者死亡时的年龄。预期寿命的缩短取决于受害者死亡时的年龄。

2. 社会风险

（1）社会风险评估模型　社会风险（Social Risk，SR）主要是描述重大伤亡事件（一般是死亡 10 人以上）和伤亡人数总量，一般用来描述事故发生概率与事故造成的人员受伤或死亡人数的关系。如果该风险事件是对特定的人群发生作用，也称为集体风险，或（行业）职业风险。在充分表达其概念本质的基础上，社会风险可以用年死亡人数的均值或年死亡人数的概率分布函数等多种方法描述。总之，个人风险提供了在一定位置的死亡概率，

社会风险给出了整个区域的死亡数量，不考虑该地区是否确切发生危险事件。

如前所述，社会风险可以通过年死亡人数的均值或死亡人数的概率分布函数两种方法描述，因此，关于社会风险的数学模型也可以通过个人风险和人口密度的关系或通过事故年死亡人数的概率密度函数得到。如果某地 (x, y) 的个人风险水平为 $\mathrm{IR}(x, y)$，当地的人口密度为 $h(x, y)$，A 为当地区域面积，则当地的社会风险可表示为 $\mathrm{SR} = \mathrm{E}(N) = \oiint_A \mathrm{IR}(x, y) h(z, y)\, \mathrm{d}x\mathrm{d}y$。

该方法实际是用伤亡人数的均值来描述社会风险，这一均值在很多文献中称为年可能死亡人数（Potential Loss of Life）。通过分析上式可知，当两地的个人风险水平相同、人口密度不同时，其社会风险也不同。社会风险更能反映风险源对当地的影响，个人风险可认为是系统本身的特性，不受当地特性的影响。这也是需要用个人风险和社会风险两个指标描述地方或系统的公共安全风险的原因。假设事故年死亡人数的概率密度函数为 $f_N(x)$，则有

$$1 - F_N(x) = P(N > x) = \int_x^\infty f_N(x)\, \mathrm{d}x$$

式中，$f_N(x)$ 是年死亡人数的概率密度函数；$F_N(x)$ 是年死亡人数的概率分布函数，即年死亡人数超过 x 人的概率。上式也常常绘成曲线来形象地描述社会风险水平，称为 F-N 曲线。F-N 曲线实际是年死亡人数的超概率在双对数曲线上的图形，利用它也可以得到年期望死亡人数（PLL），即

$$\mathrm{E}(N) = \int_0^\infty x f_N(x)\, \mathrm{d}x$$

另外，也有研究者利用 F-N 曲线下方积分面积衡量社会风险，等效于潜在的年期望死亡人数的均值 $\mathrm{E}(N)$，用公式表示为

$$\int_0^\infty [1 - F_N(x)]\, \mathrm{d}x = \int_0^\infty \int_x^\infty f_N(u)\, \mathrm{d}u\mathrm{d}x = \int_0^\infty \int_x^\infty f_N(u)\, \mathrm{d}x\mathrm{d}u = \int_0^\infty u f_N(u)\, \mathrm{d}u = \mathrm{E}(N)$$

相比之下，更多的国家规范中，都利用 F-N 曲线作为社会风险的决策标准，可归结为下式：

$$1 - F_N(x) < \frac{C}{x^k}$$

式中，C 决定曲线的位置；k 表示斜率。当斜率为 -1 时，可认为是风险中性的；而当斜率为 -2 时，可认为是风险厌恶的。（注：因为 F-N 曲线绘制时采用的是双对数坐标形式，所以 n 为斜率。）

（2）社会风险与个人风险的关系　社会风险或总风险，即加权风险（AWR），可以通过计算获得，例如可以用某区域的 IR 乘以该区域内的房屋的数量：

$$\mathrm{AWR} = \iint_A \mathrm{IR}(x, y) h(x, y)\, \mathrm{d}x\mathrm{d}y$$

式中，$\mathrm{IR}(x, y)$ 是位置 (x, y) 的个人的风险；$h(x, y)$ 是位置 (x, y) 的房屋数量；A 是计算该区域的加权风险（AWR）的面积。

如果 $\mathrm{E}(N)$ 是每年死亡人数的期望值，$m(x, y)$ 是位置 (x, y) 上的人口密度，$\mathrm{IR}(x, y)$ 是位置 (x, y) 的个人风险水平，则该区域的社会风险可表示为

$$E(N) = \iint_A IR(x,y) m(x,y) \, dx dy$$

Carter 考虑了个人的风险水平和位置等其他特点，给出等级累积风险（SRI）的定义：

$$SRI = \frac{P \cdot IR_{HSE} \cdot T}{A}$$

式中，P 是人口系数，$P = \frac{n+n^2}{2}$，n 是该区域的人数；IR_{HSE} 是每百万年的个人风险；T 是该区域被 n 个人占用的时间；A 是该区域的表面积（公顷）。需要注意的是，SRI 的单位是（人+人^2）/10^6（公顷/年）。

上述三个表达式都是基于个人风险计算社会风险。其他社会风险模型可以根据每年死亡数量的概率密度函数（PDF）得到。尽管个人和社会风险计算往往是基于相同的数据，但是尚未发现个人风险轮廓和死亡人数 PDF 之间的数学关系。因此，个人和社会风险的计算常常同时用数量方法。其中，社会风险常常绘制双对数刻度的 F-N 曲线，F-N 曲线表示死亡人数的超概率：

$$1 - F_N(x) = P(N > x) = \int_x^\infty f_N(x)$$

式中，$f_N(x)$ 为每年的死亡人数概率密度函数；$F_N(x)$ 为每年死亡人数的数量的概率分布函数，意味着每年死亡的人数不大于（小于或等于）x 的概率。

简单的社会风险度量是引入年死亡人数的期望值 $E(N)$，有文献定义为潜在的生命损失（PLL）：$E(N) = \int_0^\infty x f_N(x) \, dx$。

社会风险用 F-N 曲线下的面积（F-N 曲线积分）来度量，Vrijling 和 Van Gelder 认为该方法等同于年死亡人的数期望值，即

$$\int_0^\infty [1 - F_N(x)] \, dx = \int_0^\infty \int_x^\infty f_N(u) \, du dx = 0\int_0^\infty \int_x^u f_N(u) \, dx du = \int_0^\infty u f_N(u) \, du = E(N)$$

英国健康与安全执行局（HSE）用积分来度量社会风险，即

$$RI = \int_0^\infty x [1 - F_N(x)] \, dx$$

Vrijling 和 Van Gelder 从数学上证明 RI 可以用死亡人数的期望值 $E(N)$ 和标准差 $\sigma(N)$ 来表示：$RI = \frac{1}{2}[E^2(N) + \sigma^2(N)]$。

HSE 定义了加权风险积分参数，称为风险积分（COMAH），即

$$RI_{COMAH} = \int_0^\infty x^a f_N(x) \, dx$$

多人死亡事故的厌恶系数用 α 表示，$\alpha \geq 1$。基于实践分析，选择 $\alpha = 1.4$ 作为风险厌恶系数。Smets 提出了类似的计算方法：$\int_1^{1000} x^\alpha f_N(x) \, dx$。

如果没有考虑积分边界，RI_{COMAH} 和 Smets 表达式都等于 $\alpha = 1$ 的期望值。如果 $\alpha = 2$，公式将等于 PDF 的二次方。

$$\int x^2 f_N(x) \, dx = E(N^2)$$

$$E(N^2) = E^2(N) + \sigma^2(N)$$

Bohnenblust 引入可接受的感知风险 R_p 作为社会风险的度量，即

$$R_p = \int_0^\infty x\varphi(x)f_N(x)\,\mathrm{d}x$$

式中，$\varphi(x)$ 是风险厌恶函数，即死亡人数 x 的函数。这种死亡数量的期望值计算考虑了风险厌恶函数 $\varphi(x)$。根据 Bohnenblust 提出的风险厌恶估值可以推导得出 $\varphi(x) = \sqrt{0.1\,x}$，这个表达式可以写成：$R_p = \int_0^\infty \sqrt{0.1}\,x^{1.5}f_N(x)\,\mathrm{d}x$。

Kroon 和 Hoej 提出相似的方法，即系统的期望负效用

$$U_{\mathrm{sys}} = \int_0^\infty x^\alpha P(x)f_N(x)\,\mathrm{d}x$$

同样，权重因数 α 被包括在风险厌恶因数 $P(x)$ 中，它表示死亡人数函数的期望负效用。需要注意的是风险积分 $\mathrm{RI_{COMAH}}$、Smets 表达式及 Bohnenblust、Kroon 和 Hoej 的方法都是期望效用（负效用）方法，所有这些方法都可以写成通用公式：$\int x^\alpha C(x)f_N(x)\,\mathrm{d}x$。

不同的研究者选择了不同的估值 α（取值范围从 1 至 2）和因子 C，C 是常数或 x 的函数。

Vrijling 等提出的总风险包括死亡人数的期望值和标准差，标准差乘以一个风险值厌恶系数 k，即

$$\mathrm{TR} = E(N) + k\alpha(N)$$

总风险考虑风险厌恶指数 k 和标准差，因此称为风险厌恶。对于低概率和高风险的事件，标准差相对高。区别两种社会风险的计算方法可以看出：$F\text{-}N$ 曲线和期望是风险中性的。风险厌恶的值可以通过权衡预期值因子 α 和风险厌恶因子 $[P(x)$ 或 $\varphi(x)]$ 等计算得到。

（3）社会风险指标 社会风险指标是指群体受到危险导致伤亡的频率，可以通过个体风险程度和暴露于危险中的人群数量的乘积得到。

1）潜在社会生命损失。潜在社会生命损失（Potential Loss of Life，PLL）是指特定区域的人群每年预计的死亡人数，也称年平均死亡率（ARF），是衡量群体社会风险最简单的指标。

2）致命死亡率。致命死亡率（Fatal Accident Rate，FAR）是指特定人群暴露在危险之中累积特定期间（亿小时）的死亡数量，其计算公式为

$$\mathrm{FAR} = \frac{\text{预计死亡人数}}{\text{暴露在危险中的时间(小时)} \times 10^8}$$

第四节 灾害风险管理决策

管理就是决策，决策一般分为确定性决策和风险决策。确定性决策意味着进行决策不考虑其他可能发生的事件。风险决策是根据风险评估的结果进行决策的过程，即在资源有限的条件下，使用定量的风险、成本和收益，评估和比较决策方案的过程。风险管理决策是基于

不确定制定出来的，并且是基于未来长期的发展而决定的。现代社会花费大量的资金进行防灾减灾，但是管理灾害风险的资金已经影响其他公共利益政策，比如公共健康和新的基础设施的发展。因此，减轻灾害风险的决策非常重要，因为灾害风险决策的复杂性在于不仅要考虑经济和技术问题，还要考虑政策、心理等各类影响因素。

一、风险管理决策概述

1. 风险管理决策

灾害风险管理的本质就是针对减轻灾害风险的决策。任何一种管理活动实际上是制定决策方案和实施决策的过程，决策的科学合理性对实现管理活动的目标有至关重要的作用。灾害风险评价决定了可接受风险的水平，可接受风险标准或水平从某种意义上回答了 Starr 在1967 年提出的"怎样的安全是足够的安全"的问题，接下来就是风险管理决策，即风险管理方案或措施的选择和实施。风险管理作为新兴学科在防灾减灾的应用，强调的是如何更有效、更科学地将各种方法结合起来，把处置风险从无意识行为上升到有意识的组织活动，从盲目的试探、碰运气转化为建立在科学决策上的合理选择。灾害风险管理前期的风险识别、风险评估和风险评价都是为风险管理决策提供必要信息资料和决策的依据，以帮助风险管理人员制定尽可能科学、合理的决策。因此，所谓风险管理决策就是根据风险管理目标，在风险识别、评估和评价的基础上，对各种风险管理方案或措施进行合理的选择和组合，并制定出最优风险管理的总体方案。

2. 风险管理决策的原则

风险管理决策是整个风险管理活动的核心和指南，一般需要满足的四个基本原则分别是：

1）数学期望最大原则，对于损失风险则是期望损失最小原则。

2）期望效用最大原则，对于损失风险则是期望损失效用最小原则。

3）风险成本最小原则，风险降低的成本和预期经济损失减少之和最小原则。

4）满足社会可接受风险标准原则，选择将风险降低到满足社会可接受风险水平以下的方案或措施。

3. 风险管理决策考虑的问题

风险管理决策作为防灾减灾方案制定和实施的关键核心环节，需要考虑以下问题：

1）评判和接受某种技术或活动的可接受风险涉及成本和收益的平衡。Starr 于 1967 年首次提出了人愿意接受更高的风险是因为愿意从事某种活动或者从事某种活动能够获得收益，对于不愿意或不喜欢的活动愿意接受的风险就相对比较低。因此，对于社会公共安全成本开支决策是非常重要的，因为这些成本的支出将和其他公共基础设施和公共健康支出产生竞争。

2）同利益群体和部门的风险分担问题，这个风险分配涉及公平和效率的概念。效率强调全体居民的风险分配效率和效果，而公平关注的是每个个体不能不平等地暴露在风险中。不同利益相关者可以通过公共协商公平解决风险分担问题。

3）政府、公司和个人在风险活动中的责任和能力。这个问题涉及不同群体和组织之间的利益分配、相关风险的度量和成本的估算。比如，尽管政府对吸烟和危险驾驶等进行监管，但是个人的思想决定了这些行为或活动的风险水平。但对于大规模的社会建设和决策，如利用核能技术、建设大坝等决策则需要满足社会总体的可接受风险的水平。

4）风险决策的定量方法主要有期望损失最小原则、期望损失效用最小原则、经济最优原则（风险成本最小），特别是风险成本最低原则能够防止为了更高安全水平而花费更高的成本，或者安全水平太低以至于损失巨大。

5）对于公共风险管理决策还需要满足社会可接受风险的风险决策，即通过设定风险可接受的数量标准或安全目标进行风险决策量化。

二、风险管理措施的选择

风险的类型不同，采用的风险管理措施也应该有所变化。通常，如果损失频率较低，损失程度相对也较小，可以采用风险自留的方式，由风险单位自己承担风险事故的损失；若灾害损失频率比较高而损失程度较小，则可以采用损失预防和自留的方式。若灾害损失频率较低而损失程度较大，则可以把风险通过风险转移的方式进行分担；若灾害损失频率较高，损失程度也较严重，宜采用风险规避的方式。在实际的应用中，可以将一种或多种风险管理技术结合起来以达到降低风险的目的。可通过表 6-1 的风险管理矩阵或图 6-4 所示的风险管理技术选择图来选择适用的风险管理技术。

表 6-1　风险管理矩阵

风险类型	损失频率	损失程度	适用的风险管理技术
1	低	小	风险自留
2	高	小	损失预防和自留
3	低	大	风险转移（保险）
4	高	大	风险规避

图 6-4　风险管理技术选择

三、风险管理决策利益相关者

风险决策不仅受到如法律法规、事件期限、成本效益等约束，同时，各种利益相关者也影响决策。

1. 利益相关者

利益相关者是指能够影响决策的形成或可能受到决策影响的人或组织。利益相关者有多种划分方式，如社会公众、社会组织、政府等分类。还可以分为直接受到决策影响的人或组织、对项目或行动感兴趣的人或组织、对过程感兴趣的人或组织和受到决策后果影响的人或组织。

2. 主要利益相关者分类

（1）公众　公众作为主要灾害承受者，更多考虑的是个人的生命健康安全，以及个人的经济损失，较少考虑风险对于社会和环境的影响，因此，在风险管理决策过程中，他们更关注的是个人风险而非社会公共风险。

（2）社会组织　社会组织占据一定的社会资源，对风险的接受大小相对个人较稳定。对风险大小的评估主要是从市场规则的角度出发，因此，在风险管理决策的过程中，较少考虑安全因素，即受伤人数和死亡率，而较多考虑经济因素，即在应对和控制风险的过程中所带来的成本和收益是多少。

（3）政府　政府作为社会资源的分配者和协调者，所考虑的因素更加综合。不仅考虑个人或者小团体的利益，更要考虑社会作为一个整体的利益。协调"个体利益"与"集体利益"、"短期利益"与"长期利益"之间的矛盾，协调"个体理性"，最终达到"集体理性"的最大化。

公众、社会团体和政府所占据的社会资源不同，其经济水平和技术水平也不同，因此三者应对灾害风险的能力也存在很大的差异。增加风险管理控制的资源投入可以降低风险，然而，投入的资源和管理费用受到多种因素的制约，过多的投入会给社会资源的使用带来压力。这需要客观科学的风险管理决策，在行动方案与风险，以及降低风险的代价之间谋求各方的利益与风险的平衡，才能保证风险管理决策的科学有效。

四、期望损失决策模型

期望损失分析法是以每种风险管理方案的损失期望值作为决策依据，即选取损失期望值最小的风险管理方案。

1. 期望损失决策案例

【例6-1】　表6-2列出某栋建筑物在采用不同风险管理方案后的损失情况，对于每种方案，总损失包括损失金额和费用金额，为简便起见，每种方案只考虑两种可能的后果，不发生损失、发生损失则视为全部损失。分析期望损失最小的决策应用。

表6-2　不同火灾风险管理方案的损失

方案	可能结果		不发生火灾的费用
	发生火灾的损失	金额（元）	
（1）自留风险且不采取安全措施	可保损失	100000	0
	未投保导致间接损失	5000	
	合计损失	105000	

（续）

方案	可能结果		
	发生火灾的损失	金额（元）	不发生火灾的费用
（2）自留风险且采取安全措施	可保损失	100000	安全措施成本2000元
	未投保导致间接损失	5000	
	安全措施成本	2000	
	合计损失	107000	
（3）自保	保费	3000	保费3000元

在损失概率无法确定时的决策方法：

1）最大损失最小化原则：比较发生火灾后的总损失105000、107000、3000，因此投保决策为最佳选择。

2）最小损失最小化原则：比较不发生火灾的费用0、2000、3000，因此，方案（1）为最佳选择。

解：分析这两种决策方法的缺陷在于只考虑了两种极端的情形，在现实生活中，更多的情况则是介于二者之间。如果考虑损失频率数据，决策者能够得到的决策方法如下：

进一步假设不采取安全措施时发生全损的概率是2.5%，采取安全措施后发生全损的可能性是1%。则可以得到三种方案的期望损失分别为：

方案（1）：（105000×2.5%+0×97.5%）元=2625元；

方案（2）：（107000×1%+2000×99%）元=3050元；

方案（3）：（3000×2.5%+3000×97.5%）元=3000元。

分析3个方案的期望损失，选择方案（1）为最佳方案，因为期望损失最小。

2. 考虑忧虑成本的期望损失决策

期望损失最小决策没有考虑忧虑成本对风险管理决策过程的影响。关于忧虑成本可以将忧虑因素的影响代之以某个货币因素。影响忧虑成本的因素主要包括：损失的概率因素；风险管理人员对未来损失的不确定性的把握程度；风险管理目标和战略，有助于确定社会对各类损失所能承受的最大限度，并且反映了社会的风险态度。

【例6-2】　继续考虑例6-1，在考虑忧虑成本的情况下对各个方案进行重新决策，表6-3是加入忧虑成本后的风险管理成本计算表。

表6-3　忧虑成本对各个风险管理措施决策过程的影响

方案	可能结果		
	发生火灾的损失	金额（元）	不发生火灾的费用
（1）自留风险不采取安全措施	可保损失	100000	忧虑成本　　2500元
	未投保导致间接损失	5000	
	忧虑成本	2500	
	合计	107500	

（续）

方案	可能结果		
	发生火灾的损失	金额（元）	不发生火灾的费用
（2）自留风险并采取安全措施	可保损失	100000	安全措施成本　2000 元
	未投保导致间接损失	5000	
	安全措施成本	2000	忧虑成本　1500 元
	忧虑成本	1500	合计　3500 元
	合计	108500	
（3）投保	保费	3000	保费 3000 元

通过表 6-3 可以看出，方案（1）的忧虑成本为 2500 元，方案（2）的忧虑成本为 1500 元，若不知道损失概率，决策如下：

1）最大损失最小化原则：比较 107500、108500、3000，则方案（3），即投保为最佳选择。

2）最小损失最小化原则：比较 2500、3500、3000，方案（1）为最佳选择。

若知道损失概率，仍假设不采取安全措施时发生全损的概率是 2.5%，采取安全措施后发生全损的可能性是 1%。则得到不同方案的期望损失如下：

方案（1）：（107500×2.5%+2500×97.5%）元 = 5125 元；

方案（2）：（108500×1%+3500×99%）元 = 4550 元；

方案（3）：（3000×2.5%+3000×97.5%）元 = 3000 元。

选择期望损失最小的方案（3）投保为最佳选择。

3. 期望效用决策模型

（1）效用及效用理论

效用：人们由于拥有或使用某物而产生的心理上的满意或满意程度。

效用理论：认为人们经济行为的目的是为了从增加货币量中取得最大的满足程度，而不仅仅是为了得到最大的货币数量。

采用询问调查法可以了解不同决策对不同金额货币所具有的满足度。假设某人对 0 元财产的效应度为 0，而 100 万元财产的效应度为 100。

试验的基本方法是询问被调查者愿意付出多大的代价（M）参加一种只有两种可能结果（机会都是 0.5）的赌博。

第一次询问：如果猜对可获得 100 万元，猜错将一无所有，问愿意付出的赌注是多少？

拥有的效应度	猜对获得 100 万的效用度 $U(100)$	猜错一无所有的效用度 $U(0)$
概率	0.5	0.5

被询问者以 M_1 为代价参加赌博的期望效用为 $E(U) = 0.5 \times 100 + 0 \times 0 = 50$ 若被询问者选择 $M_1 = 40$ 万元，并且认为这是参加或不参加赌博对他的影响都一样，即效用相等，所以 $U(M_1) = U(40$ 万元$) = 50$。

第二次询问：如果猜对可获得 M_1 元，猜错将一无所有，问愿意付出的赌注是多少？

此次回答的价值 M_2 的效用度是 25，如 $M_2 = 15$ 万元。

第三次询问：如果猜对可获得 100 万元，猜错可获得 M_1 元，问愿意支付的代价 M_3 是多少？

若 $M_3 = 70$ 万元，$U(M_3) = 75$，描点划出效用函数。

【例 6-3】　某人现有财产 3 万元，他现在面临两个方案：方案 A 中他有 20% 的可能获得 5 万元，有 80% 的可能收益为零。方案 B 中他有 30% 的机会获得 1 万元，20% 的可能获得 2 万元，有一半的机会一无所获，见表 6-4。

表 6-4　不同方案收益及其概率分布

方案	收益（万元）	概率
A	5	0.2
	0	0.8
B	1	0.3
	2	0.2
	0	0.5

如果此人对拥有不同财富的效用度情况为表 6-5。

表 6-5　不同财富的效用分布

拥有财富（元）	效用度	拥有财富（元）	效用度
30000	50	80000	90
40000	70	100000	100
50000	80		

解：经过计算得到其对应的期望收益与期望效用如下：

$E(U)_A = 0.2 \times 40 + 0.8 \times 0 = 8$

$E(U)_B = 0.3 \times 20 + 0.2 \times 30 + 0.5 \times 0 = 12$

$E_A = (50000 \times 0.2 + 0.8 \times 0)$ 元 $= 10000$ 元

$E_B = (10000 \times 0.3 + 20000 \times 0.2 + 0 \times 0.5)$ 元 $= 7000$ 元

分析：期望损失决策原则的结果是 A 方案优，期望效用决策原则的结果是 B 方案优。

（2）效用函数与效应曲线　对某决策主体而言，根据对损失态度的差异，可分为三种类型：漠视风险型、趋险型、避险型。下面给出各自的财富损失与效应度之间的函数关系（图 6-5）。

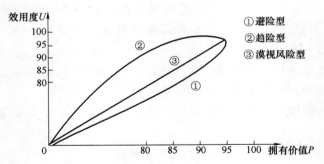

图 6-5　不同风险偏好的财富损失与效用度之间的函数关系

【例 6-4】　假设某人拥有价值 10 万元的汽车，被盗风险是 10%，讨论其为转移被盗风险愿意付出的保险费用。此人投保和不投保的损失及其效用度数据见表 6-6。

表 6-6　个体投保和不投保效用度损失表

决策	被盗损失金额	被盗损失效用	不被盗损失金额	不被盗损失效用
投保	保费 P	U	P	U
不投保	100000	100	0	0

解：首先，不投保的效用损失期望 $= 10\% \times 100 + 90\% \times 0 - 10$，投保的效用损失期望 $= 10\% \times U + 90\% \times U = U$。风险中立者对损失风险没有特别反应，他的决策完全根据损失期望值的大小确定，选择投保，$U \leqslant 10$。风险偏好型的决策者喜欢冒险，他们宁愿付出比期望收益高的赌注来参加赌博，或为转移风险他愿意付出的代价将小于损失期望值，他们可能选择 $P \leqslant 5000$ 元的成本；风险厌恶型决策者不喜欢冒险，他们愿意付出较损失期望值较高的代价避免风险，甚至可以达到 20000 元的成本。

思　考　题

1. 什么是灾害风险分析？其灾害风险的必要条件有哪些？
2. 简述灾害风险分析的四个环节。
3. 什么是灾害风险评估？简述风险评估中应注意的问题。
4. 灾害风险评估内容包括哪些？
5. 简述灾害风险评估分级的原则。
6. 什么是生命价值？其评估方法有哪些？
7. 生命风险评估指标有哪些？简述其含义。
8. 什么是风险管理决策？风险管理决策的原则和考虑的问题是什么？
9. 如何进行风险管理措施的选择？
10. 什么是利益相关者？风险管理决策利益相关者有哪些？

第七章

灾害发生前的风险管理

/本章重点内容/

灾害风险管理体制构成要素、管理体系建设内容和运行模式；灾害风险管理应急保障体系的建设内容和运行机制；灾害风险管理应急预案基本要素和基本内容；灾害风险管理预警体系的设计原则和关键要素。

本章培养目标

了解灾害风险管理体制的重要性，掌握灾害风险管理体制的构成要素、建设内容和运行模式；了解灾害风险管理应急保障体系的原则，熟悉灾害风险管理应急保障体系的建设内容和运行机制；掌握灾害风险管理应急预案的概念、要素和基本内容，熟悉应急预案编制的目的和程序；熟悉灾害预警系统的基本原则，掌握灾害预警系统的关键要素。通过本章的学习，引导学生树立正确的灾害风险意识观，培养学生在学习和工作中的计划性，使学生形成对于灾害事件具有事前预防的意识。

第一节　灾害风险管理体制与模式

一、综合灾害风险管理体制的重要性

综合灾害风险管理就是政府针对区域内所发生的各种危及人们生命财产安全的灾害，采取及时有效的手段，整合各种资源，防止灾害的发生或减轻灾害的损害程度，保护区域相关利益的管理活动。综合灾害风险管理是一个复杂的系统过程，主要包括 4 个阶段，即减灾、备灾、响应和恢复。其中，如何及时有效地响应灾害的发生，是综合灾害风险管理体制的核心。

随着社会经济发展和环境变化，传统的应急管理方式难以应对新形势发展的灾害管理的需要。这就需要建立新的综合灾害风险管理体制，来整合区域灾害管理资源，沟通各种行政关系。完善综合灾害风险管理体制，就应将灾害管理看成一种常态管理，科学地分析和评价存在的灾害风险，统一政府领导及相关职能部门的信息，权威地进行指挥和调度，达到有效地减少和避免存在区域内的各种可能造成直接或间接损失的灾害，以达到有效减灾的目的。

二、灾害风险管理体制构成要素

1. 机构设置

建立健全的机构设置可以使政府各部门发展均衡，增强个别应急职能机构的自身功能，减少机构建设条块分割，降低对政府本身的依赖。

2. 法制建设

建立独立的、综合性的应急管理法规标准体系，制定应对各种突发灾害事件或者紧急突发灾害事件的配套法规。

3. 技术支撑

应急管理的技术支撑体系是应急管理者做出决策的依据来源，同时也是能够顺利实现应急响应联动的保障。根据应急管理所需发挥的职能，应急管理的技术支撑体系主要包括信息化的应急联动响应系统、应急过程中的事态检测系统、事故后果预测与模拟系统和应急响应专家系统。

4. 预案体系

灾害应急管理预案是针对各种突发灾害事件类型而预先制订的一套能迅速、有效、有序处置灾害的行动计划或方案，旨在使得政府应急管理更为程序化、制度化，做到有法可依、有据可查。它是在辨识和评估潜在的重大危险、灾害类型、发生的可能性、发生过程、灾害后果及影响严重程度的基础上，对应急管理机构与职责、人员、技术、装备、设施（设备）、物资、救援行动及其指挥与协调等方面预先做出的具体安排。

5. 评估体系

突发灾害事件应对工作实行预防与应急相结合的原则。国家建立重大突发灾害事件风险评估体系，对可能发生的突发灾害事件进行综合性评估，采取有效措施，减少重大突发灾害事件的发生，最大限度地减轻重大突发灾害事件的影响。

6. 运行程序

国家应急管理机构应设立应急指挥中心。各个应急指挥中心都应设有固定的办公场所，为应急工作所涉及的各个部门和单位常设固定的职位，配备相应的办公、通信设施。一旦发生突发灾害事件或进入紧急状态，各有关方面代表迅速集中到应急指挥中心，进入各自的代表席位，进入工作状态。应急指挥中心根据应急工作的需要，实行集中统一指挥协调，联合办公，以确保应急工作反应敏捷、运行高效。

7. 资金保障

各级财政部门应该设立一定额度的应急准备金，专门用于突发灾害事件的应急支出。同时，政府部门还应设立日常应急管理费用，专门处理突发灾害事件应急管理机制的日常保障运行，并且为建立网络信息维护系统、应急预案等提供经费保障。此外，各级财政部门在一段时间内应该对突发灾害事件财政应急保障资金使用情况进行定期审核。

三、灾害风险管理体系建设内容

1. 风险评估和预案体系

建立完善的灾害监测、风险辨识、风险评估和风险处置技术方法和流程，并定期开展工作。建立风险组织管理指挥系统，强有力的应急工程救援保障体系，综合协调、应对自如的相互支持系统，充分备灾的保障供应体系，高效的综合救援队伍等，构建完善的灾害处置预案体系。

2. 信息报送机制

按照分级管理、分级负责、分级上报的原则，规范信息报送的标准和程序，明确专项应急指挥部、相关委办局和区县信息报送责任、报送时限。信息报送要遵循及时性原则、准确性原则和时效性原则。

3. 社会动员机制

社会动员机制是指由政府主导，基层政权组织、社会组织、志愿者群体、广大市民广泛参与。

4. 新闻发布机制

新闻发布机制是指第一时间通过电视、广播、报纸、室外信息显示屏等各种传播手段和手机短信、新闻发布会等方式，向社会和市民公布突发灾害事件和应急管理方面的信息。

5. 应急指挥平台建设

应急指挥平台一般由图像监控系统、指挥通信系统、指挥调度系统、计算机网络应急系统和综合保障系统组成，满足现场通信、现场会商、指挥调度、移动办公、现场图像采集等需要，实现信息共享。

四、灾害风险管理体系运行模式

灾害风险管理机制是风险管理的各相关部门，为及时有效地控制灾害事件而制定的各种制度化和程序化的行为准则和规范。风险管理的具体形式是各机构的职责以及用来规范各管理层面工作的规范、法律、法规和政策等。一般风险管理可分为4个步骤，即灾前的预防、准备，临灾的预警，响应处置以及灾后的恢复。风险管理体系是风险管理有效运行的一系列制度机制和条件保障，也是风险管理的基础和核心。风险管理是一个动态的博弈过程，为了在灾害事件中能够最大限度地减弱灾害产生的影响，对其进行有效的控制，需要着力建设与完善风险管理体系运行机制。一般来讲，灾害风险管理体系最重要的运行模式可以概括为以下四方面：

（1）统一指挥、分工协作　风险管理体系由不同职责部门系统构成，要实现同一目的，需要统一指挥、分工协作，既是管理体系有效运行的要求，又是由灾害事件管理的综合性决定的。

（2）灾害分类、分级处理　对灾害事件进行分类、分级，以对不同类型、不同级别的灾害事件采取不同的应对和处置方法。同时，要对不同级别的管理机构与相应的灾害分类和等级进行挂钩，以便明确职责，也为整个体系的应急能力评估做好准备工作。

（3）及时切换管理模式　灾害风险管理包括常态管理和非常态管理，相应的，其管理模式的切换也包括常态和非常态管理切换与灾害管理级别切换。常态和非常态管理切换包含两个方向的动作：一是一旦在监测预警反馈体系中发现灾害事件的先兆，应及时根据分级判定机理标识出灾害事件级别，发出早期警告，并采取应对措施。这一阶段如不能消除该灾害事件，则立即发出警报，激活非常态的应急管理系统。二是灾害事件处理结束后，应该解除警报，转入常态管理状态。

（4）资源的协调及管理模式　资源包括人力、信息、知识、物力、财力，可能来自政府、企业、公共组织、大学、社会相关单位及其物资库和临时避难所。在风险处置过程中，本地区或系统内部的应急资源应首先得到最大限度的利用，当本地的资源和能力难以承受时，再向外部寻求支持和救援。同时，要建立应急处置过程中征用不同所有者资源的法律、法规、政策等，并制定相应的补偿方案。对于物资库和临时避难所中的消耗资源要及时补齐。

第二节　灾害风险管理应急保障体系

一、灾害风险管理应急保障体系的原则

制定区域防灾减灾规划和应对突发灾害事件的安全保障体系，主要从法制原则、整合原则、以人为本原则和群众自治原则四方面出发，建立区域灾害应急管理保障体制。

1. 法制原则

灾害风险管理的首要任务是用法制来确保公共安全，即加快规章制度建设，健全与完善综合灾害风险管理保障方面的法律法规，严格依法办事，建立一套统一的国家灾害事故预防、预警和应急保障法律体系，并在法律指导下详细制定灾害应急响应体系和特定灾害的应急处理办法。

各种灾害和突发灾害事件对策的实施要通过立法予以确保，从而可以加大灾害对策实施的力度。法律体系的建立使得涉及灾害预防、灾害紧急应对、灾后重建等的各种防灾活动都有法律依据，各种防灾相关事业有制度和财政上的保障，相关的机关团体、个人依照法律明确了自己的责任和义务。

总之，灾害风险管理应急保障体系只有上升到法律的高度，才能形成一套行之有效的体系，灾害的影响才能降到最低。

2. 整合原则

一是建立应急指挥平台。与各相关救援单位实现计算机联网，建立跨部门、多手段的应急指挥系统，实现信息互通、资源共享，确保领导的决策能够迅速下达，实现上情下达、下情上报，保证指挥协调功能的圆满实现。

二是要制定、修订各种应急救援预案。特别是要完善突发灾害事件和防灾救灾应急处置的各种联动措施、处置程序以及各种保障措施，使社会各种救援力量在统一的指挥下，真正形成一整套指挥集中统一、结构完整配套、功能全面详尽、反应灵敏可靠、运转及时高效的应急机制。

三是要加强人防专业队伍建设。加快救援资源整合，依托建工、电信、化工、环保等相关部门和企业组建若干个紧急救援专业抢险队，建立分工明确、责任到位、优势互补的应急救援系统，一旦发生重大特大灾害事故，就能及时受理、科学调度、果断决策、快速反应，把损失减少到最低。

3. 以人为本原则

人是社会的主体，也是社会环境系统的核心。各种不安全因素，包括事故、灾害、环境破坏等危害，其共同对象主要是人身生命健康安全和人类赖以生存和发展的环境条件，包括人居环境、生产系统、生活设施和用品等，以及人类生活的自然环境和社会环境。灾害风险管理中的以人为本应该是把保障人的生存、人的生命安全作为减灾工作的第一要务及最根本的出发点。也就是说，综合灾害风险管理应急保障体系中，首先考虑的应是如何减轻人的伤亡，保障人的生命财产安全，同时还应该尽可能地减轻人的精神创伤和痛苦，重视灾害的社会恢复。

4. 群众自治原则

群众既是灾害的直接受害者，也是灾害管理的主体。群众的主动参与是灾害风险管理应急保障体系的重要组成。因此，应积极开展系统的防灾减灾教育，通过防灾减灾知识讲座、报告会，组织应对突发灾害的演习等多种有效措施进行灾害应急宣传教育，使广大民众广泛掌握防御灾害的常识，提高防灾、减灾和救灾的能力。同时，要特别强调重视进行安全教育和防灾教育，培养树立预防观念，增强安全防范意识，打造区域可持续发展的文化心理基础，最大限度地提高公众防灾自觉行动。

二、灾害风险管理应急保障体系的建设内容

1. 建立健全灾害应急组织领导指挥体系

建立灾害应急处理指挥部以及应急处理领导小组，指挥部主要负责统一协调省、市在处理灾害中的有关事宜，通信、组织、宣传、防卫、财务、卫生等部门为成员。指挥部可根据需要设立若干工作小组，制定各项规章制度，对各类人员及机构组成、各部门分工与职责、各组责任人承担的任务、各项重点工作流程、公文处理、信息报送、财务管理等做出明确规定，并及时解决相关问题，保证各项措施的落实。

2. 建立健全灾害信息网络体系

灾害信息网络体系应从各级机构建起，同时还应根据需要设立若干监测点，对突发灾害事件实行"日"报告制度，一日一报，逐级上报。各级信息中心要实现计算机联网，形成快捷、及时的信息网络。建立信息网络可以保证处理灾害事件的速度和效果，加强信息资源的利用、沟通与共享；加强各单位、各医院间的交流与合作；及时收集灾情、迅速报告灾情，为决策部门提供可靠信息。要将参与突发灾害事件应急处理的所有系统通过局域网络连接，如灾害预警网络、灾害信息监测网络、防治信息网络以及医疗救治信息网络等。

3. 建立健全疾病预防控制体系

建立疾病预防控制中心，便于在应急的情况下同地方疾病预防控制中心相衔接，该中心是包括突发公共卫生及突发灾害事件管理、执法、医疗服务、科学研究和第一现场应对人员等在内的多维综合、联动、协作系统。根据自身特点，建立对突发疾病、新的传染病的应急急救预案，包括门诊、急诊、病房等应对措施、疫情报告、疾病诊断、治疗与患者的转运、消毒、隔离与预防措施等，一旦灾害引发突发疾病事件发生时，能够做到沉着应对。

4. 建立健全灾害应急资源储备体系

灾害应急管理资源储备是物质基础，它既包括防灾、救灾、恢复等环节所需的各种物质

资源，也包括与灾害防救相关的技术、人才等资源。实践证明，灾害应急资源的准备工作越充分，防灾、抗灾、救灾的效果就越好，把握性就越大。搞好灾害应急资源的储备工作，可以提高应急综合水平，尤其对提高灾害救援能力具有十分重要的意义，是提高灾害风险管理水平的基础。

5. 建立健全救灾技术体系

灾害风险管理保障体系所涉及的防灾减灾技术包括灾害监测预警技术、灾害预测预报技术、灾害风险辨识与评估技术、灾害风险处置技术、灾害应急救助技术等。在灾害救援过程中涉及的相关技术还包括计算机辅助调度系统，跟踪紧急呼叫服务，信息实时发布，协调与指挥所有应急职能部门和移动救援终端等。

6. 建立健全应急联动的保障实施体系

要满足能够为群众提供高效的紧急救援服务，为区域安全提供有力保障和支持这一要求，建立以信息网络为基础，集语音、数据、图像于一体，各系统有机互动为特点的应急联动系统势在必行。这主要包括组织保障、人员保障、机制保障、经费保障、预案保障、法制保障、技术装备保障、教育训练保障和沟通机制保障。

三、灾害风险管理应急保障体系的运行机制

1. 灾害风险信息获取机制

灾害应急保障系统是基于灾害信息共享和发布平台，建立各管理部门友好共享协议和联动机制，实现综合灾害风险信息的无缝衔接和获取。综合灾害风险信息获取方式如下：

1）数据协调人员向其他相关管理部门发送信息获取请求。

2）相关管理部门收到信息获取请求后，向数据协调人员返回确认，同时生成系统内的数据接收计划，负责向数据协调人员发送数据。

3）数据协调人员接收数据后，将完成通知返回给相应涉灾管理部门，内容包括接收是否成功，如果失败还将给出失败的原因等。

2. 灾害风险监测预警机制

建立预警系统所需的基础设施。根据不同灾害事件的特点，建设不同的监测网络。对灾害事故，实行分类、分级管理，建立危险源监控预警中心和动态监管及监测预警体系。建立必要的灾害监测点，逐渐形成监测网络，实现灾害监测的信息化、科学化。构建并完善基层通信网络，如电话系统、广播系统、卫星电视、网络以及可视信息系统等，以便灾害发生时，上级领导及受灾群众能够及时了解灾情。

各地区、各职能部门要设立专门的信息收集机构，构建信息收集网络，健全各类灾害常规数据监测、安全评价、风险分析与分级等制度，建立重大危险源、危险区域数据库，划分监测区域，确立监测点，并重点加强对危险源、危险区域的监测，认真监测、收集分析各种突发自然灾害事件信息。同时，严格规范信息上报程序，通过统一的灾害信息系统上传，不得谎报、瞒报、缓报。对多发、易发的灾害，应当在相关地区和部门建立专职或者兼职信息报告员制度。

建立严格的信息分析、信息处理和信息识别程序，既要保证效率高，又要保证结果准确。正常情况下，各灾害管理部门应加强灾害有关信息分析处理，研究灾害内在规律性，为

预警提供依据，为防灾减灾做好准备。灾害发生期间，有关部门应当建立值班制度，随时接收灾害有关最新信息，并立即进行分析，必要时应当组织有关部门进行会商，对发生突发自然灾害事件的可能性进行评估。

预警信息发布时，还应注意防止"预警过度"和"预警不足"的问题。预警过度，一方面会超过社会公众的心理承受能力，造成社会恐慌；另一方面会由于多次重复而产生"预警疲劳"，造成无效预警。预警不足则不能引起受众的重视，同时也会导致防范措施和准备不足。

建立和完善灾害预警的责任机制。量化灾害预警责任，明确规定和设置责任人、责任内容、问责主体、问责程序、问责标准、适用范围与原则等。

3. 灾害风险评估机制

灾害风险评估机制首先要求建立灾害风险识别、分析与评估的标准，完善灾害风险评估指标体系和有效的风险评估模型，制定灾害风险等级划分标准。其次是制定灾害风险评估流程，按照确定灾害风险评估对象、风险评估方法，确定风险等级，形成风险评估报告的程序运行。

4. 灾害救助决策支持运行机制

灾害救助决策支持运行机制是基于已经获得的数据资料，集成监测预警、风险分析与评估、决策支持等业务模型，在任务驱动下，按照业务工作划分要求开展相应的工作。

5. 灾害风险信息共享与发布机制

灾害风险信息共享与发布依靠政府部门已经建立的网络体系，面向管理层、研究层、企业层、媒体层、公众层，建立集成、统一的分布式网络平台。根据不同用户信息需求，制定不同的信息共享和发布内容及方式。

首先，制定信息共享和发布的标准，明确规定相关主管领导、主要负责单位、协作单位应履行的职责。根据灾害事件的性质、规律不同，对信息发布的要求也不同。一般的自然灾害，在政府授权之下，可以由相应的专业主管部门在第一时间发布。一般警示直接向公众发布，特别警示和危险警示应先报政府，经批准后由部门新闻发言人向公众发布。比如，公共卫生事件应报政府批准发布。经济安全信息发布的对象应当仅限于政府决策机构。社会安全信息涉及公众感受，由政府组织专家商讨，其发布的内容、方式应当有所讲究。

其次，建立广泛的信息发布渠道。利用广播、电视、报纸、电话、手机、街区显示屏和互联网等多种形式发布信息，确保广大人民群众在第一时间掌握信息，使他们有机会采取有效防御措施。为此，必须强调加强政府与媒体的良性互动。当灾害发生时，政府有关部门有义务及时、准确地向媒体提供信息。同时，政府有权对媒体进行必要的干预，政府可以随时通过媒体不断发布最新的灾情，通告有关部门发现和进展的新情况，预告未来有关情况。

最后，信息的发布要有连续性。由于灾情处于不断变化当中，发布信息的政府及有关部门应及时发布有关灾情变化的最新信息，让公众随时了解事态的发展变化，以便采取相应的措施。警报解除后，也应在第一时间向社会公开发布信息，使社会尽快恢复正常秩序。

第三节　灾害风险管理应急预案体系

一、应急预案的相关概念

应急预案又称"应急计划"或"应急救援预案"，指针对可能发生的突发公共事件，为迅速、有效、有序地开展应急行动而预先制定的应急管理、指挥、救援方案，一般应建立在综合防灾规划上，是在辨识和评估潜在重大危险、事故类型、发生的可能性及发生过程、事故后果及影响严重程度的基础上，对应急机构职责、人员、技术、装备、设施、物质、援救行动及其指挥与协调等方面预先做出的具体安排和行动指南。一个完整的应急预案应该包括以下重要的子系统：完善的应急组织管理指挥系统，强有力的应急工程救援保障体系，综合协调、应对自如的相互支持系统，充分备灾的保障供应体系，体现综合救援的应急队伍等。

应急预案是标准化的灾害应急反应程序，以使应急救援活动能迅速、有序地按照计划和最有效的步骤来进行，它有下述六方面的含义：

1）灾害预防。通过危险因子辨识、脆弱性分析、灾害后果分析，采用技术和管理手段控制危险源，降低灾害发生的可能性。

2）应急响应。应急响应指发生灾害后，明确各灾害等级响应的原则、主体和程序。重点要明确政府、有关部门指挥协调、紧急处置的程序和内容；明确应急指挥机构的响应程序和内容，以及有关组织应急救援的责任；明确协调指挥和紧急处置的原则和信息发布责任部门。

3）应急保障。应急保障是指为保障应急处置的顺利进行而采取的各种保证措施，一般按功能分为人力、财力、物资、交通运输、医疗卫生、治安维护、人员防护、通信与信息、公共设施、社会沟通、技术支撑以及其他保障。

4）应急处置。应急处置指一旦发生灾害，具有应急处理程序和方法，能快速反应处理故障或将灾害事故消除在萌芽状态的初级阶段，使可能发生的事故控制在局部，防止事故的扩大和蔓延。

5）抢险救援。抢险救援指采用预定的现场抢险和抢救方式，在突发灾害事件中实施迅速、有效的救援，指导群众防护，组织群众撤离，减少人员伤亡，拯救人员的生命和财产。

6）后期处置。后期处置是指突发灾害事件的危害和影响得到基本控制后，为使生产、工作、生活、社会秩序和生态环境恢复正常状态所采取的一系列行动。

二、应急预案的类型

预案的分类有多种方法，如按行政区域，可划分为国家级、省级、市级、区（县）级和企业预案；按时间特征，可划分为常备预案和临时预案；按事故灾害或紧急情况的类型，可划分为自然灾害、事故灾难、突发公共卫生事件和突发社会安全事件等预案等。

1. 按照预案的编制与执行的主体划分

按照预案的编制与执行的主体划分，应急预案可划分为以下三类：

（1）国家预案　国家预案强调对灾害事故应急处置的宏观管理，一般是以场外应急指挥和协调为主的综合性预案，主要针对涉及全国或性质特别严重的特别重大事故灾难的应急处置。

（2）省级预案　省级预案同国家预案大体相似，强调对灾害事故应急处置的宏观管理，一般以场外应急指挥和协调为主，主要针对涉及全省或特别重大、重大事故灾难的应急处置。

（3）市级预案　市级预案既涉及场外应急指挥，也涉及场内应急救援指挥，还包括应急响应程序和标准化操作程序。所有应急救援活动的责任、功能、目标都应清晰、准确，每一个重要程序或者活动必须通过现场实际演练与评审。

2. 按照预案功能与目标划分

（1）综合预案　综合预案是总体全面的预案，处于预案体系的顶层，是在一定的应急方针、政策指导下，从整体上分析行政辖区的危险源、应急资源、应急能力，并明确应急组织体系及相应职责，应急行动的总体思路、责任追究等。综合预案以场外指挥与集中指挥为主，侧重于应急救援活动的组织协调。

（2）专项预案　专项预案主要是针对某种具体、特定类型的紧急事件，比如为防汛、地震、危险化学品泄漏及其他自然灾害的应急响应而制定，是在综合预案的基础上充分考虑了某种特定灾害或事故的特点，对应急的形式、组织机构、应急活动等进行更具体的阐述，有较强的针对性。

（3）现场预案　现场预案是在专项预案基础上，以现场设施和活动为具体目标而制定和实施的应急预案，如针对某一重大工业危险源、特大工程项目的施工现场或拟组织的一项大规模公众集聚活动，预案要具体、细致、严密。现场应急预案有更强的针对性，对现场具体救援活动具有更具体的操作性。

（4）单项应急预案　单项应急预案是针对大型公众聚集活动和高风险的建筑施工活动而制定的临时性应急行动方案。预案内容主要是针对活动中可能出现的紧急情况，预先对相应应急机构的职责、任务和预防措施做出的安排。

3. 按照应急对象的类型划分

突发事件是预案的对象。不同类型的突发事件，其发生机理不同，所以针对不同类型的突发事件要建立不同的应急预案，如自然灾害应急预案、事故灾难应急预案、公共卫生事件应急预案、社会安全事件应急预案。

在自然灾害应急预案这个大的类型中，又可以划分为抗震减灾应急预案、抗洪防涝应急预案、恶劣天气应急预案等。

根据可能的灾害事故后果在影响范围、地点及应急方式等方面的不同，在建立灾害事故应急救援体系时，可将灾害事故应急预案分成 5 种级别（见图 7-1）。

Ⅰ级（企业级）。灾害事故的影响局限在一个单位（如某个工厂、火车站、仓库、农场、煤气或石油输送加压站/终端站等）的界区之内，并且可被现场的操作者遏制和控制在该区域内。这类事故可能需要投入整个单位的力量来控制，但其影响预期不会扩大到社区（公共区）。

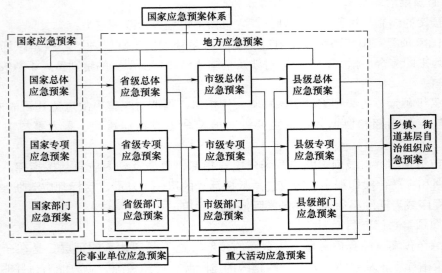

图 7-1　灾害事故应急预案体系

Ⅱ级（县、市/社区级）。所涉及的灾害事故及其影响可扩大到公共区（社区），但可被该县（市、区）或社区的力量，加上所涉及的工厂或工业部门的力量所控制。

Ⅲ级（地区/市级）。事故影响范围大，后果严重，或发生在两个县或县级市管辖区边界上的事故，应急救援需动用地区的力量。

Ⅳ级（省级）。对可能发生的特大火灾、爆炸、毒物泄漏事故，特大危险品运输事故以及属省级特大事故隐患、省级重大危险源应建立省级事故应急反应预案。它可能是一种规模极大的灾难事故，也可能是一种需要动用灾害事故发生的城市或地区所没有的特殊技术和设备进行处理的特殊事故。这类意外灾害事故需动用全省范围内的力量来控制。

Ⅴ级（国家级）。对灾害事故后果超过省、直辖市、自治区边界以及列为国家级灾害事故隐患、重大危险源的设施或场所，应制定国家级应急预案。

一旦发生灾害事故，就应即刻实施应急程序。如需上级援助，应同时报告当地县（市）或社区政府事故应急主管部门，根据预测灾害事故的影响程度和范围，需投入的应急人力、物力和财力逐级启动灾害事故应急预案。我国四级自然灾害应急预案体系见表7-1。

表 7-1　国家、省、地、县自然灾害四级应急预案体系

条件	四级响应	三级响应	二级响应	一级响应
条件之一	某一省（自治区、直辖市）行政区域内，发生水旱灾害，台风、冰雹、雪、沙尘暴等气象灾害，山体崩塌、滑坡、泥石流等地质灾害，风暴潮、海啸等海洋灾害，森林草原火灾和重大生物灾害等自然灾害，一次灾害过程出现下列情况之一的			
	①死亡 20 人以上，小于 50 人 ②紧急转移安置 10 万人以上，小于 30 万人 ③倒塌和严重损坏房屋 1 万间以上，小于 10 万间	①死亡 30 人以上，小于 50 人 ②紧急转移安置 10 万人以上，小于 30 万人 ③倒塌房屋 1 万间以上，小于 10 万间	①死亡 50 人以上，小于 100 人 ②紧急转移安置 30 万人以上，小于 80 万人 ③倒塌房屋 10 万间以上，小于 15 万间	①死亡 100 人以上，小于 200 人 ②紧急转移安置 80 万人以上，小于 100 万人 ③倒塌房屋 15 万间以上，小于 20 万间

（续）

条件	四级响应	三级响应	二级响应	一级响应
条件之二	发生 5 级以上破坏性地震,出现下列情况之一的			
	①死亡 20 人以上,小于 50 人 ②紧急转移安置 10 万人以上,小于 30 万人 ③倒塌和严重损坏 1 万间以上,小于 10 万间	①死亡 50 人以上,小于 100 人 ②紧急转移安置 30 万人以上,小于 80 万人 ③倒塌房屋 10 万间以上,小于 15 万间	①死亡 100 人以上,小于 200 人 ②紧急转移安置 80 万人以上,小于 100 万人 ③倒塌房屋 15 万间以上,小于 20 万间	①死亡 200 人以上 ②紧急转移安置 100 万人以上 ③倒塌和严重损坏 20 万间以上
条件之三	事故灾难、公共卫生事件、社会安全事件等其他突发公共事件造成大量人员伤亡、需要紧急转移安置或生活救助,视情况启动本预案			
条件之四	对敏感地区、敏感时间和救助能力特别薄弱的"老、少、边、穷"地区等特殊情况,上述标准可酌情降低			
条件之五	根据灾情预警,某一地区的突发公共事件可能造成严重人员伤亡和财产损失,大量人员需要紧急转移、安置或生活救助			
条件之六	国务院决定的其他事项			

在任何情况下都要对区域意外事故情况的发展进行连续不断的监测,并将信息传送到社区级事故应急指挥中心。社区级事故应急指挥中心根据灾害事故严重程度,将核实后的信息逐级报送上级应急机构。社区级灾害事故应急指挥中心可以向科研单位、地（市）或全国专家、数据库和实验室就灾害事故所涉及的危险源、灾害事故控制措施等方面征求意见。

社区级灾害事故应急指挥中心应不断向上级机构报告事故控制的进展情况、所做出的决定与采取的行动。后者对此进行审查、批准或提出替代对策。将灾害事故应急处理移交上一级指挥中心的决定,应由社区级指挥中心和上级政府机构共同做出。做出这种决定（升级）的依据是灾害事故的规模、社区能够提供的应急资源及灾害事故发生的地点是否使社区范围外的地方处于灾害风险之中。

政府主管部门应建立适合的报警系统,且有一个标准程序,将事故发生、发展的信息传递给相应级别的应急指挥中心,根据对事故状况的评价,实施相应级别的应急预案。

三、应急预案的编制目的、依据和原则

1. 应急预案的编制目的

针对各种不同的灾害事故制定应急预案,编制灾害事故应急预案的目的具体而言体现在以下方面:

（1）实现灾害事故的预警预防　预警预防是应急预案最为重要和最为积极的内容。通过预案制定的预警预防相关内容,促进人们认识预防灾害事故的意义,学习预防灾害事故的方法,并在生产生活出现一定的风险状态时及时进行预警,采取措施控制不安全因素的发展,从而避免灾害事故发生。

（2）提高应急救援行动的科学性和及时性　由于人们认知能力的有限性和应急救援能力的有限性,灾害事故不可避免会发生。一旦灾害事故发生,就要求采取及时有效的应对措施,救援力量的及时出动显得非常重要。编制科学的灾害事故应急预案,可以在灾害事故发生后,指导应急救援行动按照预案制定的方案有序进行,避免无所适从,或因临时制定救援

措施出现延误时间和方案不科学等问题，实现应急行动的科学、快速、有序和高效，从而将灾害事故损失减至最少。

（3）指导应急人员的日常培训和演练　应急措施能否有效地实施，在很大程度上取决于预案与实际情况的符合与否，以及准备的充分与否。预案的编制与预案的培训演练是互相依赖和互相促进的两个方面。一方面，应急救援行动的培训与演练需要事先制定的预案作为依据，从而提高各类应急人员操作应急设备和实施救援行动的熟练程度，提高应急救援的有效性；另一方面，通过预案的培训和演练，可以发现预案中不完善或不切合实际的地方，为预案的调整、完善提供依据。

2. 应急预案的编制依据

（1）以人为本，安全第一原则　以落实实践科学发展观为准绳，把保障人民群众生命财产安全，最大限度地预防和减少突发灾害事故所造成的损失作为首要任务。

（2）统一领导，分级负责原则　在本单位领导统一组织下，发挥各职能部门作用，逐级落实安全生产责任，建立完善的突发灾害事件应急管理机制。

（3）依靠科学，依法规范原则　科学技术是第一生产力，利用现代科学技术，发挥专业技术人员作用，依照行业安全生产法规，规范应急救援工作。

（4）预防为主，平战结合原则　认真贯彻安全第一、预防为主、综合治理的基本方针，坚持突发灾害事件应急与预防工作相结合，重点做好预防、预测、预警、预报和常态下灾害风险评估、应急准备、应急队伍建设、应急演练等项工作，确保应急预案的科学性、权威性、规范性和可操作性。

3. 应急预案的主要编制原则

（1）科学性　科学性是预案编制的首要要求。预案编制的科学性指预案的编制要确立科学的指导思想和目标、遵循科学的程序，按照科学的方法，充分考虑不同灾害事故的情景及客体、主体之间的相互关系，研究不同灾害事故发生和发展的机理，制定切合实际的应急对策措施和应急方法，以保证预案在实施过程中能真正发挥效果。科学性是相对的，它依赖于人们对灾害事故自身机理、规律的认识程度和人类在应对灾害事故中积累经验的丰富程度。

预案的科学性首先体现为其应该具有很强的针对性。应急预案应针对那些可能造成企业、系统人员死亡或严重伤害、设备和环境受到严重破坏的突发性灾害，如自然灾害、火灾、爆炸、危房倒塌、毒气泄漏等。为保障预案的针对性，一般要求根据实际情况，按灾害事故的性质、类型、影响范围、后果严重程度等分等级地制定相应的预案；同时，一个单位的不同类型的应急预案要形成统一的整体，以实现救援力量的统筹安排。

（2）可操作性　预案是为了付诸实践后能达到预期的目的或效果，所以，任何一个不可操作或操作性较弱的预案，价值都非常小。应急预案应结合实际，措施明确具体，使其必须具有适用性和实用性，否则预案就失去了应有的价值。

（3）动态性　突发性灾害事件往往是复杂多变的，任何详尽的预案都不可能全部概括各种可能的情景。一方面，在突发灾害事件发生过程中，情景是动态变化的，甚至有些情况是不可预测的；另一方面，各种突发灾害事件随时发生，而有些突发灾害事件又可能是预案中没有提及的。因此，预案必须具有动态可调整性，必须对于某些超常灾变留有余地。只有这样，当灾情变化时才能使得各级预案主体既能有案可依，又能随机应变，当机立断。动态性还要求应经常检查修订应急预案，以保证先进科学的防灾、减灾设备和措施被采用。

（4）系统性　完备的预案应该具有系统性。系统性主要体现在两个层次上：突发灾害事件的分类分级要成系统，资源状况的评估要成系统。同时，生成预案的方法、原则、程序等也应形成严密的体系。这些系统之间并不是独立的，而是有机联系、相互制约的。具有系统性的预案不仅对突发灾害事件应对过程具有重要意义，而且也为预案日后的补充和完善奠定了基础、建立了平台。

四、应急预案的基本要素

应急预案应具有 6 个基本要素，即情景、客体、主体、目标、措施、方法。任何缺少一个或多个要素的预案都是不完整的。

（1）情景　情景指预案要应对的灾害事故及其背景。不同的预案，涉及的情景不一样，情景对于整个预案以及其他 5 个要素起着根本的制约作用。其他 5 个要素唯有结合一定的情景才具有真正的意义。

灾害事故是指人（个人或集体）在为实现某种意图而进行的活动过程中，突然发生的、违反人的意志的、迫使活动暂时或永久停止的事件。

背景分为自然性背景和人文背景，人文背景又分为工程性背景和非工程性背景。其中，所谓自然性背景，主要是指气象、水文、地质、地理、生物等自然性因素及其情况。所谓工程性背景，主要是指建筑物、道路、井等各种工程设施因素及其情况。非工程性背景则主要是指政府重视程度、舆论宣传情况、组织动员能力、公众忧患意识、防灾经济能力、灾害事故预警系统、灾害事故研究状况、防御灾害事故方案和安全生产法规政策等。

（2）客体　客体即预案实施的对象，也就是灾害事故发生后直接或间接作用和影响的对象。无论是哪类预案，其客体的内容都十分广泛，灾害事故的客体首先是受灾害事故影响的人；其次是仪器、设备、建筑等劳动工具；最后是人类生产和生活的环境，如水、土壤、大气、生态等。制定科学预案的前提就是要对灾害事故的后果进行估计，识别灾害事故对客体可能产生的危害或影响，在此基础上制定相应的应急救援方案，保障预案客体的安全。

（3）主体　主体即预案实施过程中的决策者、组织者和执行者等组织或个人。在各类主体中，以决策者最为关键。在一定意义上，决策者对预案的正确理解及其正确决策决定了预案实施的成败和效果。

（4）目标　目标即预案实施所要达到的目的或效果。灾害事故应急预案的根本目标在于预防灾害事故的发生，以及尽可能地减轻灾害事故造成的生命财产损失。其中，最基本的下限目标是"生命安全"。对于目标的具体抉择，必须因时因地因情景而定。目标具有较强的关联性：对某个单位有益的目标未必对其他单位或范围有益，有时甚至需要局部做出牺牲以实现全局目标。

（5）措施　措施即预案实施过程中所采取的方式、方法和手段。措施分为工程性措施和非工程性措施：工程性措施是指建立的建筑物、道路标识、安全技术设施等各种防灾工程设施；非工程性措施则指提高政府重视程度、扩大舆论宣传、提高组织动员能力和防灾经济能力、提升公众安全生产意识、建立灾害事故预警系统、完善灾害事故研究状况、制定完善防御灾害事故方案和安全生产法规政策等。应该说，工程性措施是有史以来人类与各种灾害抗争的基本手段。然而，非工程性措施也起着十分重要的作用，在某种意义上甚至是决定性作用。工程性措施是非工程性措施的基础，非工程性措施则是工程性措施的先导和补充。在众多非工程性措施中，开展全民安全生产宣传活动、强化全社会安全意识是一项具有十分重要意义的措施。

（6）方法　方法即应对灾害事故的程序或路径等，如预警预防方法，应急决策的程序、现场处置方法、应急资源管理方法和调配方法、应急人员快速到达现场的方法、各种应急手段的使用方法等。

五、应急预案的编制程序

（1）成立预案编制小组　以市级预案编制为例，预案的编制领导小组一般由市及下属各相关部门的主管领导组成，主要负责选定预案编制工作组成员、预案编制过程的监控、决策、组织和协调。预案编制工作组成员一般由相关领域的技术和管理专家组成。

（2）制订预案编制计划　由预案编制领导小组和编制工作组一起，讨论和制订预案的工作计划，确定预案编制工作的进度，制定预案大纲等。

（3）风险源识别和风险评估　在具体编制预案之前，首先要开展风险源的识别和风险评估。确定风险源的位置、强度、发生的可能性、影响范围，周围的高危人群和对环境及财产造成的潜在损失等。

（4）灾害风险分类分级　不同的灾害事件，需要不同的预案来应对。在编制预案的时候，必须对灾害事件进行分类分级。根据灾害事件的类别和等级，制定不同类型和不同级别的预案，分类管理，分级处置。

（5）应急组织和人员职责的确定　在预案的编制过程中，需要确定应急组织和相关人员的职责。当启动应急预案时，需要相关组织和人员各司其职，分工负责。

（6）具体措施制定　预案中应急措施的制定比较复杂，需要根据不同类型的灾害事件，制定不同类型和级别的预案。应急措施涉及的深度和广度有很大差别。

（7）应急能力评估与建设　对应急预案的执行能力，是应急预案能否发挥作用的重要基础。因此，需要对应急预案的执行主体进行应急能力评估，明确应急主体在执行过程中存在的不足，主要包括人员、资源、组织、通信等方面。

（8）评审与发布　从严格意义上讲，政府的应急预案等同于法律法规，所以应急预案需要经过严格的审查和科学的鉴定后才能予以发布。应急预案评审通过后，应由最高行政负责人签署发布，并报送相关职能部门和应急机构备案。

（9）预案的演练和完善　完善的应急预案需要经过实践的考验。通过预案演练，让应急预案涉及的机构和人员熟悉预案的程序和各自的职责，检验预案的可行性。如果发现预案中存在问题，需要及时调整和完善。

六、应急预案的基本内容

应急预案的基本框架一般包括以下几方面的内容：

（1）总则　总则包括应急预案编制的目的、编制的依据、适用范围、应急预案体系的构成情况等。

（2）组织体系及职责　组织体系及职责主要包括组织体系构成、管理体制、应急救援负责人及其职责、应急专家组成员及其职责、应急救援协助主管人员及其职责、场外协调及公共人员及其职责、灾害事故应急指挥的人员及其任务、救援队伍等。

（3）预警机制　预警机制主要规定风险源的监控管理制度、灾害事故信息上报制度和预警行动等。

（4）应急响应　应急响应主要包括应急响应的程序，应急指挥和协调，灾害事故现场的监测、评估与灾害事故预测制度，应急处置方案、救援力量的动员与参与等。

（5）灾害事件信息的发布　灾害事件信息的发布主要规定灾害事故信息对外发布的工作制度。

（6）善后处置　善后处置主要规定受灾人员的安置补偿、重建和社会秩序的恢复等灾害救助事项，同时要规定应急物资的更新。

（7）灾害事件的调查与总结　灾害事件的调查与总结主要规定对灾害事件进行调查的责任部门以及应急救援工作的总结，并根据总结报告，对预案进一步完善。

（8）应急保障措施　应急保障措施主要包括应急处置的各种资源保障措施，如应急物资装备保障、应急队伍保障、通信与信息保障、交通运输保障、医疗卫生保障、社会动员、经费及其他保障等。

（9）预案的培训与演练　预案的培训与演练规定预案培训与演练的制度。

（10）预案的管理　预案的管理规定预案的管理部门和更新完善制度。

（11）其他　其他规定在应急救援中奖励和追究责任的范围和制度，明确预案实施的时间和有效期等。

第四节　灾害风险管理预警体系

一、灾害预警原则

灾害预警的目标是尽可能提前以最有效、最快速、最便捷的方式，向灾害管理部门和处于风险之中的人群和个体提供灾害预警信息。为实现上述目标，灾害预警中应遵循面向对象原则、信息送达原则和响应原则。

1. 面向对象原则

灾害预警的对象包括风险对象和风险管理对象。任何灾害，其影响的时间、空间以及作用的对象都是有限的，向处于风险之中或可能处于风险之中的对象，即风险对象（个人、单位等），发布预警信息是预警的关键，因为他们是灾害直接的侵害者和承受者；另一方面，向灾害管理部门发布预警信息可以为应对灾害提前安排部署、储备物资、转移安置人口和避免做出盲目的应急决策，这也是灾害预警的关键所在。

2. 信息送达原则

自然灾害具有偶发性、突发性的特点。预警信息主要通过"推"的方式向风险对象传播，并尽可能覆盖全体风险对象。另一方面，对于风险管理部门而言，主动地获取灾害预警信息也是必不可少的。由于风险对象所处状态的多样化，接收信息渠道的多样化，决定了送达技术的多样化特征，可以通过广播、电视、报纸、手机短信、网站等现代化手段以及传统的敲锣、敲钟、人工传递等方式将预警信息送达风险对象。对于风险管理部门而言，可以通过建立部门间的信息共享与传送机制，主动或被动地及时获取灾害预警信息，并据此做出相应的灾害应急部署。

3. 响应原则

预警信息发布后，必须得到风险对象和风险管理对象的积极响应，主动或被动地采取必要的行动，才能达到避免生命财产损失的目的。风险对象不仅要知道有风险，还要能知道如何规避风险。这就要求预警信息中要根据风险对象的实际，同时有针对性地提供防御措施建议，即个性化服务。同时，灾害管理部门应该根据具体的预警信息做出灾害应急的决策，做好救灾物资的储备、风险对象的转移安置和相应的应急救助预案，做好灾害防御工作。

二、灾害预警系统的关键要素

以人为本的自然灾害预警系统的目标，在于增强个人、社区及其物质文化财产对各种自然灾害威胁的承受能力，在有限的时间内采取适当的措施以减少人身受伤、生命损失、财产损失和生态环境破坏的可能性。较为完整而有效的自然灾害预警系统由风险知识（库）、监测与预警服务、信息传播与通信、应对能力 4 个相互关联的部分组成，涵盖了从对孕灾环境稳定性、致灾因子危险性和承灾体脆弱性认识到备灾与救灾的能力。灾害预警系统各个要素间相互联系非常密切，并具有有效的沟通渠道。

1. 风险知识

风险知识是灾害预警系统的基础。灾害风险是孕灾环境稳定性、致灾因子危险性和承灾体脆弱性共同作用的结果。灾害风险评估要求系统收集和分析数据，并应考虑城市化、土地利用变化、环境退化和气候变化等进程产生的灾害和承灾体脆弱性具有的动态特性。风险评估和灾害风险分布图有益于确定区域的灾害风险等级，从而帮助确定灾害监测与预警有迫切需求的重点区域，对灾害高风险区进行持续、动态监测和评估，提高防灾和救灾准备工作的有效性和针对性。

系统、规范地收集、评估和共享关于孕灾环境稳定性、致灾因子危险性和承灾体脆弱性等风险知识是灾害预警的前提。为系统地收集并使用风险知识，必须促使国家与地方灾害管理部门，气象与水文机构、国土资源部门、土地利用与城市规划部门、科研机构、国际机构、参与灾害管理的组织和社区代表紧密协调。风险知识收集、整理、评估、共享的主要工作内容包括确定灾害预警的部门、机构的组织安排、查明自然灾害现状、分析社区脆弱性、进行灾害风险评估和信息的管理。

（1）确定组织安排　首先需要明确参与灾害与风险评估、管理的国家主要政府机构和部门（如负责灾情数据、气象数据、水文数据、国土资源数据、人口数据、土地利用规划、社会经济数据等机构），并确定其各自的主要任务和角色。在灾害风险评估的过程中，由中央政府和灾害主管部门进行协调，由各涉灾部门提供协助，进行脆弱性分析和风险评估。社区应积极开展灾害应对知识的宣传、教育和演练，并且通过相关的立法和政策予以保障。地方政府和社会团体通过宣传教育，让社区积极参与当地灾害风险分析与灾害预警信息发布后的应对策略。灾害管理与评估专家为灾害风险评估及预警信息的传递与使用提供专业技术支撑。

（2）查明自然灾害现状　为实现灾害风险的有效评估，灾害管理部门和专业机构需要分析自然灾害的特点（如强度、频率和可能性），并根据历史灾情数据予以评估；另外，通过制作灾害风险分布图表示可能受自然灾害影响的地理区域和社区。同时，需要分析研究灾害的链式反应，即灾害链，评估多种自然灾害之间的相互作用关系及对经济、社会、文化等方面的影响。

（3）分析社区脆弱性　在分析社区脆弱性的时候，需要对社区可能面临的自然灾害分门别类，并且进行不同灾害条件下社区的脆弱性评估。在脆弱性评估中对历史灾情数据、可能发生的灾害风险予以重点考虑。同时，社区的脆弱性分析必须考虑性别、年龄、是否残疾等社会结构组成因素以及不同个体对基础设施、避难场所的利用机会与认知程度、经济多样性和环境敏感性等因素。最后，应该对记录社区脆弱性的文件予以统一整理和编制，并且绘制社区的脆弱性分布图。

（4）评估风险　评估风险是为了评估灾害致灾因子和承灾体脆弱性之间的相互作用，以确定各区域或社区所面临的风险。在进行灾害风险评估的过程中，需要在社区范围内和民政、气象、水利、环境、国土等部门之间进行协调，以确保风险信息的全面性和正确性。同时，需要考虑人类活动对灾害风险的影响，并将灾害风险评估纳入地方风险管理规划。

（5）灾害信息管理　灾害预警所使用的数据及产品的有效存储是为了确保政府、灾害管理部门、公众（在适当的情况下）可及时获得灾害和承灾体脆弱性信息。信息的存储需要建立灾害信息数据库、历史灾情数据库、地理信息数据库、遥感影像数据库等，用于存储所有灾害和自然灾害风险信息。同时，需要制定数据与数据库维护计划，不断地更新数据，保持数据的时效性。

2. 监测与预警服务

预警服务是预警系统的核心。灾害预警必须有一个良好的预测灾害的科学基础，以及一个可靠的 24 小时运行的预测和警报系统。持续监测灾害特征信息和灾害前兆对于及时、准确地发布灾害警报信息至关重要。可能的话，应协调不同部门开展灾害的预警服务，以便能够让受灾个体和社区及时、准确地获取并解读灾害预警信息，采取相应的应急避难措施。

监测与预警服务的主要任务包括建立体制机制、建立监测系统、建立预报和报警系统等。

（1）建立体制机制　体制与机制的建立能够为监测与预警服务的正常运行提供政策保障。首先，需要规范程序，依法确立并规定产生和发布警报的各机构的职责，确立协定和部门、机构间协议，以在不同机构间处理各种灾害时保证报警用语的一致性和联络渠道的稳定性。其次，制定灾害预警的管理计划，明确负责报警的组织、联络协议和联络渠道，提高不同报警系统的效益和效率。为保证系统正常运行，需要对灾害预警系统定时进行全系统测试和运行维护。同时，需要建立 24 小时值班制度并派专人值班。

（2）建立监测系统　建立监测系统的目的是记录各种灾害信息和相关灾害的测量参数，为灾害风险评估提供获取数据与信息的手段。监测系统要以现有运行中的监测系统为基础，发展灾害综合监测网络，并根据地方和社区的实际情况，提供适合地方实际情况的技术装备，并就此类装备的使用和维护对有关人员进行培训。同时，必须建立有效的信息传输机制和网络，实时或近实时地以有效形式接收、处理和提供数据；需要制定获取、审查和发布相关灾害脆弱性数据规范，并将数据库定期更新，为风险评估和结果的验证提供数据支持。

（3）建立预报和报警系统　灾害预报和报警系统需要根据现有成熟的科学技术方法进行数据分析、预测，并按照国家标准和协议发布信息和报警产品。报警系统的建立包括技术装备的配备、人员的培训、报警效益的检验等。必须在不同的层面（中央、地方、社区）建立装备有数据处理和运行预测模型所需设备的报警中心，并对报警分析人员进行培训，以便报警人员能高效、及时、以适合用户需要的方式产生并发布警报。同时，执行灾害预警产品的定期监测和评估操作程序。数据质量和报警绩效的分析计划，则有利于进一步提高预报预警水平。

3. 信息传播与通信

信息传播与通信链路的安全与畅通，是灾害预警信息及时、准确到达可能受灾个体、社区的重要保障，是灾害预警信息传输的枢纽。灾害预警信息的传播与通信必须是对那些面临危险或可能面临危险的人发出警报，简单而有用的预警信息和应对措施对于做出适当应对行为至关重要，因为合理的应对措施有助于保护生命、维持生计、减少财产损失以及对生态环境的破坏。广播、电视、报纸、手机短信等多种通信手段的使用，对确保最可能面临危险的人和尽可能多的人获得预警信息来说至关重要，必须防止任何一个渠道发生故障而导致预警信息发布的失败。

信息传播与发布的主要任务包括组织和决策过程制度化、配备高效通信系统和设备、确认和理解报警信息。

（1）组织和决策过程制度化　预警信息的发布与传播必须遵循严格的发布制度，通过政府政策或立法加强警报发布链，由公认的经授权发布警报信息的主管机构发布预警信息。在立法或政府政策中应该说明预警发布过程中每个行为者的职责、角色和义务。除了在政府层面对灾害预警和决策过程进行制度化、规范化外，还需要与公益组织、社会团体及志愿者建立有机的联系，以完善预警信息的发布链，这对于将预警信息发布覆盖到偏远地区是至关重要的。

（2）配备高效通信系统和设备　通信系统是预警信息传输的桥梁和纽带，是连接灾害预警部门和社区间的必经之路。因此，需要根据各个社区的实际需要建立专门的传播和发布系统，例如，利用广播电视对有条件的人群进行传播和发布。对偏远社区及农村贫困地区，需要考虑利用警笛、敲锣、敲钟、警示旗、预警塔或信使进行传播和发布。报警的手段必须多样化，一方面可以面向所有人口，包括季节性迁徙人口和偏远地区人口；另一方面也可以避免单一传播手段的单点故障问题。

（3）确认和理解报警信息　预警信息最终要传递到可能受到灾害威胁的社区和个体，必须确保这些群体可以理解报警信息，并据此采取适当的应对措施。因此，在考虑文化、社会、性别、语言和教育等背景前提下，根据高风险区或处于危境中的人们发布专用警报和信息，并且根据具体地理位置发布警报和信息，确保仅针对面临危险的人发布警报。发布信息时应了解需要采取行动的人的价值观、关心的问题和利益（如确保牲畜和宠物安全的指示）；同时，报警具有明确识别性，并且在一段时间内具有前后一致性，包括在需要时采取的后续行动。

4. 应对能力

灾害预警信息传播到个人和社区后，他们应该了解所面临的危险，应该尊重权威部门发布的预警信息，并根据预警服务提供的应对措施和自己的经验知识快速做出反应。灾害管理部门应该在平时注意社区的防灾教育和宣传，并准备预案，这些都可以提高个人和社区的灾害应对能力。同时，灾害管理部门必须根据灾害的预警信息及时做出应对灾害的管理计划，并配合地方的减灾措施付诸实施，最大限度地减少人民生命和财产损失。社区及其个体应该非常了解该地区可能发生的自然灾害，能够做到合理选择针对不同灾害的逃生路线和安全行为，以及如何最大限度地避免财产的损失。

提高应对能力的目的是通过加强自然灾害风险教育、社会参与和备灾加强社区应对自然灾害的能力，主要包括扩大报警信息内涵、制定备灾和救灾计划、评估和加强社区反应能力、加深公众认识和教育。

（1）扩大报警信息内涵　预警信息的发布不仅要包含灾害本身的信息，同时需要分析公众对自然灾害风险和报警服务的感受，以预测社区做出的反应，从而伴随预警信息的发布提出相应的应对措施。政府需要制定增强对报警的信任和信赖的策略，尽量减少错误警报并传播改进措施，以使社区和个体保持对报警系统的信任。

（2）制定备灾和救灾计划　备灾和救灾计划包括法律法规及减灾规划的相关计划，不仅要在国家层面上制定针对全国减灾救灾现状的计划，同时还要制定针对脆弱社区需要的备灾和救灾计划。备灾和救灾计划需要编制灾害脆弱性分布图，制定最新紧急状况预防和应对计划，向社区公布并付诸实施。同时，需要分析历史灾害事件及应对情况，将得到的经验和教训纳入灾害管理计划，并对经常发生的灾害事件保持戒备，进行定期检验和演习，检验预警发布程序和应对行动的有效性。

（3）评估和加强社区反应能力　地方政府和灾害管理与救助机构需要在社区对历史灾害的反应情况进行分析，并将取得的教训纳入减灾能力建设，评估社区对预警做出有效反应的能力。同时，要让社区主动参与社区减灾能力调查和风险评估工作，从而加强社区反应能力。

（4）加深公众认识和教育　加强公众对灾害的认识和教育对于灾害预警信息发布后是否能有效采取应对措施至关重要。因此，需要定时向脆弱社区和决策者发布关于灾害、脆弱性、风险及如何减少灾害影响的简单信息，教育社区公众了解警报发布方式、预警信息的来源、预警符号的含义及针对不同的情形应该如何应对。要形成"从娃娃抓起，终身教育"的机制，在从小学到大学的教学大纲中，纳入持续的公众认识和教育课目，利用大众媒体、群众或其他媒体来提高公众认识。公众教育和宣传要有针对性，需要根据不同群体（如儿童、紧急事件管理者、媒体）的特定需要，开展有针对性的公众认识和教育活动。最后，需要对教育和宣传的效益进行评估，以利于宣传、教育手段的改进和提高。

三、灾害预警系统的设计原则

灾害预警系统的设计与维护应该遵从体制机制保障、多因素兼顾、社区参与、社会结构差异化和信息要素全面五方面的原则。

1. 体制机制保障原则

面向灾害预警，建立完善的灾害管理体制、行政机制和运行机制，有助于保障良好灾害预警系统的设计、开发、维护与运行，这是建立、加强和维护灾害预警系统的基础。

强有力的法律、行政机制和监管框架，能够促进灾害预警系统的建立和发展，长期有效的政策导向体制和充足的资金保障能够为灾害预警系统的建立与维护提供支撑。在国家、区域、省级及其下属的行政单元物质资源、资金、教育资源等充分保障的条件下，有效的灾害管理体制和行政机制能够调动区域、地方的决策人员和社区与个体的积极性。灾害管理部门、预警信息发布单位、面临危险的社区及个体之间横纵互通的沟通协调机制是保障灾害预警系统成功运行的关键。

2. 多因素兼顾原则

每次灾害过程都不是以单一灾种孤立存在，即呈链式反应，同一灾害也是多种因素共同作用的结果。预警系统应该将所有与灾害风险有关的因素联系起来。如果灾害预警系统和灾害预警业务是在考虑了所有可能导致灾害发生、发展的孕灾环境、致灾因子和承灾体因素、终端用户需要的框架内建立和维护的，则经济性、可持续性和效率就可以得到加强和提高。

兼顾多种灾害因素的预警系统与单一因素的预警系统相比，被使用的频度通常更高。对于中国南方地区发生频次高、覆盖范围广、影响大、成因复杂的洪涝灾害事件，具有更好的适用性和可靠性。同时，兼顾多种灾害因素的预警系统有助于灾害管理部门更好地组织安排应对计划，有助于公众更好地认识他们所面临的风险等级，从而加强所需物资的准备、有效规划撤离路线、选择安全的转移安置地，确保收到预警信息后的快速响应。

3. 社区参与原则

灾害预警系统的核心是以人为本。首先，预警系统必须有那些最有可能受到灾害影响的社区和个体的直接参与；其次，没有面临危险的地方和社区的参与、政府和机构干预以及对灾害事件做出的响应，对于减少灾害损失也起着至关重要的作用。

当地社区得到灾害预警信息后，如果能够针对预警信息采取"自下而上"的办法，积极参与到应对灾害的工作中，则有利于根据实际情况对面临的各种问题和需要做出多方面响应。当地社区、民间团体和传统组织积极参与到灾害应对的工作中，一方面能够为减少自身的脆弱性做出贡献，另一方面能够增强当地的抗灾能力。

4. 社会结构差异化原则

由于组成社会的群体存在着年龄、性别、文化程度、经济收入、职业、民族、生活习惯等方面的差异，因此在建立灾害预警系统时必须考虑由这些差异而导致的社会群体备灾、防灾和救灾的能力差异。不同的群体获取信息的渠道和应对灾害的能力不同，例如：妇女和男子在社会中通常发挥不同的作用，在灾害来临时获取信息的渠道也不同，应对灾害的能力也不同；不同地区、不同民族的群体使用的语言和可以读懂语言的种类不同，因此针对部分的少数民族地区，预警信息应该使用他们所熟知的语言和表达方式。此外，儿童、老年人、残疾人和社会、经济上处于不利境地的人士，其脆弱性通常更强。

因此，在每一个脆弱的社区中，应该根据他们的社会群体机构，组成按需提供信息、体制保障和预警通信系统，以满足各个群体的需要。

5. 信息要素全面原则

灾害预警信息全面性是灾害预警响应效果的基础，一般预警信息的要素应该包括发布单位、发布时间、服务对象、时效、强度、地区和范围、可能造成的影响、应采取的预防措施等，同时要便于信息的后续查询服务。

四、灾害预警体系的组成

随着社会经济发展和全球环境变化，灾害事件层出不穷，如何应对灾害事件成为当今世界各国关注的焦点。构建一个完善的灾害预警体系已经成为灾害风险管理中一项重要工作。一般情况下，灾害预警体系由以下部分组成。

（1）完善的法律体系　健全的法制为灾害预警管理提供法律保证和制度支持，是灾害预警体系高效运行的保障，并约束政府工作人员的权力，避免以权谋私危害国家和人民的利益。

（2）中枢指挥决策系统　中枢指挥决策系统是灾害预警的核心。它主要负责监测预警中的组织、指挥协调、控制、决策的工作，指挥灾害预警、应急、管理和灾后处理的各个环节，为预警工作的进行提供战略指导。

（3）监测预警综合协调机构　灾害预警工作涉及许多部门，投入大量人力，这就需要一个具有权威性的协调机构从纵向和横向来协调不同级别、不同地域的政府部门，协调政府部门和社团，促使其更好地合作，以保证灾害预警体系高效、有序地运转，避免因协调不力而带来负面影响。

（4）灾害监测网络系统　灾害风险监测系统在继续完善各单项监测系统的基础上，有机组合和共享监测资源，逐步向全国性的综合灾害监测网络方向发展，即形成一个由地方到中央、由单灾种到多灾种的灾害风险监测系统，并建立全国性统一的灾害信息数据库。然后以遥感、遥测数值记录、自动传输为基础，建立"天-空-地-现场"一体化的灾害风险综合与立体监测系统。

（5）信息传输、处理与管理系统　信息传输、处理与管理系统主要用于搜集和传递现场灾情数据，它们是整个支撑体系的数据源保障。信息的准确性和及时性对于灾害预警来说至关重要。监测部门通过利用灾害监测网络获取现场灾害信息，同时对监测信息进行收集分析，而后将结果上报预测机构，为灾害预警提供可靠的情报资源，是灾害预警体系有效运转的第一线。同时，还要建立完善的灾害数据交换与共享体系。

（6）完备的应对计划　根据预警结果，针对不同灾害类型、不同预警等级，建立完备的应对计划。主要包括政策原则、计划设计的前提、行动纲要、应对和恢复行动、相关机构部门职责、各部门间的协调机制和相互之间的关系界定等。这样在灾害事件出现时，政府和人民能够迅速地做出反应，降低危机带来的伤害程度。

灾害预警系统是日常灾害管理中的前提。但是从目前看来，灾害预警水平差距还比较大，远不能满足防灾减灾要求。今后灾害预警的发展趋势是：全面提高监测预警能力，丰富监测预警内容。随着空间信息技术、数字通信技术等的加快发展，3S技术集成应用的推广以及灾害预警体系的进一步完善，遥感等空间技术在灾害预警中将发挥更大的作用，对进一步提升自然灾害监测调查的整体水平，有效防治各种自然灾害，降低灾害损失，具有十分重大的现实意义。

思 考 题

1. 什么是灾害风险管理？为什么说灾害风险管理体制很重要？
2. 简述灾害风险管理体制构成要素。
3. 简述灾害风险管理体系建设内容。
4. 灾害风险管理体系运行模式包括哪几个方面？
5. 简述灾害风险管理保障体制的原则。
6. 简述灾害风险管理应急保障体系的建设内容。
7. 灾害风险管理应急保障体系的运行机制有哪些？
8. 灾害综合风险应急保障体系运行的信息获取机制方式有哪些？
9. 什么是应急预案？其子系统包括哪些？
10. 简述应急预案的类型。
11. 简述应急预案的编制目的、依据和原则。
12. 应急预案的基本要素有哪些？
13. 简述应急预案的编制程序。
14. 简述应急预案的基本内容。
15. 简述灾害预警的原则。
16. 简述灾害预警系统的组成部分。

第八章

灾害发生过程中的应急风险管理

 ／本章重点内容／

灾中应急风险管理流程；灾情信息监测与获取；灾中避难迁安；灾中应急救援。

本章培养目标

了解灾中应急风险管理的概念、特点、目标和内容；掌握灾中应急风险管理的流程；掌握灾情信息监测与获取；掌握灾中避难迁安；熟悉灾中应急救援。通过本章的学习，培养学生在应急管理中"科学技术是第一生产力"的价值观和"人民生命第一、生命至上"的世界观。

第一节　灾中应急风险管理概述

一、灾中应急风险管理的理解

1. 灾中应急风险管理的概念

（1）应急管理　应急管理是针对特重大事故灾害危险问题提出的，是指在应对突发事件过程中，为了降低突发事件的危害，达到优化决策的目的，基于对突发事件的原因、过程及后果进行分析，有效集成社会各方面的相关资源，对突发事件进行有效预警、控制和处理的过程。

应急管理具体是指政府及其他公共机构在突发事件的事前预防、事发应对、事中处置和善后管理过程中，通过建立必要的应对机制，采取一系列必要措施，保障公众生命财产安全，促进社会和谐健康发展的有关活动。危险包括人的危险、物的危险和责任危险三大类：人的危险可分为生命危险和健康危险；物的危险指威胁财产的地震、火灾、雷电、台风、洪水等灾害；责任危险是产生于法律上的损害赔偿责任，一般又称为第三者责任险。其中，危险是由意外事故、意外事故发生的可能性及蕴藏意外事故发生可能性的危险状态构成的。

应急管理包括预防/减灾、应急准备、应急响应和恢复重建四个阶段（见图8-1）。尽管在实际情况中，这些阶段往往是重叠的，但它们中的每一部分都有自己单独的目标，并且成为下个阶段内容的一部分。

（2）灾中应急风险管理　灾中应急风险管理是指灾害发生过程中，以政府为核心，快速启动相关应急预案，利用现代化灾情信息获取技术，及时调动所需人员、救援物资、救援设备等，根据灾情的发生、发展状况，利用科学、先进的技术手段，采取一切必要的紧急救援行动，快速地组织居民进行避难，减少灾害可能造成的损失，尤其是防止人员伤亡，同时对已经造成的损失进行及时有效的处置。

灾中应急风险管理是整个灾害应急管理的核心部分，直接关系到居民、财产安全。灾中应急风险管理主要是以风险理论为基础，从灾情数据获得入手，通过对获取的灾

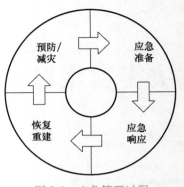

图 8-1　应急管理过程

情信息进行辨识与分析，充分了解灾害发生的地点、影响范围及影响程度；应快速组织居民进行避难，并预防衍生灾害发生；同时，由政府及相关部门快速调集救援力量、救援物资等开展救援。灾中应急风险管理流程如图 8-2 所示。

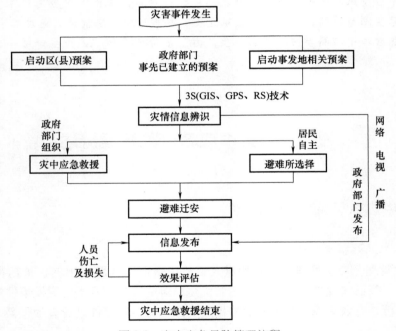

图 8-2　灾中应急风险管理流程

2. 灾中应急风险管理的特点

（1）紧迫性

1）时效性。任何管理活动都有时效性，但应急管理的时效性更为明显和突出。在应急管理中，超过时限的活动没有任何意义，如在人员牺牲后再实施救援毫无意义。正因为有时效性，所以要求应急管理必须在最短的时间内完成，体现出时间上的紧急。

2）严重性。严重性是指灾害发生过程中如果应急救援不及时，后果将会很严重，会带来人员和财产的严重损失。

两个特点共同决定了灾中应急管理的紧迫性，缺少任何一个都不成为紧迫。如果只有时效性，而后果不严重，则不具有紧迫性。同样，如果只有严重性而没有时效性，有足够的时间去完成应对，则也不具有紧迫性特点。紧迫性程度由时效性和严重性共同决定，就像风险由可能性和损失共同决定一样。不同的是，紧迫性和时效性成反比关系，一般使用除法描述，即紧迫性＝严重性/有效时间。

（2）复杂性　灾中应急风险管理的复杂性是由灾害的复杂性决定的，主要体现在：

1）不确定性。灾中应急风险管理的不确定性来源有两种：一种是现实不确定性，另一种是未来不确定性。所谓现实不确定性，是指人们对灾中情况认知不准确，特别是在灾害刚开始阶段对灾害的发展和影响认识很少，使得灾中应急风险管理所需的信息不全，获得的信息不准，这给灾中应急风险管理带来了很大的影响。所谓未来不确定性，是指事件的多变性。事件本身、环境和承灾体都会不断发生变化，而且这种变化往往是不可预知的，很难预先采取应对措施，只能在变化发生后及时采取应对方案。

不确定性要求应急管理具有预见性，在决策时要考虑情况的变化和信息的不精确，决策要具有稳定性，同时，灾中应急风险管理要有灵活性，要根据情况的变化及时调整灾中应急管理工作，以适应变化的情况。

2）多样性。不仅事件具有多样性，而且环境和承灾体都具有多样性，突发事件的类型很多，不同类型突发事件的应急管理差异很大。同样类型的事件，因其发生的环境不一样，应对方案也不同。例如，发生在唐山和汶川的地震灾害事件，其应对方案就不同，汶川是山区，震后道路不通、滑坡、泥石流以及堰塞湖都给应急管理带来了新的难题。即使同样环境下发生的同一事件，不同承灾体受影响的情况也千差万别，因而对承灾体的救援和处理也就不同。

多样性要求应急管理既要遵循应急管理的一般规律，同时也要考虑情况的特殊性，针对不同的事件、环境和承灾体，应采取不同的应对措施。

（3）临时性　临时性是灾中应急风险管理区别于平时管理的又一重要特点，同时也是应急管理具有的特点。灾中应急风险管理的临时性体现在：

1）组织机构的临时性。应急管理的组织机构除了消防、武警和医院等特殊部门外一般不是常设机构，都是根据应急管理的需要临时组建的。即使是常设的应急管理组织，在重大的突发事件中也会被破坏，失去功能，需要重新构架。

2）人员职责的临时性。应急组织的人员配置和任务分工也是临时的，除极少数专业应急人员外，大都是缺乏应急管理知识和经验的非专业人士，这给应急管理带来了困难。

3）协调合作的临时性。一方面，组织内部工作需要合作；另一方面，由于应急管理涉及多部门，需要各部门协调沟通。但应急组织和人员是临时构建的，人们缺乏合作的经验，而且这种合作也是临时的。上述临时性给灾中应急风险管理带来的影响是多方面的，增加了灾中应急风险管理的难度。

（4）危险性　在灾中应急风险管理中危险会经常存在，一方面是灾害本身带来的，在灾害控制过程中，应急组织和人员就会成为灾害的承灾体，受到灾害的影响；另一方面，突发灾害会引发一些衍生事件，如地震后的滑坡和泥石流都会给灾中应急风险管理带来影响。

（5）公益性　灾中应急风险管理表现出更多的公益性。一方面，突发事件的影响超出了个体的范围，往往是社会性问题，灾中应急风险管理的受益群体是公众，而不仅局限在团体内部；另一方面，灾中应急风险管理的目标是追求公共利益最大，而不是经济利益。在灾中应急风险管理中由于情况危急，更能激发人们的互助和牺牲精神，表现出更多的公益性。

3. 灾中应急风险管理的原则

（1）以人文本，减轻危害　"以人为本，减轻危害"原则要求必须始终把人的生命放在首位。灾害发生中人员伤亡和生产生活设施、基础建设、服务等各方面财产的破坏、损失，扰乱了正常的生活秩序，打破了正常的组织界限，严重妨碍了社会系统的正常运转，安全和救助成为人们的第一需要。但是，管理目标往往不止一个。在灾害发生时及救援阶段，要确立救援工作优先次序时，必须牢固树立"生命第一"的原则，始终把灾害对人的影响放在优先次序，并及时采取救援措施。

（2）积极避险，科学逃生　灾害发生后，必须迅速做出反应，及时准确定性，及时准确判断事件的性质，以便统一认识、统一思想、统一目标。及时做出一系列正确的应对决策，其过程中必须以鼓励居民积极避险、科学逃生为前提条件。

（3）协调一致　灾害的复杂性、综合性和艰巨性，要求应急与救援阶段各有关部门必须协调一致。任何一场灾害都会涉及社会各领域、各行业、各层面，如交通、通信、消防、搜救、食品、物资支持、医疗服务，有时还需调用武警救灾等。只有在领导者的统一指挥下，各相关部门协同配合，才能高屋建瓴、准确全面地把握灾害的性质和症结，及时形成和贯彻决策，迅速控制事件的发展。

（4）必须重视信息传播　在灾害及突发事件出现后，为了求得公众准确了解、深入理解和全面谅解，必须向广大公众传播准确信息，从而通过信息控制舆论导向。

（5）必须做到科学处置　面对人为灾害与自然灾害造成的危机事件，必须科学处置。前者包括危险物品、辐射事故、水坝决堤、资源短缺和大面积建筑物着火等；后者包括干旱、森林大火、山崩、泥石流、雪崩、暴风雪、飓风、龙卷风、洪水和火山爆发等。对于各种灾害或突发事件，一定要依靠科学技术，广泛征求业内专家意见，避免出现盲目决策。

（6）迅速高效　由于灾害演化瞬息万变、不确定性强，要求根据实际需要，打破常规，大胆创新，务求应急过程中的迅速和高效。在灾害发生时，简化程序，以迅速控制事态发展，最大限度地减少灾害所造成的损失，挽救更多人的生命和财产损失。

二、灾中应急风险管理的相关内容与目标

1. 灾中应急风险管理的相关内容

灾中应急风险管理主要针对各种灾害进行研究、控制和管理，以提高灾中风险管理的综合管理能力以及实现灾中风险管理的规范化、信息获取的智能化和可视化为目标，借助现代化技术手段，如灾害模拟技术、预警预报技术、虚拟技术、决策支持系统与应急管理技术等先进的技术手段，结合多学科交叉与综合的理论和方法及国外先进研究成果，通过开展应急演练、培训等，构建一套规范化程度高、可行性强的灾中应急风险管理模式。当灾害发生后，能够及时启动预案，通过灾中应急风险管理，能够快速、准确地获取灾情信息，并进行分析和辨识；组织居民逃离灾区，前往就近的灾害避难所；同时，由政府部门及时采取救援措施，调运救援物资，选择最优方案进行救援。相关内容有：

（1）灾情信息获取与监测　灾情信息获取主要研究灾情信息获取方法，以及灾害发生、

发展的规模，并要求实时获取灾情。同时，以遥感技术为核心，建立灾害快速监测、预警预报；在完善灾害预警预报方法的基础上，建立定量化和自动化程度高、综合性和系统性强的灾害预警预报方法技术服务体系，提高灾害监测预警的水平和服务能力。同时完善灾情信息发布机制，把获得的灾情信息经过辨识和分析后，快速、准确地发布给民众，从而减少因灾害所造成的损失。

（2）灾民避难迁安研究　灾民避难研究是灾中应急风险管理的重要步骤，由于灾害是不可避免的，一旦发生，就需要组织居民进行避难。

（3）应急救援研究　当灾害发生时，有效的应急救援行动是唯一可以抵御事故或灾害蔓延并减轻危害后果的有力措施。目前，针对灾害应急救援的主要研究内容有应急救援组织机构、应急救援预案、应急培训和演习、营救救援行动、现场清除与净化、事故后的恢复和善后处理。而灾中应急救援目前主要研究内容包括救援物资库选择、救援最优路径选择、救援力量组织和应急救援实施等。

2. 灾中应急风险管理的目标

（1）加强预防　增强忧患意识，高度重视公共安全工作，居安思危，常抓不懈，防患于未然。坚持预防与应急相结合，常态与非常态相结合，做好应对灾害的思想准备、预案准备、组织准备以及物资准备等。

（2）快速反应　灾中应急风险管理的各环节都要坚持效率原则，建立健全快速反应机制，及时获取充分而准确的信息，果断决策，迅速处置，最大限度地减少危害和影响。

（3）以人为本　把保障公众健康和生命安全作为首要任务。对凡是可能造成人员伤亡的灾害，在其发生前要及时采取人员避险措施；突发公共事件发生后，要优先开展抢救人员的紧急行动；要加强抢险救援人员的安全防护，最大限度地避免和减少突发公共事件造成的人员伤亡和危害。

（4）责权一致　指挥灾中应急救援的各级行政领导责任制是指依法保障责任单位、责任人员按照有关法律法规和规章以及预案的规定行使权力；在必须立即采取应急救援措施的紧急情况下，有关责任单位、责任人员应视灾情临机决断，控制事态发展。对不作为、延误时机、组织不力等失职、渎职行为依法追究责任。

第二节　灾中应急风险管理流程

灾中应急风险管理流程主要包括响应启动、灾情信息获取与辨识、避难迁安与应急救援、灾情信息发布、效果评估与反馈、应急结束。各个环节的任务与目的和具体工作方法互为联系又相互独立，有些环节甚至有交叉点或有重叠的部分，但每一部分都有自己单独的目标，并且成为下个阶段内容的一部分。

一、响应启动

1. 响应启动条件

灾中应急风险管理的响应启动首先应了解其启动的相关条件，具体响应启动的条件如下：

1）某区域内，发生水旱灾害，台风、冰雹、雪、沙尘暴，山体崩塌、滑坡、泥石流、风暴潮、海啸、森林草原火灾和生物灾害等一般自然灾害。

2）事故灾难、公共卫生事件、社会安全事件等其他突发公共事件造成大量人员伤亡、需要紧急转移安置或生活救助，视情况启动预案。

3）对救助能力特别薄弱的"老、少、边、穷"地区等特殊情况，启动标准可酌情降低。

4）依据国家决定的其他事项，适时启动。

2. 具体启动程序

以自然灾害救助启动程序为例，灾害发生后，国家减灾委办公室经分析评估，认定灾情达到启动标准，开启对应灾情响应等级的自然灾害救助工作。

Ⅰ级响应，由国家减灾委主任统一组织、领导、协调国家层面自然灾害救助工作，指导支持受灾省（区、市）自然灾害救助工作；Ⅱ级响应由国家减灾委副主任（民政部部长）组织协调国家层面自然灾害救助工作，指导支持受灾省（区、市）自然灾害救助工作；Ⅲ级响应由国家减灾委秘书长组织协调国家层面自然灾害救助工作，指导支持受灾省（区、市）自然灾害救助工作；Ⅳ级响应由国家减灾委办公室组织协调国家层面自然灾害救助工作，指导支持受灾省（区、市）自然灾害救助工作。

应急响应基本程序如图 8-3 所示。

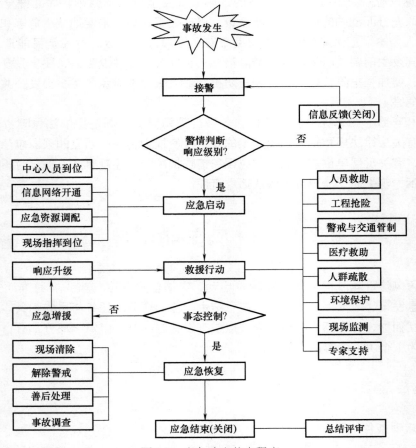

图 8-3　应急响应基本程序

二、灾情信息获取与辨识

1. 灾情信息获取

灾害一般具有突发性强、致灾因子复杂等特点。因此，传统的灾情信息获取方法已经不能满足政府部门的需要。随着 GIS（地理信息系统）、RS（遥感）、BDS（北斗卫星导航系统）或 GPS（全球定位系统）技术的不断发展，这些技术越来越多地应用于灾害预报预警、灾害动态监测、灾害成因分析、灾情获取、灾害调查、灾害监测和灾害评估等多个方面。与传统技术相比，这些技术在灾情快速获取上具有独特的优越性，主要体现在快速方便、准确客观、灵活机动和综合集成等方面。

2. 灾情辨识

通过现代化技术手段获取灾害发生过程中的灾情监测、预报、预警、灾情现状等信息，并对之进行识别与分析，同时通过现场会议或视频会议等方式，与上下级单位、相关部门、专家、军警、专业救援机构等进行会商，取得对灾情的进一步认识和判断。利用决策支持系统技术手段，查询和分析各种相关信息，并在充分咨询专家意见的基础上，形成救灾的初步方案，特别是先期处置措施。

三、避难迁安与应急救援

1. 避难迁安

避难迁安主要研究内容包括避难所的优化布局、避难路径选择、避难决策实施。具体研究内容主要先从避难所优化布局开始，考虑城市（地区）的人口数量、分布、自然地理条件、灾害类型等情况，在城市现有的所有适合用作避难所的地点中进行选择。城市（地区）中的公园、学校绿地、广场、体育场、空旷地带等公共场所都可选作应急避难所，在布局时应根据城市（地区）的具体情况对各类避难所的数量、规模、位置、服务半径进行规定和限制。避难所选定后，确定最优的避难路径，采取合理的避难措施，进行快速避难。

2. 应急救援

应急救援问题是灾中应急管理的重要内容，其中主要研究救援物资库的选择与选址、救援路径选择、救援的实施。救援物资库的选择前提是先根据灾害发生预测、预警的结果，合理布局救援物资库。救援物资库布局是灾中应急风险管理中最为关键的一环，它直接关系到资源的高效调度、使用和应急方案的成败。对于救援物资库选址问题，主要考虑如何合理分配有限的应急资源，及时有效地进行应急救援活动，尽可能地减少事故所造成的人员伤亡和财产损失。

四、灾情信息发布

应避免对灾情信息多头发布或不及时、不真实地发布，以免影响政府在社会公众中的权威和公信力。要求灾情信息发布实行标准化、规范化管理。根据政府提出的灾情信息发布方法，灾情信息由归口部门发布，并明确相关部门各自在灾情信息获取、使用和发布中所承担的责任。此外，还明确了信息统一发布制度、形成灾情预报和灾害评估信息制度、灾情信息交流机制及信息获取渠道等。

五、效果评估与反馈

灾中应急风险管理的效果如何，主要通过直接或间接的方式了解灾中应急措施执行情况和效果，掌握灾情的发展和已进行的一系列措施执行情况，能够确定其效果如何，是否需要采取进一步应急措施。如果效果评估满足了应急需要，此时就应结束灾中应急。

六、应急结束

当灾害过程已经完全消除或接近尾声时，并通过政府部门发布其他次生灾害不再发生，同时灾害应急救援相关工作也基本结束，此时可以根据需要将应急人员和应急设备逐步撤离灾害现场，现场应急指挥机构也可撤销，标志着灾中应急风险管理工作已经结束。

第三节　灾情信息监测与获取

一、灾情信息监测

利用灾害监测遥感基本原理，遥感（RS）技术可以快速地传导、接收、处理和提取大量与灾害相关的信息，从而能从空中大面积地对灾害进行宏观监测研究。在灾中应急风险管理中，遥感技术作为监测手段仍然无可替代。

灾情地理信息系统（GIS）可以在计算机硬、软件系统支持下，对空间数据进行采集、储存、管理、运算、分析、显示和描述等。北斗卫星导航（BDS）或系统全球定位系统（GPS）能够快速、高效、准确地提供点、线、面要素的精确三维坐标以及其他相关信息。这些技术结合野外调研等传统方式方法，可实现应急灾情监测。

二、灾情信息获取

灾情信息获取的准确性、时效性是灾中应急风险管理的前提条件，没有准确、实时的灾情信息，政府部门就不能准确地掌握灾害发展的势态，也就无法做出正确的决策。所以，灾情信息快速、准确地获取至关重要。随着3S技术的广泛应用，可建立基于3S技术和网络技术的灾情空间数据快速获取以及信息提取、处理及共享系统，形成实用化技术流程，可以向政府部门和社会提供方便快捷的实时信息服务，并对相关行业的信息化建设起到示范作用，实现灾情信息获取及管理的可持续利用和社会化服务。针对灾情动态变化监测的需求，开发多源遥感数据综合处理用于灾情信息快速提取的技术，例如SAR（合成孔径雷达）数据与光学遥感数据融合方法、高分辨率遥感数据与成像光谱数据融合方法、轻型飞机载遥感成像系统数据处理技术及其他遥感数据综合处理技术。现代化的灾情信息获取技术具体如下：

1. 自动化、智能化多源遥感数据融合及信息获取技术

遥感在灾情信息获取方面能够快速准确地提取重要信息，其核心技术包括：

1）多光谱、高分辨率、SAR 及成像光谱数据的融合以及高精度自动配准理论、方法。

2）遥感技术获取的灾情数据和已有历史灾情数据的定量化融合算法与技术。

3）基于多源时空遥感数据或遥感数据与非遥感数据的变化信息自动提取技术。

2. 3S 一体化灾情数据获取及灾情数据快速更新技术

为解决灾情信息快速获取与更新，满足灾中应急风险管理对实时灾情信息的需要，需突破的关键性技术包括：

1）网络支持的掌上 BDS 或 GPS 信息采集与变更调查成图技术。

2）3S 一体化数据采集与自动成图技术。

3）基于 3S 灾情信息的快速提取技术。

4）GIS 支持下灾情信息提取及自动更新灾区基础图件的矢栅一体化方法。

3. 多元空间数据集成

灾情信息中涉及各种资料，分别归于属性数据、图形图像数据和空间拓扑数据等不同性质的数据类型。为了提高 GIS 软件对数据库管理的效率，减少软件内部数据通信的复杂性，势必要将各类数据有机地集成起来。如何处理好这些数据的相互兼容，使其协调工作显得十分重要。

1）利用数据库引擎的集成方法。通过关系数据库管理空间数据，可大大拓展空间数据的容量，使海量空间数据库得以存放在关系数据库中。通过扩展磁盘阵列等方式，能够充分发挥关系数据库对海量数据的存储和索引技术，海量数据无须分块，就可作为一个整体放置在数据库系统中。

2）采取根据超文本发展而成的超图方案的数据集成方法，可将各类数据成功地建立起强有力的链接，实现不同类型数据的集成管理。

4. 灾情信息多维可视化技术

灾情信息可视化为应急决策提供非常直观的数据基础，一个没有可视化功能的灾情信息管理是不完全的。实现灾情数据三维可视化，必须首先要对三维显示的数据结构模型进行深入研究，将 GIS 与虚拟现实技术结合，在此基础上选择合适的显示算法，实现大范围空间景观的快速重建。随着遥感技术的发展，灾情信息空间数据由早先的模拟形式逐渐转变为数字形式，并且形成一个庞大的数据群。目前，对这些数据的数字化和三维可视化处理，在小范围的区域内已经产生了许多重建算法。但重建景观的真实感技术尚处于探索阶段，特别是对于海量空间数据、深度数据的可视化处理。

在现代化的灾情获取中，BDS 或 GPS 的主要作用是进行人员定位，确定人员在灾区的位置，实施准确救援；RS 主要是获取实时灾情数据，为政府部门及救援提供重要的信息数据；GIS 技术主要是把 BDS 或 GPS、RS 获取的实时灾情信息进行处理与分析，得到更加详细的灾情数据。

三、灾情信息分析与辨识

通过对已获取的灾情相关信息进行分析与辨识，能够有效提出更加合理的应急救援方案。灾中灾情信息分析与辨识多数是由政府部门或专家、专业救援机构等进行紧急会商或召开现场会议，取得灾情初步统一认识和判断，利用先进的信息分析手段或决策支持系统，并结合专家意见，综合形成灾中应急救援初步方案。其中主要是分析灾害的影响和欲采取的救助措施的效果。

1. 灾情信息分析——初始评估

初始评估可为评价灾情提供基础资料，并有助于确定是否和如何开展救助活动。然后，通过对灾害应急信息系统实施全程监控，确定救助是否满足灾民需要以及是否需要进行调整等。通过系统获取的最终数据可提供用于全面评价救助效果资料，并为未来的救助工作总结经验教训。参与救助的各方（包括灾民）实现信息共享，对于全面了解问题所在和协调救助工作是至关重要的。来自分析过程中的文件和详细资料有助于广泛了解灾害对公众生命安全的不利影响和其他后果，并有助于制定和完善防灾减灾对策。初始评估尽可能准确地确定灾情对居民生命安全的影响，并确定救助需要和救助计划中的重点，其中，关键指标如下：

1）由具有经验的人员（如果可能，至少要有一名灾害评估专家）按照国际通行方法立刻开展初始评估。

2）初始评估要与综合评估小组（包括供水及卫生、营养、食品、居所救助和医疗救助等）、国家卫生部门、灾民男女代表和人道主义救助组织开展合作，以对当时的灾情做出应对策略。

3）收集资料并用于决策，决策要做到公开、公正。收集的资料通常包括：受灾害影响的地域范围、灾区的人口统计数据、受灾人口总数（如果没有人口普查资料应对受灾人口总数进行估计）、针对灾民的性别和年龄进行分组的资料、环境条件（有无可饮用水、当前公共卫生状况、居住条件、传病媒介等）、有否食品供应、当地医疗条件（医疗服务和人员情况）、药品供应状况和质量、交通设施状况、通信设施状况、基于初步观察资料估计所需外援救助的数量。

2. 灾害辨识

灾害辨识在人们的正常生活中无时不在，尤其对居民生命安全更为重要。在系统安全研究中，认为危险源的存在是灾害发生的根本原因，防止灾害就是消除、控制系统中的危险源。

系统安全工程运用科学和技术手段辨识、控制或消除危险源，它的基本内容包括危险源辨识、危险性评价和危险源控制三个方面的工作。目前常用的系统安全分析方法包括预先危害分析、事故后果分析、故障类型和影响分析、事件树分析、故障树分析等。

在进行灾害识别、评价时，应考虑组织活动的三种时态（过去、现在和将来）和三种状态（正常、异常和紧急状态）下的各种潜在危险因素，包括水、气、声、环境、资源和原材料的消耗。对灾害可能造成的危害进行辨识，如人身伤害、死亡、传染病、财产损失、停工、违法、工作环境破坏，水、空气、土壤、地下水及噪声污染，资源枯竭等。

第四节　灾中避难迁安

一、灾中避难迁安的内涵与方式

1. 灾中避难迁安的内涵

"避难"一词最早被使用，其意思是逃离战争或动乱不安的地方。从灾害社会角度出发，Quarantelli将避难定义为：由于社会中恐怖、牺牲、破坏等事件的出现，导致人员大规模的物理移动。此后，Sorensen把避难定义为：由于现实或假想的威胁、危险存在，导致特定区域人员撤离的行为。此时的避难不仅是单独的逃离，而且还有避开危险之意。

2. 灾中避难迁安的方式

灾中避难迁安主要是研究当灾害发生时，如何组织居民快速选择安全的避难路径、避难场所，躲避灾害威胁。在世界灾害史上，避难是指在最严重灾害发生时，一种躲避灾害的普遍行为。避难是人类躲避灾害的本能、方法、措施以及灾中应急风险管理中的一个重要环节，对于有效地抗御各种灾害有举足轻重的作用。灾中避难迁安方式是由灾害发生的严重程度决定的，具体可分为以下几种：

（1）"逃荒式"避难　这种避难方式是最危险的一种，从以往发生灾害的地域来看，灾民从重灾区逃往到轻灾区似乎是从危险高的地区逃亡到危险低的地区，但由于避难途中灾区没有基本生活保障和安全保障，虽然有大致的逃往方向和预期的目的地，但没有准确的落脚地，从而使灾民没有基本的生活保障和安全保障。

（2）灾前避难　当灾害预报发出后，居民就开始进行避难。这是居民躲避即将发生严重灾害而采取的避难行动。例如，台风、飓风、洪水等是较容易实现灾前准确预报的自然灾害，居民此时可进行灾前避难，以避免生命、财产损失。灾前避难可以做到充分利用灾前的时间资源，把避难人员及部分贵重财产转移到安全的地区（避难所），同时调运救援物资与救援力量进行救援。

（3）灾后避难　灾后避难是严重灾害发生之后，居民采取的避难行动。例如难以预报的灾害（地震、火灾、恐怖事件、意外事故等），由于这些灾害难以预报，居民只能采取灾后避难方式。

（4）远程避难　远程避难是指灾前避难和灾后避难的一种特殊方式。它是有规划、有组织的集体避难方式，避难行动有基本的安全措施，备有基本的生活用品，基本的生活条件、医疗条件等，当灾害减轻或完全消失后可以重返居住地。

（5）自主避难　这种避难方式是居民自主的、自发的一种避难方式。当灾害发生后由于社会处于暂时的无序性中，难以进行有组织的避难，此时就需要居民进行自主避难。自主避难过程中，居民应前往按照灾前规划建设好的避难场所进行避难；同时，居民也可自行选择临时的避难设施避难。自主避难的成功与否，与城镇中避难所建设和避难知识普及有关；另外，还与居民自身因素有关，不能夸大灾害危险程度，以及误导他人避难。

（6）广域避难　广域避难是指由于灾害发生及影响范围较大，需要转移较大范围内的居民到较远的避难场所或安全区域进行避难。例如，发生地震、水灾等严重灾害时，由于其影响范围较大，破坏性极强，就需要转移大范围居民进行远程避难。

（7）引导避难　引导避难是指在灾害发生前的综合防灾减灾教育中进行的定期演习，使市民了解每个家庭或机关单位所在的避难圈、避难所、避难通道，以及避难过程中应当遵守的规章制度和安全注意事项等。一旦发生灾害，即使救援力量没能及时赶到灾害发生地，也能通过事先的学习和演练准确地利用避难通道，赶往避难所进行避难。

二、灾中避难所选择

1. 选择避难所的原则

避难所是指居民避难的自由空间、绿地、建筑设施。避难需要避难疏散场所，避难场所应满足避难需求。当灾害发生时，选择合适的避难所是居民行之有效的防灾减灾措施。无论灾害如何发生，但其规模总有一定的限制，所以对于避难所选择主要遵循以下原则：

1）避难所的选择要确保其不受灾害威胁或受威胁较小，不能让灾民因避难所原因再受到灾害威胁。

2）避难所的类型选择应根据灾害不同而不同。例如，洪涝灾害的避难所，其地势应该建在相对位置较高的地区，但不宜过高；地震避难所，其位置选择就不能过高，应在较平坦（坡度小于 25°）、开阔的区域。

3）尽量靠近公路和铁路，对于岛屿地区，安置点选择还应考虑靠近港口，以利于避难转移。

4）要合理地将各个灾区的人员、财产分配到各个安置点，简单地就近安置是不合适的。

每个安置点具有一定容量，而不是无限制地接纳灾民。对一个特定的区域而言，能否安置灾民或安置灾民的数量多少是由这个区域拥有的各种资源的数量及其可承受能力所决定的。

灾中避难所的选择尤其重要。首先，由于灾害的突发性，造成居民多数避难方式为主动避难，并没有组织者，此时居民对避难所的选择是事先对避难所位置、功能有所了解，或习惯性地快速到避难所避难。其次是有组织的避难方式，此时避难由政府部门或志愿者引导居民到达指定避难所避难。无论是哪种避难方式，对避难所的选择都需事先对其位置、功能及容纳人数有所了解。所以，居民和政府部门应对不同类型、位置、数量、规模的避难所建设有所了解，才能在灾害发生时快速选择合适的场所进行避难。

2. 避难所的类型

针对避难所的服务范围、避难功能、避难所的容量、避难时间以及避难所防灾减灾功能等，避难所可分为 6 种类型。

（1）紧急避难场所　城市内的小公园、小花园、小广场、专业绿地、高层建筑中的避难层，其主要功能是供其附近居民临时避难，可作为避难者集合并转移到固定避难所的过渡性空间。

（2）固定避难疏散场所　固定避难所面积较大，可以容纳较多避难者，如公园、广场、体育馆、大型人防工程、停车场、空地、绿地隔离带以及抗灾能力强的公共设施、防灾据点等，是避难者较长时间度过避难生活和等待集中救援的重要场所。固定避难疏散场所主要用于市民的避难生活。

（3）中心避难疏散场所　城市的中心固定避难所，一般设有城市抗灾救灾指挥机构、情报设施、抢险救灾部队营地、直升机坪、医疗抢救中心和重伤员转运站等。大城市避难人口多的辖区，也可设立辖区中心固定避难所，用作本区的抗灾救灾指挥中心。中心避难疏散场所的功能具有比较高的综合性，它在抗灾减灾中的作用大于一般的固定避难所。

（4）防灾据点　防灾据点是指采用较高抗灾设防要求、有避难功能、有效保障避难者安全的建筑物空间，可以用作紧急避难疏散场所或固定避难疏散场所。比较典型的防灾据点是高层建筑的避难层。

（5）防灾公园　防灾公园是满足避难要求、有效保障避难者安全的公园。防灾公园是按照防灾要求规划建设的城市园林，其防灾设施与功能比较齐全，可以容纳的避难者比较多，是重要的避难疏散场所。

（6）指定避难所　指定避难所是指城市规划建设的并指定避难地域或避难对象的避难疏散场所。灾害发生后，通过引导避难，把避难者引导到预先规定的指定避难疏散场所避难。指定避难所有助于避难行动与避难生活的有序性、计划性和安全性。

避难所建设是政府部门的举措，已建设的避难所应由政府部门组织居民在灾前进行避难演练，通过演练过程中对避难所的位置、功能、容纳人数等相关信息进行熟悉了解，才能在受灾时准确地选择安全的避难所就近避难。

根据《防灾避难场所设计规范》（GB 51143—2015），避难场所可以分为长期固定避难所、中期固定避难所、短期固定避难所、紧急避难所四类，具体情况见表 8-1。

表 8-1　避难场所责任区范围的控制指标

避难所类型	有效避难面积/hm^2	避难疏散距离/km	短期避难容量（万人）	责任区建设用地/km^2	责任区应急服务总人员（万人）
长期固定避难所	≥5.0	≤2.5	≤9.0	≤15.0	≤20.0
中期固定避难所	≥1.0	≤1.5	≤2.3	≤7.0	≤15.0
短期固定避难所	≥0.2	≤1.0	≤0.5	≤2.0	≤3.5
紧急避难所	—	≤0.5	—	—	—

三、灾中避难路径选择

1. 避难路径的选择原则

避难路径一般应选择交通较为方便，并且灾害威胁不到或威胁较小区域范围内的道路作为避难路径。

（1）安全撤离　安全撤离是指灾区居民抓住有利时机，就近、就便，利用最优避难路径，迅速撤离危险区域。

（2）救助结合　一是自救与互救相结合。在灾害现场，不仅要尽快选择避难最优路径撤离现场，还要积极帮助老、弱、病、残、妇女、儿童等人员疏散，否则会堵塞通道，酿成大祸。二是逃生与抢险相结合。例如火险火情火灾千变万化，不及时消除险情就可能造成更多人员伤亡。因此，在条件许可时要千方百计地消除险情，延缓灾害发生的时间，减小灾害发生的规模。

2. 避难的最优路径

避难最优路径是居民在受灾时逃生的基本选择。最优路径研究可分为时间最优、路径最优和效率最优。灾害发生时，居民避难最优路径选择应遵循"以人为本，生命第一"的原则，此时的避难路径应为时间最优，而在物流行业应以效率最高或费用最低为最优路径。

第五节　灾中应急救援

一、灾中应急救援的理解

1. 灾中应急救援的内涵、特点及任务

灾中应急救援一般是指针对突发、具有破坏力的紧急事件采取预防、预备、响应和恢复的活动与计划，主要目标是：对紧急事件做出预警；控制紧急事件发生与扩大；开展有效救援，减少损失和迅速组织恢复正常状态。灾中应急救援的对象是突发性和后果影响严重的公共安全事故、灾害或事件。这些事故、灾害或事件主要来源于工业事故、自然灾害、城市生命线、重大工程、公共活动场所、公共交通等领域。各类事故、灾害或事件具有突发性、复杂性、不确定性。

灾中应急救援的基本任务包括：立即组织营救受害人员，组织撤离或者采取其他措施保护危险区域的其他人员；迅速控制事态，并对事故造成的危险、危害进行监测、检测，测定事故的危害区域、危害性质及危害程度；消除危害后果，做好现场恢复；查明事故原因，评估危害程度。灾中应急救援的内容如图8-4所示。

2. 灾中应急救援的原则

1）灾中应急救援应服从指挥，分头负责，各就各位，共同处理。

2）以人为本，减少灾害，把保障群众的生命安全和身体健康放在第一位，把最大限度地预防和减少灾难造成的人员伤亡作为首要任务。

3）把灾情、险情控制在最小的范围内，防止事态扩大。

4）边处理、边报告，准确及时地通信联络，避免因通信故障带来重大损失。

5）切断与灾情、险情有关的工艺流程。

6）注意控制现场，以免发生次生或衍生灾害，造成新的伤害。

7）创造条件，恢复生产。

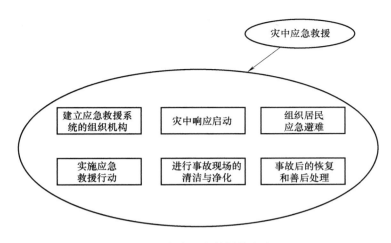

图 8-4　灾中应急救援的内容

3. 灾中应急救援的运作过程

灾中应急救援的运作过程包括：首先，由应急协调中心进行全机构统筹安排整个应急行动，保证行动有效、有序地进行。其次，应急现场指挥中心进行应急任务分配和人员调度，有效地利用各种应急资源，保证在最短时间内完成事故现场应急行动。再次，应急资源保障部门负责组织、协调和提供应急物资、设备和人员支持、技术支持等。同时，媒体中心负责处理与媒体报道、采访、新闻发布会等相关事务。最后，由信息管理中心负责提供信息服务，为整个应急救援过程提供对外信息发布和资源共享等，具体运作过程如图 8-5 所示。

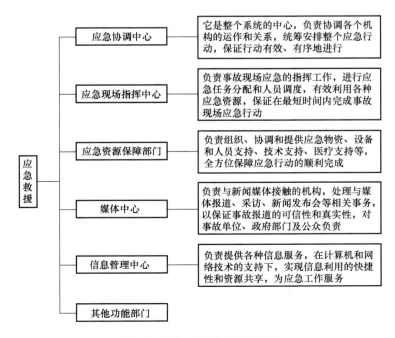

图 8-5　应急救援系统运作过程

二、灾中应急资源调配

1. 应急救援物资库的选择

对于应急救援物资库的选择，根据救灾物资储备库的性质、任务，主要从以下三方面考虑：

（1）安全性　通过分析灾害发生、发展及其类型、工程地质和水文地质条件、市政条件以及与库房的安全距离，考虑选取不会被灾害所影响的应急救援物资库作为救援物资调运库。

（2）交通运输　指内外道路的通畅便捷性。为确保救灾物资运输的时效性，选择的应急救援物资库应尽量靠近交通干线，临近铁路货站或高速公路入口，以缩短救灾物资的运输时间，方便与其他储备库进行物资的合作、筹集、配置与调度，快捷地向突发事件事发地供应物资。同时，物资库点还应满足直升机起降所需的净空条件，保证地面交通系统受到破坏时救灾工作的顺畅进行。

（3）物资准备　确保储备物资及时供应，救援物资库应尽量靠近储备物资生产地，以避免物资出现短缺。

2. 应急物资调配

首先，应确定灾害的种类，根据不同类型的灾害确定调运物资的种类和数量。其次，应确定救援物资存储位置和适宜的救援物资库，能够为灾中应急救援快速提供物资支持，更多地挽救灾民的生命和财产。

三、灾中应急救援的相关工作

1. 救援路径选择

不同地区、不同居民，其可能面对的灾害是不同的。洪水、地震等自然灾害因地区而异，各类重大事件则因其自身性质及所处环境而异。对于不同的灾害，在应急救援中应有不同的考虑。在灾害发生时实施救援行动主要是先找到救援最优路径。最优路径分为：时间上最优的路径；路程上最优的路径；效率上最高或费用最小的路径。

2. 应急物流

应急决策比任何常规决策都更能考验政府的决策机制和决策能力，应急物流也比任何常规物流更能考验政府的救援机制和救援能力。

（1）灾害应急物流的定义　灾害应急物流是指在突发性自然灾害、突发性公共事件等突发事件发生后，政府机构等组织为救援灾区群众，在短时间内非正常性地组织救援物品、信息及医疗服务等从供应地配送到灾区的一个计划、管理和控制的实体流动过程。灾害应急物流配送主要针对救灾物资的收集、分类、包装、运输以及救灾物资发放作业，整个救助物流的运输与配送都是围绕着服务于灾区的受灾人员的。

（2）灾害应急物流的特点

1）需要信息系统平台支持。灾害应急物流一般具有突发性和不确定性因素，这种突发事件通常破坏了人们正常的生活环境和秩序，比如建筑物倒塌、人员被埋、信息中断、停电停水、道路断裂、抢救困难等。

现代化的信息系统平台建设可以提供准确的信息资料，通过应急物流信息系统平台整合，统一组织安排，有计划、有组织地实施救助，捐赠的物资按统一的调运渠道运输配送，同时避免在流向、流程、流量等方面出现杂乱无序、各自为战的现象。

2）应急物资需要紧急配送。在灾害来袭时，受灾人民的最低需求即生命安全和吃饱穿暖，为了快速有效地抢救安置受灾人员，必要的救助设施设备、医疗药品器械、解决生活的吃穿住用品等都必须及时运送到灾区。但是，由于多数受灾地区在灾害的影响下，网络通信中断，应急物资数量往往是估算的数据，按照紧急救助的特点，要调用国家储备物资的救助，只能多，不能少。需要确定应急物流配送中心。应急物流配送中心主要负责收集社会捐助救灾物资，并对捐赠物资进行分类、统计、分级、包装，并根据灾区需求实际情况，向灾区人民和救助工作组发放配送。通过应急物流配送中心的作业方式，可以有效提高救灾物资配送效率，避免重复作业和无效作业。

3）确定应急物资配送的运输工具。要求在最短的时间将救灾物资和人员送往灾区实施救助。灾害中以地震的破坏性最大，对铁路、公路、水路等运输设施的破坏一时很难恢复正常，因此运输工具的规模、种类、大小都是不容易确定的。

4）选择应急配送最佳路线。应急配送最佳路线的选择要从救灾现场的实际情况出发，应该是多渠道、多种运输方式的整合，没有固定的模式。在救援的过程中随时会出现新的危机，在这种非常规下的配送路线以时间为主要衡量指标，并要最大限度地保障人民生命安全。

（3）灾害应急物流的快速反应

1）建立应急物流信息系统平台。应急物流信息系统平台是应急物流的核心部分，通过应急物流信息系统平台整合保证信息畅通，有计划、有组织地实施救助。汶川地震之后，上海迅速构筑起快速响应的应急物流网络，由生产销售企业与运输企业建立了快速反应系统平台，实现无缝衔接，及时配送应急物资，平均 10h 完成一批救灾物资从存储地出库装箱到机场或铁路的装机装车发送的全过程。

同时，未来希望加快发展雷达卫星技术来支持建立更有效的信息系统平台，该项技术通过云层和雷雨都可以清晰拍到地面图像。未来若干年，我国的空间技术将在人造卫星、载人航天和深空探测三个领域实现新突破。建立应急物流配送中心，加强救灾物资的应急采购，将大大提高应急物流配送的效率。一方面，在一些灾害经常发生的城市建立长期的应急物流配送中心专业储备应急物资和配送；另一方面，每年根据地质气象的预测准备应急预案，成立临时应急物流配送中心或与辐射范围内的专业化配送中心整合，将社会团体和民众捐助的各类物资集中分类、包装，实行整车运输、专列运输，控制救灾物资的运输成本。

2）实施高效合理的应急资源调度。每年年初购置救灾帐篷、方便食品、衣被、纯净水、粮食、设备（药品）等救灾物资，建立救助物资生产厂家名录，必要时签订救灾物资紧急购销协议。灾情发生时，可调用邻省救灾储备物资，以提高应急物资配送的时效性。将救灾物资按需求情况的先后次序配送，关系到大宗民生、生死存亡的重要物资先配送；为避免救灾物资的配送混乱，对应急救灾物资要进行严格管理和监督，按生活必需品、医药品、食品、运输设备分类管理，做好入库、出库、物资发放签收的统计工作。

3）采取多式联运。借鉴国外先进经验，让灾民物资发放点直接与救灾物资供应商联系，大量物资的配送由第三方物流公司负责，高效管理；通过仓库临时储存大量灾区急需物资和非急需物资，随时发放给受灾地区，在信息化和网络技术的支持下完善高效的供应链管理。第三方物流平时各自经营正常的商业活动，需要应急物流配送时，可以制定应急预案，根据应急物流配送中心的指示，统一运输、配送、仓储管理。

4）在平时加强民众对应急物流知识方面的宣传教育。通过宣传教育，使民众了解应急物流的重要性、基本知识和应急方法，让专业物流人员了解应急物流的目标任务、运作流程和工作内容。提高全民的危机意识、忧患意识、责任意识、团队意识和应急意识，全面提高应对突发事件的能力。同时，学习发达国家救灾工作的经验，做好事先的预防和模拟演练。针对人口稠密的大都市区和人口稀少的地区灾害，分别设有不同的预案和救灾方式。当灾害发生时，物流管理单位迅速转到紧急反应状态，根据灾害需求，接收和发放救灾物资。

3. 应急救援工作实施

1）应急救援工作实施应进一步整合应急资源，规范应急救援行动，切实加强综合应急救援队伍建设，有效防范和应对范围内的各类突发事件和灾害事故。

2）应急救援工作是在"预防为主"的前提下，贯彻"统一指挥、分级负责、区域为主、单位自救、社会救援"相结合的原则。执行应急救援任务要坚持"控制事态、稳妥处置、救人第一、科学施救"的原则，各部门之间应积极配合，相互协调。

3）根据应急管理部印发的《"十四五"应急救援力量建设规划》，应急救援力量是指参与生产安全事故、自然灾害应急救援的专业应急救援力量、社会应急力量和基层应急救援力量。

思 考 题

1. 什么是应急管理？它包含哪几个阶段？
2. 什么是灾中应急风险管理？如何理解其重要性？
3. 简述灾中应急风险管理的特点及原则。
4. 简述灾中应急风险管理的相关内容与目标。
5. 简述灾中应急风险管理的响应启动的条件和程序。
6. 如何获取灾情信息并对其进行辨识？
7. 简述灾中避难迁安的内涵与方式。
8. 简述灾中避难所选择的原则。
9. 简述灾中避难所的类型。
10. 简述灾中避难路径的选择原则。
11. 简述灾中应急救援的内涵、特点及任务。
12. 简述应急救援的原则。
13. 简述应急救援物资库选择的考虑要素。

第九章

灾害发生后的危机风险管理

 ／本章重点内容／

　　灾后危机风险管理类型及主要内容；灾后危机风险管理的基本理论；灾后损失的定量评估方法与指标体系；灾后恢复重建规划的内容、工作原则、措施和机制；心理危机干预的内涵、原则和技术措施。

本章培养目标

　　掌握灾后危机风险管理的含义、类型和主要内容；熟悉灾后危机风险管理的最小补偿投资理论和灾后恢复重建模型；了解灾后损失评估的类型，掌握灾后损失的定量评估方法和指标体系及计算模型；熟悉灾后恢复重建规划编制原则和规划的内容；熟悉灾后恢复重建的工作原则、措施和机制；掌握心理危机的内涵表现与形成、心理危机干预的概念，熟悉心理危机干预的原则、类型和技术措施。通过本章的学习，培养学生用辩证的思维模式看待灾害所带来的影响，在面对灾害造成损失的情况下树立正确的价值观，提高抗挫折的心理素质。

第一节　灾后危机风险管理

一、灾后危机风险管理的含义

　　灾后危机风险管理是指在灾害发生后，尽快安置灾区受灾群众，恢复灾区生产、生活条件，有序有效地做好灾后恢复重建工作，尽快恢复灾区正常的经济社会秩序，重建美好家园，也就是常说的灾后恢复重建管理。

　　依据灾害发生的周期，可以把灾害应急管理划分为四个阶段，即减灾、准备、应对和恢复，称为应急管理的生命周期理论或四阶段理论，本书的灾后危机风险管理就是应急管理的第四个阶段。国际减灾战略把恢复定义为：复原尽可能地改进受灾害影响社区的设施、生计和生存条件，包括努力减轻与灾害风险有关的因素。美国在《全国突发事件管理系统》中对恢复的释义是："制定、协调、实施服务和现场复原预案，重建政府运转和服务功能，实施对个人、私人部门、非政府和公共的援助项目以提供住房和促进复原，对受影响的人们提供长期的关爱和治疗，以及实施社会、政治、环境和经济恢复的其他措施，评估突发事件以汲取教训，完成事件报告，主动采取措施减轻未来突发事件的后果。"

具体来说，恢复包括针对灾难造成的物质和社会两个层面的损失。物质层面的损失包括基础设施的破坏、企业财产损失、家庭财产损失等，社会层面的损失包括人员伤亡、经济破坏、心理创伤、环境破坏等。但是，并不是每个层面的每一项损失都是能够弥补或恢复的，比如人员伤亡；即使能够恢复的方面和内容，也不一定能够恢复到灾前的程度，比如经济状况。关于突发事件的重建就是事后的再次建设。有人认为，重建通常是指在突发事件发生后，重建灾区生活环境和社会环境并使其达到或者超过突发事件发生前的状态。很多时候，"恢复"与"重建"之间存在着一定的差别。

二、灾后危机风险管理的类型

1. 根据恢复重建的时间分类

根据恢复行动的作用时间的长短，将恢复分为短期和长期两类。

（1）短期恢复　在应急响应过程中，应对者必须采取一些紧急措施，恢复受到破坏的各种机构和设施的基本功能，并且采取保护措施，避免对其造成进一步的破坏。这些行动就是短期恢复行动，这些行动过程就是短期恢复。

在应急管理周期的四个阶段中，短期恢复与应对有所重叠，有时候难以截然分开。通常，应对侧重的是救援，短期恢复侧重的是对设施功能的恢复。参加恢复的执法部门复原被突发事件中断的公用事业服务、重新修建交通路线、加固或推翻严重受损的建筑等，都属于短期恢复的内容。在事件过去之后，对被迫离开家园的人们提供临时食宿，也可以算是短期恢复的工作。

短期恢复是针对长期恢复而言的，其时间周期究竟多短，要依据需要而定，有的数天或一周即可，有的长达数周。

（2）长期恢复　长期恢复侧重于对突发事件中受损的各种基础设施、住房等建筑物的重建，以及对经济、环境乃至受到灾难创伤的人们心理的恢复。恢复期有多长，取决于实际需要，有时候几个月，有时候甚至几年。

长期恢复的内容也包括部分短期恢复的工作，比如对受损基础设施功能的恢复；同时，更包括针对受损社区脆弱性的危险减除工作，因为人们应该吸取教训，不能重建一个可能在下一次同样的突发事件中遭受同样损失的社区。无论是长期恢复还是短期恢复，在其中起支配性作用的是政府，特别是受灾地区的地方政府。

2. 根据恢复重建的机理分类

根据突发应急事件的发生过程、性质和机理，突发应急事件主要分为自然灾害、事故灾难、突发公共卫生事件和社会群体性事件。与之相应的灾后恢复重建也包括以下四大类：

（1）自然灾害的善后处置与恢复重建　自然灾害主要包括水旱灾害、气象灾害、地震灾害、地质灾害和海洋灾害等自然灾害的善后处置与恢复重建工作，例如安置受灾群众、社会救助、抢修被损害的基础设施、提出心理援助、制定重建规划等。自然灾害具有种类多、连锁出现、多灾并发、灾害频繁、时空分布不均、破坏性大等特点，灾后恢复重建的任务通常极为繁重。

重大自然灾害，特别是突发性强的自然灾害，如大地震发生后，往往引起人们恐惧、恐慌、悲伤、绝望甚至心理扭曲，加上灾害对经济的破坏，往往引起社会动荡不安，对政府的善后处置工作提出了严重挑战。政府在灾后善后处理和恢复重建工作中必然要担当主要角色，发挥主导作用。但是，这并不意味着由政府唱独角戏，政府也不可能包揽所有的事情，还应该有全社会的共同参与、支持和配合，各种社会组织团体、企业和公民都是灾后善后处理和恢复重建工作的主力军。

（2）事故灾难后的恢复重建　事故灾难主要包括工矿商贸等企业的各类安全事故、交通运输事故、公共设施和设备事故、核辐射事故、环境污染和生态破坏等事件的善后处置和恢复重建，例如抢救受害人员、组织群众防护撤离、调查评估、进行保险理赔、追究相关责任人、完善应急预案等。事故灾难具有人为过失性、潜隐性和灾难性等特点，给人民生命财产造成巨大损失，破坏了正常的生产和生活，影响社会和国家的稳定。

城市交通、水利、市政、通信、广电等部门都建立了灾后重建恢复制度，以最快的速度恢复被毁坏的基础设施。民政部门建立较为完善的恢复重建制度，灾民倒房做到当年重建。安全生产事故善后处置主要采用成立专门工作小组，开展"一对一""包干到底"的方法，做好后期工作，并制定各类突发公共事件责任追究制度。

（3）突发公共卫生事件的善后处置与恢复重建　突发公共卫生事件主要包括传染病疫情、群体性不明原因疾病、食品安全和职业危害、动物疫情以及其他严重影响公众健康和生命安全事件的善后处置与恢复重建，例如控制病情、疫情隔离、情况报送、环境消毒、信息公布以及开展健康教育宣传等，具有突发性和不可预测的特点。因此，突发公共卫生事件的善后处置和恢复重建任务依然很艰巨。

（4）社会群体性事件后的恢复重建工作　社会群体性事件通常是指由人民内部矛盾和纠纷引起的，有部分公众参与并对社会秩序和稳定造成一定影响的突发性事件，例如群众上访、聚众集会、阻塞交通等事件。

三、灾后危机风险管理的主要内容

灾后的恢复重建是一项跨越较长周期的错综复杂的系统工程。突发事件的威胁和危害基本得到控制和消除以后，应当及时组织开展事后恢复和重建工作，以减轻突发事件造成的损失和影响，尽快恢复生产、生活和社会秩序，妥善解决处置突发事件过程中引发的矛盾和纠纷。从应急处置与救援的工作内容来看，灾后恢复重建的主要内容见表9-1。

1. 善后恢复

善后恢复是指在突发事件发生后，针对正常的社会和经济活动遭到严重破坏、各类基础设施遭到破坏和人员伤亡等实施善后恢复相关措施的过程。善后恢复主要包括以下四方面的工作内容：一是应急结束，根据事态的发展情况，及时停止应急措施，同时采取或继续实施防止次生、衍生事件或重新引发社会安全事件的必要措施；二是灾后评估，包括对灾区、灾民需求的评估以及对灾害影响的评估两个方面，目的是为恢复重建方案的制定和具体实施提

表 9-1 灾后恢复重建的主要内容

一级机制	二级机制	三级机制
灾后恢复重建	善后恢复	应急结束
		灾后评估
		治安秩序恢复
		公共设施修复
	救助补偿	补偿赔偿
		灾后安置
		心理救助
	调查评估	事件调查
		责任追究
		整改学习
	规划重建	恢复重建规划实施
		恢复重建支援

供科学的数据支持，以确定恢复重建所需要资源与救助的种类和数量；三是治安秩序恢复，要求受突发事件影响的地区与政府及时组织和协调公安等有关部门恢复社会秩序，妥善解决在处置突发事件过程中引发的矛盾和纠纷；四是公共设施修复，包括修复交通、供水等基础设施，以及对受损的公共设施和有危险的建筑物进行抢险、排险、加固等。

2. 救助补偿

救助补偿是指对受突发事件影响的地区和民众提供足额的食品和日常生活用品，保障灾区和灾民的基本生活。救助补偿包括如下三方面的工作内容：一是补偿赔偿，针对应急处置阶段的紧急征用和借用情况，进行合理的补偿和赔偿；二是灾后安置，涉及对灾民的中长期转移和安置、紧急救援物资的统筹分配、救灾物资和款项的发放与公示、恢复重建过程中的争端解决等；三是心理救助，这是由于突发事件所造成的除了人员伤亡、财产损失和建筑物倒塌外，也对受其影响的人员造成心理创伤。

3. 调查评估

调查评估是指对突发事件的原因、处置过程、结果进行总结式论断。评估结果对应急管理制度的完善和发展有重要的促进作用，定期和不定期的调查评估有助于推动应急管理制度的不断完善。调查评估主要包括：一是事件调查，即对突发事件的调查评估主体、调查评估对象和流程、应急救援人员的补偿和表彰；二是责任追究，根据调查评估的结果对相关的责任部门和责任人进行处理；三是整改学习，提出改进应急管理工作的对策和措施。

4. 规划重建

当突发事件所引发的次生和衍生灾害的后果基本消除，正常社会秩序已基本恢复后，由相关机构宣布应急期结束，解除有关紧急应急措施，进入长期恢复重建阶段。具体而言，规划重建包括以下两个方面内容：一是恢复重建规划的制定和实施，突发事件应急处置工作结束后，有关政府应在对突发事件造成损失进行全面评估的基础上，组织制定受影响地区恢复重建计划；二是为恢复重建提供支援，受突发事件影响地区的政府开展恢复重建工作需要上一级政府的支持，可以向上级政府提出请求。上级政府根据受突发事件影响地区或行业遭受损失的情况，制定扶持该地区有关行业发展的优惠政策。

第二节　灾后危机风险管理的理论

一、最小补偿投资

在恢复重建过程中，最少需要新增多少投资才能弥补潜在的灾害预期损失，也就是弥补产出的减少量，从而消除灾害对经济带来的负面影响。

为了研究灾害损失对产出的影响，假设总产出函数 Y 反映的是总产出与总要素投入之间的技术关系，其中，要素可以分为资本 K、劳动力 L、自然资源 N 等。Y 可表示为 $Y = f(K, L, N, \cdots)$。

假定该总产出函数在短期内是稳定的。在各种生产要素中，假定除资本和劳动以外的自然资源等生产要素没有受到影响。其中，损失的劳动可以重新获得，获得的方式如地区之间的劳动力流动或失业人口的再就业等。因此，产出的主要限制条件为资本存量的损失和能否获得充足的恢复重建投资。

致灾因子对各种物质财产造成影响，在这些损失中，一般包含资本存量和当前的产出，资本存量的减少可以在较长时间内影响产出，而当前产出损失只影响当年的产出水平，不会对以后的生产造成影响。因此，灾害损失中资本存量损失与当前产出损失的不同构成决定了灾害对产出的影响水平。假定在灾害损失全部为资本损失和部分为资本损失两种情况下研究灾害影响的上限和下限。

1. 影响上限

此部分内容分析灾害对经济有可能造成的最严重的影响，即影响上限。因此，从最坏的情况入手，假定灾害破坏的财产都是资本，资本会在较长的时间内影响经济活动。

根据以上假设条件，总产出函数受到资本存量的约束，为了求得资本损失对产出的影响，可以通过资本存量与产出之间的关系而得到。首先定义一个与资本和产出相关的比率，称为资本产出比，用 c 来表示。资本产出比表示为

$$c = \frac{K}{Y}$$

式中，K 为资本存量；Y 为总产出或总收入。

资本产出比的经济意义比较简单，就是生产单位产出所需要的资本。如某一经济体生产 100 单位产出需要 400 单位的资本，则资本产出比就为 4。按照前述的假定，总产出函数在短期内是稳定的，也就是资本产出比是不变的，如灾前和灾后的条件下，生产单位产出都需要 4 单位资本，那么损失了 8 单位资本，产出会少多少呢？当然就是 2 单位。

为了研究灾害对经济可能造成的最大影响，具体给出如下假定：①所有损失均为资本存量；②资本存量是同质的；③短期内，固定资本存量损失不可替代；④存在可以进行恢复重

建的物资储备。

以上假定并不完全符合实际，这样设定的目的是研究灾害有可能对经济造成的最大影响。

灾害发生后，存量资本损失为 $\Delta K = L = K_a - K_b$。式中，L 为总灾害损失；K 为资本；K_b 表示灾害影响前资本；K_a 表示灾害影响后资本。

根据假设②，资本存量是同质的，损失资本和损失产出的比例关系也等于资本产出比，即

$$c = \frac{K}{Y} = \frac{\Delta K}{\Delta Y}$$

式中，$\Delta Y = Y_a - Y_b$，Y 为产出。上式变形，得

$$\Delta Y = \frac{\Delta K}{c} - \frac{L}{c}$$

方程两边同除以 Y，得

$$\frac{\Delta Y}{Y} = \frac{\Delta K - L}{Yc}$$

令 $y = \frac{\Delta Y}{Y}$，$l = \frac{\Delta K - L}{Y}$，则

$$y = \frac{l}{c}$$

式中，y 的经济含义为由于灾害而影响的产出增长率；l 为损失产出比，表示损失占产出的比例，说明产出增长率的下降与损失产出比成同方向变化关系，也就是损失占国民收入越大，则对经济的增长率影响也越大；产出增长率的下降与资本产出比成反方向变化关系，资本产出比越大，则灾害对经济的影响越小，反之，则越大。

2. 影响下限

在分析灾害对经济的影响上限时，人为地"夸大"了灾害的影响，在分析灾害对经济的影响下限时，要逐步地剔除这些影响，主要分为两个方面：对损失产出比 l 的修正和对资本产出比 c 的修正。

（1）损失产出比 l 的修正　对损失产出比 l 做出修正，假设如下：①灾害损失并非都是资本存量；②灾害损失高估；③资本损失以重置成本方式评估。

根据假设①，灾害损失不完全是资本存量，也有当前产出，用 L 表示总损失，用 L_1 表示资本损失 ΔK，用 L_0 表示当前产出损失，则总损失 $L = L_1 + L_0$。因此 $\Delta K = L_1 = L - L_0$。

假设②是基于以下考虑：在灾害损失评估过程中，受灾地区为了争取更多援助和国家救助，往往会夸大损失的数量，在研究灾害的影响下限的过程中，要剔除这部分影响。

根据假设②，灾害损失往往被高估，需要加以校正，校正的方法是乘以一个小于 1 的系数 ε，校正后的损失为 $\Delta K = L_2 = \varepsilon L_1$。比如 $\varepsilon = 0.8$，则真实损失为高估损失的 80%。

根据假设③，资本损失以重置成本方式评估。为了得到真实的资本损失，需要减去资本

的折旧，假定折旧率为 λ，考虑资本的折旧后资本损失值为

$$\Delta K = L_3 = (1-\lambda) L_2 = (1-\lambda) \varepsilon L_1 = \pi \varepsilon L_1$$

式中，L_3 为实际资本损失；$\pi = 1-\lambda$ 为折旧率的补数；$\lambda = D/L_2$ 为折旧率；D 为折旧。

（2）资本产出比 c 的修正　在研究灾害影响上限过程中，假定所有损失均为资本存量和资本存量都是同质的，这与实际情况有较大的出入。下面根据实际情况做出修正。

假设：①资本之间不是同质的；②资本内部也不是同质的；③产出增长不仅仅依赖于物质资本存量。

根据假设①，资本之间不是同质的，即存在不同类型的资本，一些资本的生产效率较高，一些资本的生产效率较低。比如有些资本生产效率高，4 单位资本就可以生产 1 单位产出；而有些资本生产效率较低，需要 8 单位资本才能生产 1 单位产出。假定生产效率高的资本类型具有较强的抗灾能力，因此，受到致灾因子影响较多的是生产效率较低的资本类型，其损失要大一些。在计算资本损失对产出的影响时，需要对原有的资本产出比进行校正，由于生产效率较低的资本类型在损失中占有较大比例，校正后的资本产出比要大一些，即

$$c_1 = \alpha c$$

式中，c_1 为考虑非同质的资本后校正后的资本产出比，并且 $\alpha > 1$。

由于 $\alpha > 1$，所以 $c_1 > c$，即校正后的资本产出比要大一些，这隐含着损失的资本对经济的影响要小一些。

根据假设②，资本内部也不是同质的，这里要研究灾害影响的下限，所以选取每种资本内部生产率最低类型的资本来对资本产出比进行校正。校正的方法与假设①相似，就是乘以一个大于 1 的系数，这同样会使资本产出比变大，即

$$c_2 = \beta c_1 = \alpha \beta c$$

式中，c_2 为考虑资本内部非同质性后的资本产出比，并且 $\beta > 1$，资本产出比增大。最后，根据假设③，产出增长不仅仅依赖于物质资本存量，也依赖于其他生产要素的投入量。考虑非资本要素的贡献，资本产出比变为

$$c_3 = \gamma c_2 = \gamma \beta \alpha c$$

式中，c_3 为进一步考虑非资本要素后的资本产出比，并且 $\gamma > 1$，校正后资本产出比进一步增大，则灾害对经济增长率影响的下限为

$$y = \frac{l_3}{c_3} = \frac{\pi \varepsilon}{\alpha \beta \gamma} \frac{l_1}{c} = \frac{\pi \varepsilon}{\alpha \beta \gamma} \frac{l - l_0}{c}$$

定义 $1/c_3$ 为损失影响乘数，其经济意义表示灾害所造成的损失是以损失影响乘数的方式影响经济的增长率。上式中 y 为灾害对经济影响的下限。综合考虑灾害对经济影响的上限和下限，可以得到灾害对经济的影响介于二者之间，即

$$\frac{l_3}{c_3} \leqslant y \leqslant \frac{l}{c}$$

3. 最小补偿投资

（1）最小投资补偿比　灾害发生以后的恢复重建过程中，经济本身具有足够的生产能

力条件下，最少需要新增多少投资才能弥补潜在的灾害预期损失，从而消除灾害对经济带来的负面影响。假定灾害并没有使经济发展产生瓶颈，即隐含着灾后恢复重建投资能够顺利地按照乘数影响收入。

首先介绍投资系数的概念。投资系数定义为投资占总产出或总收入的比例，此处的投资特指恢复重建投资，用数学形式表示为

$$v = \frac{I_r}{Y}$$

式中，v 为投资系数；I_r 为恢复重建投资；Y 为总收入。

假定经济中的乘数为 m，需要增加的重建投资为 ΔI_r，则收入的变化量与增加的恢复重建投资之间的关系为

$$\Delta Y = m \Delta I_r$$

方程两边同除以总产出或收入 Y，得

$$\frac{\Delta Y}{Y} = \frac{m \Delta I_r}{Y}$$

即

$$y = m \Delta v$$

变形，可得

$$\Delta v = \frac{y}{m}$$

根据灾害影响的下限 $y = l_3/c_3$，代入最小补偿投资比，得

$$\Delta v = \frac{y}{m} = \frac{l_3}{mc_3}$$

最小补偿投资比的经济意义为：受灾后的第一年，用以完全弥补资本损失而造成的产出下降所需要的最小投资系数增加量。

（2）乘数 m 与损失影响乘数 $1/c_3$ 的关系　根据灾害影响的下限可知 $y = l_3/c_3$，又根据乘数理论可知 $y = m \times \Delta v$。比较两方程可知：灾害损失和恢复重建投资都是影响经济增长的因素，其中灾害损失是以损失影响乘数 $1/c_3$ 为系数影响经济的增长；而恢复重建投资以乘数的方式影响经济的增长。通过比较乘数 m 和损失影响乘数 $1/c_3$ 的大小，可以得出一些重要的结论。

讨论若 $m>1$、$c_3>1$（即 $1/c_3<1$）时说明什么问题。

若 $m>1$，说明每一单位投资系数的变化，产出增长率以 m 倍增加；当 $1/c_3<1$ 时，说明每一单位损失产出比，收入下降 $1/c_3$（损失影响乘数）。若 $m>1/c_3$，意味着每一单位重置资本通过乘数而增加的收入，大于每一单位资本损失所导致的减少的损失。比如 $m=2$、$c_3=10$，说明 1 个单位投资会提高 2 个单位的收入，而 1 个单位损失的结果为 0.1 个单位的收入下降，二者之间的比率为 20 倍。这说明在某一时间内没有必要进行大规模的恢复重建投资来弥补灾害所带来的损失，灾害恢复重建可以持续多年。

4. 具有时间参数的最小投资比

前已述及，灾害恢复重建可以持续多年，而最小补偿投资为受灾后的第一年，用以完全弥补资本损失而造成的产出下降所需要的最小投资系数增加量，因此这里需要引入时间参数，研究随时间变化每年的补偿投资是多少。

假定恢复重建投资形成的资本与灾害损毁的资本相同，用 Δv_1 表示灾后第一年的补偿投资，则在灾后的第一年年末或第二年年初，资本存量增加了 Δv_1，也可以认为生产潜力通过第一年的恢复重建提高了 Δv_1，因此，资本损失比就不再是原来的 l_3，而是 $l_3 - \Delta v_1$，恢复重建投资也就不需要原来那么多。

任一年年末的最小补偿投资比为

$$\Delta v_i = \frac{l_3 - \sum_{i=1}^{n} \Delta v_{i-1}}{mc_3}$$

式中，$\Delta v_0 = 0$，$i = 1$，2，$\cdots$，n。

对上述级数进行变换，可得第二年的最小补偿投资比 Δv_2 为

$$\Delta v_2 = \frac{l_3 - \Delta v_1}{mc_3} = \Delta v_1 - \frac{\Delta v_1}{mc_3} = \Delta v_1 \left(1 - \frac{1}{mc_3} \right)$$

同理，第三年的最小补偿投资比为

$$\Delta v_3 = \frac{l_3 - \Delta v_1 - \Delta v_2}{mc_3} = \Delta v_1 - \frac{\Delta v_1}{mc_3} - \frac{\Delta v_1 \left(1 - \frac{1}{mc_3} \right)}{mc_3}$$

$$= \Delta v_1 \left(1 - \frac{1}{mc_3} - \frac{1}{mc_3} + \frac{1}{mc_3^2} \right) = \Delta v_1 \left(1 - \frac{1}{mc_3} \right)^2$$

因此，可以归纳出

$$\Delta v_i = \Delta v_1 \left(1 - \frac{1}{mc_3} \right)^{i-1}$$

用 r^0，r^1，$\cdots$，r^n 分别代替 $\left(1 - \frac{1}{mc_3} \right)^0$，$\left(1 - \frac{1}{mc_3} \right)^1$，$\cdots$，$\left(1 - \frac{1}{mc_3} \right)^{n-1}$，则每年的最小补偿投资比为 $\Delta v_1 r^0$，$\Delta v_1 r^1$，$\Delta v_1 r^2$，$\cdots$，$\Delta v_1 r^n$。

这是一个递减的几何级数，当 n 趋于无穷大时，该级数趋于零，说明恢复重建过程可以持续多年，每年都可以通过较小的补偿投资以保持总收入不受影响。补偿投资的大小取决于乘数 m、资本产出比 c_3 和资本损失比 l_3 等因素。乘数 m 和资本产出比 c_3 越大，则 $1/mc_3$ 越小，第一年的最小补偿投资 $\Delta v_1 = l_3/c_3$ 就越小，同时，系数 $r^i = (1 - l_3/mc_3)^{i-1}$ 趋近于 1，每年需要的投资小；反之，当 m 和 c_3 越小，$1/mc_3$ 越大，需要的初始投资就越大，r^i 接近于 0，这时需要重建的年份比较短。

5. 总补偿支出

以上分析的仅仅是资本损失导致的 GDP 损失，因为损失当中有一部分为当前的 GDP，也应该补偿这部分损失，这应该在第一年中一次性支出。

$$\Delta e_1 = \frac{m_1}{m_2} l_0 + \Delta v_1$$

式中，e_1 为第一年需要的总支出比；v_1 为第一年需要的最小投资比；l_0 为当前产出损失比；$m_1 = 1/c_3$ 为影响乘数；m_2 为响应乘数（投资乘数）。

二、灾后恢复重建模型

灾害会造成大量的资本存量损失，甚至也会造成大量的人员伤亡，如 1995 年发生的日本神户地震造成了数千人死亡。这里只讨论灾害造成的资本存量的损失，而没有人员的伤亡情况。本节将应用经济增长的索洛模型，说明灾后恢复重建的过程。

1. 索洛模型简介

索洛模型属于经济增长理论范畴，有时被称为新古典增长模型，因为它基于凯恩斯以前的经济学家所使用的古典模型。

新古典增长理论的基本方程为

$$sf(k) = \Delta k + (n+\delta)k$$

式中，s 为储蓄率；k 为人均资本；$f(k)$ 为人均生产函数；Δk 为人均资本变化量；n 为人口增长率；δ 为资本折旧率。

当经济处于稳定状态时，$\Delta k = 0$，即人均资本不发生变化，则上式可以表示为 $sf(k^*) = (n+\delta)k^*$。

2. 灾害经济的索洛模型

假定自然灾害或人为灾害对资本存量造成严重影响，使得资本存量下降，但对人员没有造成较大伤害，这时人均资本将下降。如图 9-1 所示，如果经济处于稳态的 A 点，灾害造成人均资本由 k^* 下降到 k_d，稳态的国民收入受到灾害的影响由 y^* 下降到 y_d，稳态失衡。

从图 9-1 中上可以看出，当人均资本下降到 k_d 后，储蓄 $sf(k)$ 超过 k_d 点所必需的投资，即 C 点 $(n+\delta)k$ 值，超出的部分为 BC 两点之间的距离。在这种情况下，资本的积累加速形成，人均资本将不断增加，于是经济向右移动，逐渐靠近稳态均衡点 A 点。

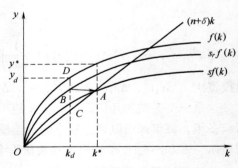

图 9-1　灾害经济的索洛模型

一般来说，在灾害恢复的过程中，由于资源被重新配置到恢复重建过程中，投资将大于灾害发生前的水平，这隐含着资本积累的储蓄率比灾前有所提高。如果储蓄率由灾前的 s 上升到恢复重建过程的 s_r，且 $s > s_r$，这将有利于加速恢复重建的过程。在这种情况下，储蓄曲线 $sf(k)$ 提高到 $s_r f(k)$，这将更加加速资本积累的进程，储蓄超过 k_d 点所必需的投资，超出的部分为 D 与 C 两点之间的距离。然而，随着经济的逐渐恢复，重建投资将逐渐减小，恢复重建过程中的储蓄率 s_r 将恢复到原来的正常水平 s，从而实现由 D 点到 A 点的恢复过程，恢复的速度缓慢地接近于零，人均资本恢复到灾前水平 k^*。

3. 人均资本增长率

灾害恢复重建的动态过程可以通过人均资本增长率的变化加以说明。由 $\Delta k = sf(k) - (n+\delta)k$，同除以 k，得

$$\gamma_k = \frac{\Delta k}{k} = \frac{sf(k) - (n+\delta)k}{k} = \frac{sf(k)}{k} - (n+\delta)$$

式中，γ_k 为人均资本增长率。

当经济处于稳态时，人均资本增长率等于 0，则

$$\frac{sf(k)}{k} = n+\delta$$

灾后恢复重建的动态过程人均资本曲线如图 9-2 所示。

由图 9-1 可以看出，当灾害发生后，人均资本由 k^* 下降到 k_d，稳态的国民收入受到灾害的影响由 y^* 下降到 y_d，稳态失衡。在这种情况下，储蓄 $sf(k)$ 超过 k_d 点所必需的投资，人均资本增长率提高，变为正值，其值为图 9-1 中 BC 点之间的距离。

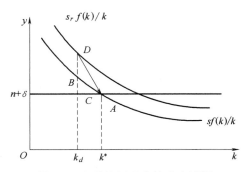

图 9-2　灾后恢复重建的动态过程

由于恢复重建投资的存在，储蓄率上升，由 s 上升到恢复重建过程 s_r，则 $sf(k)/k$ 曲线上升到 $s_r f(k)/k$，人均资本增长率进一步上升，其值为图 9-2 中 D 点和 C 点之间的距离。随着恢复重建过程不断推进，经济不断恢复，储蓄率 s_r 会不断下降，人均资本增长率也会不断减小，最终达到稳态水平时的增长率 0，由 D 点变到 A 点。

根据以上分析可以发现，在灾害恢复重建过程中，配置的资源越多，人均资本增长率越快，经济恢复的速度越快。

4. 存在技术进步的灾害经济索洛模型

经验数据表明，旧的设施或设备更容易受到灾害的损毁，主要原因有以下两个方面：第一，旧的设施由于年代久远，抗灾性能下降；第二，旧的设施可能采用旧规范建造，抗灾性能较低。如采用旧的建筑规范建造的房屋，其抗震性能可能更低一些，因此，在恢复重建的过程中，应该用新技术更新被损毁的设施。假如经济中整体的技术水平由旧资本存量和新资本存量的技术水平共同决定，那么，灾后恢复重建过程中新技术的应用可以提高经济的整体技术水平。

图 9-3 说明灾后恢复重建过程中技术进步情况。假定技术进步是随时间变化的一个变量，用 $A(t)$ 表示。正常情况下，假定技术进步按照一个固定速度 x 增长；当灾害发生后，由于恢复重建过程中采用了新技术，技术进步将以更快的速度 x_r 增长；但是这种增长率是一个暂时的过程，因为恢复重建活动不能促进技术本身的进步。

在以上的分析中，均假定生产中没有技术进步。这种简化有利于理解经济的稳态行为，但忽略了经济增长过程中的长期增长部分，现在引入技术进步，即 $\Delta A/A<0$，来分析灾后恢复重建的恢复路径。

在人均生产函数中，当考虑技术进步时，生产函数可以表示为 $y = Af(k)$。当 $A = 1$ 时，该生产函数转化为 $y=f(k)$；如果技术进步为每年 1%，则生产函数为 $y = 1.01f(k)$。

技术参数 A 可以以多种方式出现在生产函数中，为了数学分析的需要，经常假定技术

为劳动增强型。劳动增强型意味着新技术提高劳动生产率，因此，生产函数可以写成 $Y=F(K,N\cdot A(t))$，式中，$N\cdot A(t)$ 为包含技术进步的有效劳动。

令

$$\hat{k}=\frac{K}{N\cdot A(t)}=\frac{k}{A(t)}$$

则有

$$\hat{y}=f(\hat{k})$$

则式 $\Delta k=sf(k)-(n+\delta)k$ 变为 $\Delta\hat{k}=sf(\hat{k})-(x+n+\delta)\hat{k}$。

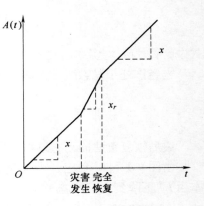

图 9-3　灾后恢复重建过程中新技术的应用

当存在技术进步时，人均资本增长率可以表示为 $\gamma_{\hat{k}}=sf(\hat{k})/\hat{k}-(x+n+\delta)$；当经济处于稳态时，人均资本增长率等于 0，满足稳态的条件，即 $sf(k^*)/k^*=x+n+\delta$。

依然假定自然灾害或人为灾害对资本存量造成严重影响，使得资本存量下降，但对人员没有造成较大的伤害，人均资本由 k^* 下降 $\hat{k}_d$ 的情形。可以分三种情况说明人均资本的增长情况。

（1）没有重建投资，技术进步保持原有的水平　没有重建投资，意味着经济体依然保持着原来的储蓄率 s 不变，图 9-4 中曲线 $sf(\hat{k})/\hat{k}$ 代表着没有重建投资时的情形；因为没有恢复重建，技术进步保持原有水平 x，图 9-4 中 $x+n+\delta$ 曲线代表技术发展水平不发生变化的情形。在这种情况下，人均资本增长率为 B 点和 C 点之间的距离。

（2）具有重建投资，没有技术进步　灾害发生以后，通常进行恢复重建投资以尽快恢复经济，恢复重建投资意味着储蓄率的提高，假定储蓄率由原来的 s 上升到 s_r，图 9-4 中曲线 $s_r f(\hat{k})/\hat{k}$ 代表着具有重建投资时的情形，则 D 点与 C 点之间的距离表示具有重建投资时的人均资本增长率。如果用人均资本增长率代表经济的增长率，则具有恢复重建投资的经济增长率要大于没有恢复重建投资的情况，D 点与 C 点之间的距离要大于 B 点和 C 点之间的距离。

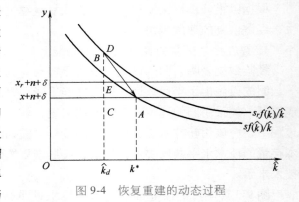

图 9-4　恢复重建的动态过程

（3）既有重建投资，也有技术进步　在灾后恢复重建过程中，如果采用新技术，促进了技术进步，人均资本的变化又会是怎样的情况呢？结果看起来似乎难以置信，技术进步会导致人均资本 $\hat{k}$ 增长率下降。幅度为图 9-4 中 D 点和 E 点之间的距离。这时因为技术进步会导致更快的有效劳动的增长，因此会导致 $\hat{k}$ 增长率下降。

从以上分析可以看出，经济的恢复速度取决于重建投资的资源配置情况，重建投资越多，经济的恢复速度越快；新、旧资本存量的混合程度同样影响恢复速度，旧资本存量越多，则在恢复重建的过程中采用新技术的可能性越大，越有可能提高整个经济体的技术水平。

第三节　灾后损失评估

一、灾后损失评估的类型

自然灾害对人类社会的危害可以概括为四方面：①危害人类生命和身心健康，破坏人类正常生活，造成人口死亡、受伤失踪以及缺粮、断水、心理损伤等；②破坏人类劳动创造的物质财富，包括畜禽、农产品、林木、建筑工程设施、设备、工具等物资；③破坏农业生产、工业生产、交通运输以及其他产业活动，影响社会经济的正常发展；④破坏人类生存与发展的资源与环境，主要包括水资源、土地资源、生物资源、海洋资源以及海洋环境。以上四方面危害对人类生命健康和物质财富的破坏具有更直接的作用，由此形成的灾害属于直接损失，是进行灾情评估的主要内容；它们对人类经济社会活动和资源环境的破坏属于灾害破坏活动的外延和发展，由此形成的损失属于间接损失或衍生灾害损失。

二、灾后损失的定量评估方法

1. 传统的灾损评估

灾害发生后，根据灾害的大小，分别由各级政府及有关主管部门派出调查组，到现场进行全面的或抽样的调查和评估。调查和评估的内容包括灾害灾变等级评定、灾害影响范围、各类受灾体受损程度的评定和分类统计、直接灾害损失计算、间接灾害损失计算和灾害等级的评定等。

这种由各级政府逐层汇总上报的方式主要利用经验，根据一定的标准直接估算，简单实用，但存在诸多不足，如：统计速度慢，耗时耗力，并且上报结果精度不够，极易受人为因素影响，自报数据缺乏科学性，损失统计结果往往偏大，与实际损失相差甚远。总之，这与灾情评估工作的需求很不相符。

2. 灾度等级评估

灾度是自然灾害损失绝对量度量的分级标准。灾度的确定主要从城市对自然灾害的承受能力、致灾的自然条件背景以及相应的管理对策三方面综合考虑，并结合国情制定。马宗晋等建立的灾度等级是以人口的直接死亡数和社会财产损失值作双因子判定为分级标准，将自然灾害损失分成微灾（E级）、小灾（D级）、中灾（C级）、大灾（B级）和巨灾（A级）5个等级。灾度等级的划分标准见表9-2。

灾度概念的建立，将自然灾害损失的自然性与社会性以人员死亡和财产损失为桥梁，把自然灾害的强度与社会对灾害的承受能力相互连接，其重要意义在于建立了描述自然灾害损失等级划分的定量化标准。

表 9-2　灾度等级的划分标准

灾度等级	人口死亡（人）	财产损失（元）
巨灾（A 级）	$\geqslant 10^4$	$\geqslant 10^{10}$
大灾（B 级）	$10^3 \sim 10^4$	$10^8 \sim 10^9$
中灾（C 级）	$10^2 \sim 10^3$	$10^7 \sim 10^8$
小灾（D 级）	$10 \sim 10^2$	$10^6 \sim 10^7$
微灾（E 级）	< 10	$< 10^6$

注：表中数据范围含前不含后，如 $10 \sim 10^2$ 代表 $[10, 10^2)$，余同。

但是，灾度只给出了自然变异对社会财富所造成的破坏的绝对量，灾度大小并不能全面反映出灾害事件所造成的损失占社会财富和社会生存总量的比重。从经济发展的角度衡量，灾度不能满足灾害损失程度的度量，而事实上，有必要建立一种以自然灾害对社会生产总量、社会财富及再生产能力的衡量指标。

3. 灾损率

灾损率是对自然灾害损失相对量的度量。它反映了自然灾害损失占灾区经济生活和社会生产总量的比率。灾损率概念的建立，在灾害等级划分和灾害救援以及灾害管理方面具有十分重要的意义。

理论上，灾损率是衡量灾害事件所造成的社会影响及破坏能力的评估指标。而在时间域内，随着社会生产总量和社会财富的不断积累以及再生产的扩大，国民经济必将不断发展扩大，社会财富的积累也将不断增加。在空间域内，因为各个地区的经济基础、人口密度、资源储备、科技水平和生产能力的差别，这些地区为了应付自然灾害损失的社会储备，全社会的防御、抵抗自然灾害的能力以及灾害事件发生后的抢救和恢复社会再生产的自愈能力也不尽相同。同等灾害事件所造成的损失在时间域和空间域上所反映的将是对社会财富不同的破坏能力和破坏强度，于是需要建立灾损率这种评估灾害破坏能力的经济指标。因此，灾损率的概念应该是科学的、可操作的和实用的自然灾害损失评估的经济指标。根据我国经济发展指数和新中国成立以来自然灾害经济损失的资料统计，对应灾度的概念，同样将灾损率划分为 5 个等级，见表 9-3。

表 9-3　灾损率等级的划分

灾损率等级	灾损率指数	灾损率等级	灾损率指数
A 级	$\geqslant 0.5$	D 级	$0.2 \sim 0.3$
B 级	$0.4 \sim 0.5$	E 级	< 0.2
C 级	$0.3 \sim 0.4$		

三、灾害损失评估指标体系

自然灾害的直接破坏作用表现为人员伤亡和经济财产损失两个方面，灾后救援损失是自然灾害造成的间接损失（见图 9-5）。在评估划分成灾等级时，有人主张将人员伤亡和经济财产损失进行归一化处理，采用单一的经济损失程度评价灾害等级，即把人员伤亡也折算成经济损失，与经济财产损失叠加，得出灾害的总计经济损失，据此评价灾害等级。但由于人员伤亡的货币损失估算方法不一，因此，主张以人员伤亡和经济财产损失双重指标作为评估灾害程度的标准体系。其中，经济财产损失采取各项经济损失的绝对值叠加的办法获取总数，人员伤亡损失以死亡人数为准，对受伤人数采取以伤残程度按一定系数折算为死亡人数，二者叠加作为评价成灾程度的指标。

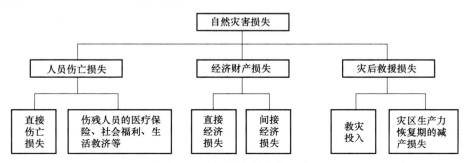

图 9-5 自然灾害损失的构成

四、灾害经济损失计算模型

在自然灾害中的受灾体的价值类型可以归结为两类：一类为房屋、铁路、公路、桥梁、设备、室内财产等，是人类劳动创造的有形财富，其价值属于资产价值；另一类为土地、地下水等，是人类生存与发展的基础，其价值属于资源价值。

由于自然灾害损失都是通过受灾体损坏表现出来的，所以调查评估统计受灾体损毁数量和损毁程度，是核算经济损失的基础。

不同受灾体因其价值损失的表现形式不同，总体上可分为两类：一类是成本价值损失，指灾害造成的劳动产品自身成本投入的损失，如农产品、房屋、设施、机器设备等产品因灾全部损失或部分损失；另一类是经济效益价值损失，指灾害造成受灾体可能受到的正常经济收益的损失，如农作物和果树因灾减产或绝收、部分流通商品的市场利润损失等。在灾情统计中，大部分受灾体经济损失基本上相当于成本价值损失，一部分受灾体的经济损失基本相当于效益价值损失。

灾害经济损失构成虽然不尽一致，但其最终表现形式均为价值损失，因此，在灾害评估中可采用财务评价方法核算灾害经济损失，即以单位受灾体价值损失乘以受灾体损毁数量作为基本模型进行经济损失核算。不过，由于受灾体类型不同，其基本参数的具体含义和确定方法不尽相同，现详述于下：

（1）牲畜、家禽、养殖品受灾价值损失

1）成畜、成禽和收获期、临近收获期的养殖品受灾价值损失为

$$\mathrm{ZS}(J_1) = (J_d - J_c) \cdot \mathrm{LH}$$

2）幼畜、幼禽和生长期养殖品受灾价值损失为

$$\mathrm{ZS}(J_1') = (J_b - J_c) \cdot \mathrm{LH}$$

（2）农产品受灾价值损失

$$ZS(J_2) = (J_b - J_c) \cdot LH$$

或者
$$ZS(J_2) = J_d \cdot JB \cdot LH$$

（3）农作物和草原牧草受灾价值损失

$$ZS(J_3) = N_m \cdot NB \cdot LH \cdot J_k$$

（4）林木受灾价值损失

1）成熟林木受灾价值损失为

$$ZS(J_4) = (J_d - J_c) \cdot LH$$

成熟林木单价为单株或单位蓄积量（m^3）的市场价。

2）幼龄林木受灾价值损失为

$$ZS(J_4') = (J_b - J_c) \cdot LH$$

（5）耕地受灾价值损失

$$ZS(J_5) = J_x \cdot LH$$

（6）房屋等工程建筑设施受灾价值损失

$$ZS(J_6) = J_j \cdot JB \cdot LH$$

（7）机器设备、仪器、仪表等室内物品受灾价值损失

$$ZS(J_7) = (J_j - J_c) \cdot LH$$

或者
$$ZS(J_7) = J_j \cdot JB \cdot LH$$

上述式中各个符号的含义如下：

$ZS(J_i)$ 为受灾体价值损失（元、万元、亿元），$i = 1, 2, \cdots, 7$；J_b 为受灾体成本单价（万元/kg、万元/t、元/只、元/头、元/m^2、元/m^3、元/件、元/台、元/辆、元/株等）；J_c 为受灾体残余价值（元、万元/kg、万元/t、元/只、元/头、元/m^2、元/m^3、元/件、元/台、元/辆、元/株等）；N_m 为农作物、果茶、牧草等单位面积产量（kg、t/hm^2）；NB 为农作物、果茶、牧草等单位面积减产比（%）；J_k 为收获物单价（万元/kg、万元/t 等）；J_d 为受灾体市场单价（万元/kg、万元/t、元/只、元/头、元/m^2、元/m^3、元/件、元/台、元/辆、元/株等）；J_x 为受灾体修复成本（元、万元/m^2、件、台、辆等）；J_j 为受灾体灾前净值（元、万元/m^2、件、台、辆等）；JB 为受灾体价值损失比（%）；LH 为发生损毁的受灾体数量（kg、t、只、头、m^2、m^3、件、台、辆、株等）。

通常灾情统计有两种方式：一种是初始调查，其方法是对统计区内的灾情信息进行实际调查核算，然后统计上报，该方式一般应用于基层行政区的灾情统计；另一种是汇总调查统计，其方法是根据下属所有基层行政区呈报的灾情调查统计结果经进一步核查后进行汇总，得出本行政区内的灾情。在初始调查统计区，其值相当于各种受灾体价值损失的总和，即

$$ZS(C) = \sum_{i=1}^{n} ZS(J_i)$$

式中，$ZS(C)$ 为灾害事件直接经济损失；$ZS(J_i)$ 为某类受灾体因灾价值损失；i 为受灾体种类。

在一次灾害性事件中，由于距离灾害发生源地以及局部自然条件和人为防灾效能的差异，不同地区灾害危害方式和破坏强度不同，同一类受灾体损毁程度相差悬殊。因此，进行

大面积灾害事件损失评估时，为了进行抽样调查和核算经济损失，对于那些危害差异比较大的灾害在确定灾变等级的基础上，根据成灾要素进行灾害危险性分区或灾害烈度划分，分区、分块进行受灾体损毁程度调查统计和经济损失核算，以便准确地反映灾情。于是，将上式变为

$$ZS(C) = \sum_{k=1}^{n} \sum_{i=1}^{n} ZS(J_{k,i})$$

式中，k 为灾害烈度或危险性等级。

在考虑灾害烈度分布基础上，对受灾体进行分区调查统计虽然便于反映受灾体损毁程度的地区差异，但是即使在同一烈度等级区内，同一类型受灾体的损毁程度也不尽相同，因此还需要通过调查统计不同损毁等级的受灾体数量。在此基础上，根据不同烈度区、不同种类受灾体、不同损毁等级受灾体的数量和价值损失比核算一次灾害事件的直接经济损失，于是，上式进一步具体化为

$$ZS(C) = \sum_{k=1}^{n} \sum_{i=1}^{n} \sum_{t=1}^{n} ZS(J_{k,i,t})$$

式中，t 为受灾体损毁等级，其他符号含义同前。

第四节 灾后恢复重建规划

一、灾后恢复重建规划编制的原则

灾后恢复重建规划应当包括恢复重建总体规划和基础设施建设规划、公共服务设施建设规划、防灾减灾和生态修复规划、土地利用规划等专项规划，同时也要包含灾害状况和区域分析、恢复重建原则和目标、恢复重建的范围和空间布局、恢复重建的任务和措施等。规划的具体制定应当依据以下原则：

（1）因地制宜，合理布局　灾后恢复重建规划必须依据当地的具体情况，进行实地勘察，具体掌握房屋和基础设施的受损程度，并通过解读地形图、航空照片，进行科学选址。例如灾害发生后，受损严重的地区，不再规划为重建区域，而应该相应地规划出迁移区域，用于适度的集中人口和工业，建设小城镇，这不仅有利于从根本上解决灾害的威胁，扭转年年受灾、年年重建的恶性循环，还有利于促进小城镇的建设，较长远地安排受灾群众的生产和生活。

（2）一次规划，分期建设，逐步实施　恢复重建规划是从全局出发，根据区域未来的发展方向、人口用地规模，确定各类用地的布局，进而确定区域内的道路网线及各主要公共建筑的规划布局。这客观上需要对区域进行统筹安排，一次性规划。但由于恢复重建工作任务重大，资金的需求量大，时间紧迫，具体建设工作必须分期进行。灾害发生后，最为紧迫的是解决灾民的住房问题，因而必须首先在重建区域划定出居民住宅用地区域，并做出住宅区域内的具体布局。在具体建设方面，灾民建房也可以先建一层，待灾区经济发展后再分批

分年加盖完工；对那些经济有困难的居民，可以实行两户共建合住政策。近期不能实现的建设项目，应当严格控制其用地，为长远发展留下余地。

（3）突出重点，稳步发展　灾害发生后，应重点处理与灾民生活密切联系的住宅用地布局，道路、水电、绿化、沼气、卫生和文教等公共设施配置等主要问题，同时合理安排其他各项建设用地。

二、灾后恢复重建规划的内容

恢复重建规划的主要任务包括国土空间布局、住房政策、城镇布局、农村恢复、公共服务设施建设、产业恢复、防灾体系建设、生态恢复和环境治理等几个方面。

1）适宜重建区、适度重建区和生态重建区的生产力布局定位和重建目标是结合资源环境承载力、国家主体功能区建设要求和灾前产业发展基础，区分规划区的不同情况，科学合理地安排生产力布局，宜农则农，宜工则工，宜发展旅游业则发展旅游业。

2）要坚持城镇住房恢复重建与城镇化发展相结合；坚持农村住房恢复重建与社会主义新农村建设和扶贫开发相结合；坚持政府组织与市场化运作相结合；坚持维修加固与新建相结合。注重尊重居民意愿和满足现代生活需要，注重防灾减灾和建设质量，注重体现地方特色和保护传统民居风貌，注重集约用地和节能环保，注重调动灾区群众的主动性和动员社会各界力量，确保城乡住房恢复重建工作的科学性和实效性。

3）要优先恢复灾区群众的基本生活条件和公共服务设施，尽快恢复生产条件，合理调整城镇和基础设施布局，逐步恢复人居环境，构建布局合理、功能完善的城镇体系。使城镇布局得到优化，功能得到恢复或提高，防灾减灾能力得到加强，人居环境得到改善，主要公共服务设施和基础设施达到或超过灾前水平。

4）要抓紧治理各种灾害，着力加强灾害监测预警、各类灾害防治、应急指挥和救援救助能力建设。建立健全综合减灾管理体制和运行机制，全面提高综合减灾能力和灾害风险管理水平，切实保障人民群众生命财产安全，促进灾区经济社会协调可持续发展。

5）要立足资源环境承载能力，保障安全与生计，注重灾后恢复重建与统筹城乡综合配套改革、新农村建设和扶贫开发相结合，努力恢复灾区农业生产设施条件，改善农村人居环境，发展现代农业，加强农村公共服务，增加农民收入，为农业持续发展、农村繁荣稳定、农民安居乐业奠定基础。农业生产设施和农村基础设施明显改善，农业综合生产能力、农业科技支撑能力、农村公共服务能力基本达到或超过灾前水平，贫困村生活生产条件改善，为实现国家农村扶贫开发目标奠定坚实基础。

6）要适应新农村建设、新型工业化和统筹城乡发展的要求，与灾后恢复重建的城镇布局、生产力布局相适应，优先恢复重建与灾区群众基本生活和工农业生产密切相关的市场服务网点及流通基础设施，逐步形成布局合理、设施齐全、功能配套、结构优化的市场服务体系，为灾区生活和生产恢复与经济社会发展提供市场服务保障。使市场服务网点全面恢复，流通基础设施得到加强和改善，市场服务体系的功能得到恢复和提升，满足居民生活需要，吸纳劳动力就业，促进工农业生产和经济社会发展。

7）要按照严格保护耕地、节约集约用地的方针，统筹经济社会恢复重建与土地利用优化用地结构与布局，推进新型工业化、城镇化和新农村建设，改善生态环境，为恢复重建美好家园和经济社会可持续发展提供支撑。要保障灾后重建必需建设用地，确保因灾转移人口临时安置和受灾群众家园恢复重建的必需用地得到保障，尽快恢复工农业生产条件；节约集约用地，立足于保障灾区恢复重建，合理控制建设规模，城乡建设用地集约利用水平有所提升，努力转变用地方式，防止用地浪费，大力推进土地整理复垦，确保灾毁耕地、临时用地、废弃城镇村和工矿用地得到有效整理复垦，有效补充耕地，农村人均耕地拥有量保持稳定，恢复农业综合生产能力。

第五节　灾后危机风险管理的措施

一、灾后恢复重建的工作原则

灾后恢复重建不是对灾前景观的简单复原，因此，编制灾后恢复重建规划应当全面落实科学发展观的原则，坚持以人为本，将就地恢复重建与异地新建相结合，优先考虑恢复重建受灾区群众的基本生活和公共服务设施。

1. 坚持以人为本的原则

在突发危机事件的善后处置和恢复重建工作中，要切实履行政府的社会管理和公共服务的职能，高度重视人民的生命权和健康权，把保障公众健康和生命财产安全作为首要任务，充分依靠群众的力量，采取有效的措施，最大限度地减少突发事件及其造成的人员伤亡和危害，并切实加强对应急救援人员的安全防护工作。

2. 坚持统一领导、属地管理为主的原则

在突发公共事件的善后处置和恢复重建工作中，要在政府部门的统一领导下建立健全分类管理、分级负责、条块结合、属地管理为主的应急管理体制，在各级党委领导下，实行行政领导责任制，充分发挥专业应急指挥机构的作用，将突发公共事件中的善后处置和恢复重建工作层层落实，逐级量化。

3. 坚持依法规范、加强管理的原则

各级人民政府及其有关部门要按照规定的权限和程序依法实施突发公共事件中的善后处置和恢复重建工作。依据有关法律和行政法规，加强应急管理，妥善处理应急措施与常规管理的关系，合理把握非常措施的运用范围和实施力度。维护公众的合法权益，使应对突发公共事件中的善后处置和恢复重建工作规范化、制度化、法制化。强调责任追究与鼓励承担风险。对责任人追究责任的关注，只是善后处置的一个方面，关键在于能否从突发公共事件中吸取教训，举一反三，未雨绸缪，防患于未然。同时，由于很多突发公共事件无章可循，既定的应急预案难以照搬，需要决策者在紧急情况下做出非常规决策，在这种情况下需要更多地鼓励创新和勇于承担风险。为此，应急管理问责制的设计和实践中，一是要区分领导责任、行政责任等；二是要正确区分法律责任、行政责任、政治责任之间的区别与联系；三是在强化问责制的同时，也要提倡对特定应急管理与决策行为予以宽恕，鼓励官员们在突发公共事件的善后处置和恢复重建中勇于负责，而不是推卸责任。

4. 坚持质量与注重效率相结合的原则

突发公共事件的善后处置和恢复重建工作的各环节都要确保质量与注重效率相结合，建立健全快速反应机制，及时获取充分而准确的信息，跟踪研判，果断决策，迅速处置，最大限度地减少危害和影响。加强以属地管理为主的应急处置队伍建设，建立联动协调制度，充分动员和发挥乡镇、社区、企事业单位、社会团体和志愿者队伍的作用，依靠公众力量，形成统一指挥、反应灵敏、功能齐全、协调有序、运转高效的应急管理善后处置和恢复重建工作机制。

5. 坚持科技先导、公众参与的原则

加强公共安全科学研究和技术开发，采用先进的监测、预防和应急处置技术及设施，充分发挥专家队伍和人才库的作用，提高应对突发公共事件的科技水平和指挥能力，避免次生、衍生灾害事件。加强宣传和培训教育工作，普及科学常识，形成由政府、企事业单位和志愿者队伍相结合的突发公共事件应对体制，提高公众自救、互救和应对各类突发事件的综合素质。

6. 坚持资源整合的原则

整合现有突发公共事件应急处置资源，建立分工明确、责任落实的保障体系。应急管理要实现组织、资源、信息的有机整合，充分利用现有资源，进一步理顺管理体制、工作机制，努力实现各职能部门之间的协调配合，建立统一指挥、反应灵敏、功能齐全、运转高效的应急管理机制。通过组织整合、资源整合、行动整合等应急要素的整合，形成一体化的灾后善后处理与恢复重建系统。

7. 科学统筹与合理规划的原则

坚持因地制宜，城乡统筹，突出重点，兼顾一般，局部利益服从全局利益；受灾地区自力更生，生产自救与国家支持、对口支援相结合；就地恢复重建与异地新建相结合；立足当前与兼顾长远相结合；经济社会的发展与生态环境资源保护相结合，实现人与自然和谐相处。

二、灾后恢复重建的措施

从危机管理的角度看，恢复重建就意味着让建筑物、系统和人都回到灾前的正常状态或更好的状态，它具有很强的政府性，是应对政府治理危机的一道基本的保障线，也是社会安全的一道基本防线。应该提高对恢复重建能力的重视程度，加强灾民安置和现场恢复能力建设，保障灾区生产、生活和社会秩序尽快恢复。因此，从以下九个方面进行灾后恢复重建工作。

1. 灾后灾民的安置

在重特大突发事件灾后恢复工作中，灾民的过渡性临时安置与救助工作往往是灾后恢复重建工作的重中之重。过渡性安置可以根据灾区的实际情况，采取就地安置与异地安置、集中安置与分散安置、政府安置与自行安置相结合的方式。政府对投亲靠友和采取其他方式自行安置的受灾群众给予适当的补助。过渡性安置的地点应当选择在交通条件便利，方便受灾群众恢复生产和生活的区域，并避开地震活动断层和可能发生洪灾、山体滑坡、崩塌、泥石流等灾害的区域。

实施过渡性安置应当占用废弃地、空旷地，尽量不占用或者少占用农田，并避免对自然保护区、饮用水源的保护区，以及生态脆弱区域造成破坏。过渡性安置住所可以采用帐篷、篷布房等，有条件的地方也可以采用简易住房、活动板房等。安排临时住所确实存在困难的，可以将学校操场和经过安全鉴定的体育场等作为临时避免灾难的场所。过渡性安置地点应当配套建设水、电、道路等基础设施，并按比例配备学校、医疗点、集中供水区、公共卫生间等配套公共服务设施，确保受灾群众的基本生活需要。

灾后，一些弱势群体往往是社会关注的焦点，如孤儿、孤老、孤残人员，此类人员的救济可以采取临时安置与长期安置相结合的办法。对于孤儿，可以通过亲属监护、家庭收养、学校寄宿、社会助养等方式加以妥善解决。对于孤残人员，通过机构照料、居家照料、社会照料等途径，保障其基本的生活和身心健康。

2. 进行心理干预

灾民的心路历程分为三个阶段。第一阶段是灾难发生和之后很短一些时间的应激阶段，此阶段生存第一，灾民自救、他救，并尽可能地抢救财产。在这一阶段，灾民的心理问题并不是很明显。第二阶段为灾害发生几天到几周之内，这一阶段各种各样的心理问题凸显出来，如果没有伴随相应的心理援助，灾民会因为遭受灾难的损失和重建的困难而感到强烈的失落。有研究表明，只有心理救灾与物质救助同步进行，才能达到最佳的救灾效果。第三阶段可能需要几个月甚至几年的时间，尤其是造成重大人员伤亡的特大灾害给人们心理造成的伤害往往是长期的。因此，在灾后的恢复重建工作中，心理系统重建绝不逊于物质系统的重建。心理重建工作可以从以下几方面展开：

（1）社会支持系统　所谓社会支持，是指来自各个方面，包括家庭、亲朋、组织和团体的精神和物质上的帮助和援助。良好的社会支持是创伤后应激障碍发生和保护因素。对受害者来说，从家庭亲友的关心与支持、心理工作者的早期介入、社会各界的热心援助到政府全面推动灾后重建措施，这些都能成为有力的社会支持，可以极大地缓解受害者的心理压力。

（2）认知干预　个体对事物的认知是决定其应激反应的主要中介和直接动因。面对突发事件，恐惧、焦虑和抑郁情绪反应可以严重地损害人的认知功能，甚至造成认知功能障碍，从而使其陷入难以自拔的境地，失去目标，甚至觉得活下去没有价值或意义。因此，必须实施有效的认知干预，提高个体对应激反应的认知水平，纠正其不合理思维，以提高其应对生理、心理的应激能力。

（3）危机干预的机构和网络　面对重大的突发事件及各种自然灾害，能否有效地处理心理危机，已经成为人类健康社会和谐、精神文明、政治文明的新标志。心理危机干预机构和网络的建立与完善，是社会保障系统的一个不可或缺的环节。完整的救援体系应该包括物质支持、医疗救援、卫生防疫、心理救助等方面的内容。心理救助应该是一个功能齐全的网络，包括热线电话、健康网站、心理咨询门诊等多种形式。

3. 提高疾病防治能力

疾病防治能力是灾后重建以人为本原则的最高体现，包括应急救护和疾病防疫两个方面。不论发生何种性质、何种级别的突发事件，首当其冲的是应急救护工作。突发事件发生后，专业队伍救援和群众性自救互救要于第一时间在现场展开，并根据分级救治的原则，按照现场抢救、院前急救、专科急救的不同环节和需要组织实施救护。发生重大、特大危险化学品事故后，医疗救护队伍更要迅速进入救灾现场，对伤员实施初步急救措施，稳定伤情，运出危险区后再转入各医院抢救和治疗。一般情况下，卫生部门负责应急处置工作中救护保障的组织实施，医疗急救中心负责院前急救工作，各级医院负责后续治疗，红十字会等群众性救援组织和队伍应积极配合专业医疗队伍，开展群众性卫生救护工作。

由于受灾之后，群众的正常生活秩序被打乱，生活卫生状况差，传染性疾病容易大面积暴发与传播。因此，灾后的疾病防疫是整个灾区医疗卫生工作的重中之重，特别是灾区环境卫生综合治理。避难场所是灾民比较集中的地方，由于避难场所空间的限制，人口密集，细菌、病毒等容易滋生，传染性疾病最容易暴发和传播。卫生部门要定期对其进行消毒处理和垃圾的清除，以净化环境，将疾病消灭在萌芽状态。

4. 社会治安能力

突发事件爆发后，由于事件的突发性和强打击力，往往会对人的心理造成巨大冲击，使人丧失社会规范意识，容易滋生犯罪。在这种特殊的情况下，加强治安能力的建设，打击违法犯罪活动，保障灾区的安全与稳定尤其值得关注。

要特别提防事关灾区人民生命财产安全、事关市场经济秩序、事关灾后重建的四类案件：一是生产销售假冒伪劣药品、医疗器材和食品、农资等严重危害广大人民群众生命、健康的犯罪活动；二是囤积居奇、哄抬物价、利用救灾物资牟取暴利等严重扰乱市场秩序的非法经营、强迫交易等犯罪活动；三是挪用资金等严重危害抗震救灾和灾后重建顺利进行的犯罪活动；四是借赈灾、募捐、灾后重建的名义进行诈骗、合同诈骗、非法集资等犯罪活动。

5. 环境恢复能力

环境恢复能力是指在突发事件发生之后，对灾害发生地区的生产生活环境进行清理、整治，使之恢复到正常的状态。按照环境污染产生的不同原因，可将环境恢复分为自然灾害类环境恢复和污染类环境恢复。其中，污染类环境恢复又包括化学气体泄漏类环境恢复与核泄漏类环境恢复等。

自然灾害类环境恢复是最常见的环境恢复类型，主要是对自然灾害侵袭所造成建筑物倒塌的残骸、洪水、泥石流、沙尘暴等所带来的沙石泥土开展清理整治活动，使之恢复到正常状态。自然灾害类环境损害波及的面积较广，损害程度也较大，但是损害方式、形式较单一，基本上都是强大的自然力破坏所致。因此，在进行自然灾害类环境恢复时，所需要的手段也较简单，基本上是借助救援队伍或技术装备的力量。在灾害程度轻微时，由各地政府及民政部门指导开展恢复工作；在受灾程度非常严重时，当地政府及相关部门还不足以完成恢复工作，需要申请政府派遣救援部队，辅以志愿者队伍展开恢复工作。政府及相关部门可以通过加大相关恢复器械的购置投入和对单位或个人所拥有的相关器械进行临时征用，保证以最快捷的方式完成环境恢复。而对于应急物资的征用，按照相关的法律法规给予一定的抚恤、补助或补偿。

6. 重建监管能力

首先，确保救灾款物的正确合理使用。大量救灾资金和物资集中调拨受灾地区，加强对这些款物的监管，对确保灾民救助和群众基本生活，尽快恢复生产、重建家园，推动抗震救灾工作顺利进行至关重要。按照财政专项资金管理使用办法的规定，救灾资金和物资管理的筹集、分配、拨付、发放、使用等做到手续完备、专账管理、专人负责、专户存储、账目清楚，堵塞管理使用过程中的各种漏洞，保证救灾款物真正用于灾区、用于受灾群众。因灾生活困难群众补助金、救济粮、孤儿孤老孤残人员基本生活费和遇难人员抚慰金的发放有很强的政策性，必须有效地加以监督，确保落实到位，账款相符。坚持专款专用、重点使用、合理分配的原则，保证救灾款物用于解决灾民的衣食住医等生活困难、紧急抢救、转移和安置灾民、恢复重建灾民倒塌损坏房屋、恢复生产、重建家园，以及捐赠人指定的与救灾直接相关的项目等。

其次，提高救灾款物管理使用效率和公开透明度，把公开透明原则贯穿于救灾款物管理使用的全过程。主动公开救灾款物的来源、数量、种类和去向，自觉接受社会各界和新闻媒体的监督。物资采购要按照《政府采购法》等相关规定执行，凡有条件的都要公开招标，择优选购，防止暗箱操作；救灾款物的发放，除紧急情况外，坚持调查摸底、民主评议、张榜公示、公开发放等程序，做到账目清楚、手续完备群众知情满意。管理部门重点公开救灾款物的管理、使用和分配情况；基层重点公开救灾款物的发放情况。

再次，强化对救灾款物的跟踪审计监督。审计机关要关口前移、提前介入，对财政和社会捐赠款物的筹集、分配、拨付、使用及效果进行全过程跟踪审计。重点查处滞拨滞留、随意分配、优亲厚友、损失浪费、弄虚作假、截留克扣、挤占挪用、贪污私分等问题。对审计中发现的违规问题，及时整改，坚决纠正。有关部门要定期向审计机关报告救灾款物审计情况，审计机关定期向社会公布阶段性审计情况。救灾工作全面结束后，向社会公告救灾款物管理使用的最终审计结果。

最后，加强对救灾款物管理使用情况的纪律检查。纪检监察机关要加强对抗震救灾款物管理使用情况的监督检查，对贪污私分、虚报冒领、截留克扣、挤占挪用救灾款物等行为，要迅速查办，从重处理，对失职渎职、疏于管理、迟滞拨付救灾款物造成严重后果的行为或致使救灾物资严重毁损浪费的行为，要严肃追究有关人员的直接责任和领导责任。涉嫌犯罪的，要及时移送司法机关追究刑事责任。

7. 社会动员能力

从国内外处理危机的经验看，社会动员是配合危机应急机制即时控制和处理危机的有效工具。通过社会动员，政府可以迅速调动和整合社会的人力、财力、物力等资源，依靠全社会的力量有效地使应急机制发挥作用。

8. 灾情评估能力

对应于突发事件的事前预防、事中处置、事后恢复三个阶段，灾情评估也可以分为事前评估、事中评估以及事后评估三个部分。事前评估是指在灾害发生前对相应灾情进行预警、预测，为应急规划的制定提供支撑。事中评估是指在应急处置过程中，利用各种手段和信息来源，快速判断可能影响的范围、受灾人口数、需要避难撤离的人数、重要企事业数以及对交通、电力、供水、供气等系统的影响；同时要求受灾地区快速上报统计灾情；对灾害等级进行评定，明确分级管理责任，为制定应急抢险救援方案提供依据。事后评估主要是指调查、统计、上报、核查实际发生的灾害损失，为灾民救济、保险理赔、制订恢复重建计划等提供依据；同时，也可以为评价决策成败及减灾效益提供依据。在认真进行典型调查的基础上，对灾情预评估模型和灾情预测模型进行修正。其中，灾害损失评估对灾后恢复重建最为重要，它直接为重建规划提供依据。

9. 救助创新能力

在充分运用已有经验的基础上，根据应急管理实践的发展变化，积极创新救灾工作理念，特别是灾害保险体系的创新和城乡一体化救助体系创新尤为重要。灾害保险体系的创新包括以下三个方面的内容：

一是设立灾害保险基金，主要目的是构建商业再保险和国家再保险相结合、多层级的灾害风险分担机制。国内保险业承保灾害风险，应向商业再保险公司分保，由国内外商业再保险公司作为主要的再保险主体；对于超过再保险公司承保能力以上的部分，由政府管理的灾害风险基金提供再保险。

二是政府推动和政策支持。由于公众灾害风险意识较差，投保商业险的意愿不强，同时灾害造成损失程度大，保险公司往往很难独立承担。因此，建立灾害保险制度，政府推动和政策支持是必要条件。

三是开发满足国民需要的灾害保险产品。在借鉴国际经验基础上，结合我国实际，开发满足不同地域、不同群体的灾害保险产品；通过多种方式帮助民众增强风险意识，提高防范风险技能，把灾民损失降到最低程度。

三、灾后恢复重建机制

1. 心理干预机制

事故（无论是自然灾难，还是人为的灾祸）对人们造成的伤害有时是毁灭性的，它除了给事故当事人带来身体上的伤害以外，更重要的是会给当事人心理和精神上带来更大、更严重的伤害，以及由此造成当事人在思维方式、情感表达、价值取向、生活信念以及对生命价值的看法等许多问题上发生人格上的远期变化。对创伤性事故可能产生的影响和心理事故及时地评估和预测，对受害者进行不同时期的援助，可以减轻急性应激反应的程度。对比较严重的受害者进行早期心理干预，能够阻止或减轻远期心理伤害和心理障碍的发生。对已经出现远期严重心理障碍的受害者进行心理治疗，可以减轻他们的痛苦程度，帮助他们适应社会和工作环境。所以，对于可能产生的事故和在事故发生时和发生后，有组织、有计划地为受害人提供心理援助和干预是非常必要的，对于和谐社会的构建和社会局面的安定也是非常必要和有意义的。

2. 监督审查机制

监督审查机制是指为监控事故应急管理体系相关的应急活动，可保证各项工作能够按照既定的目标和任务方向顺利执行，并及时纠正偏离实现预定目标航程所制定的应急活动行为规程。做好事故监督审查机制工作，要遵循以下具体原则：

（1）独立性原则　在事故应急管理体系内监督审查可比作体系内的执法工作，在管理上保证相对的独立性，使之在监督审查时能够摆脱既是裁判员又是运动员的角色，完全从裁判员的角度合理、公正、严格监督审查应急活动中的每一环节，做到依章办事。

（2）公正性原则　建立合理的监控标准，能够真实地衡量每项应急活动的实际工作状况；建立有效的信息获取方式，保证信息来源的及时、可靠和可用；建立配套的奖惩办法，保证监督管理工作的权威性。

（3）改进性原则　监督审查的目的是通过问题的发现和解决来不断健全事故应急管理体系的方方面面，是一种改进业务和管理工作的手段；而配套的奖惩办法只是一种辅助工具，服务于业务和管理的改进工作。不可借用监督审查所赋予的权利，将奖惩作为监督审查的最终目的，这样将完全违背监督审查管理工作的宗旨，不仅不能促进业务和管理工作的发展，反而可能给业务和管理工作设置障碍。

第六节　心理危机干预

因突发事件导致的心理危机是一种强烈的心理应激状态，它不仅能导致人心理紧张，而且长期的心理严重失衡还可能引发心理疾病，给当事人造成极其严重的后果。因此，如何加强心理危机干预是应激管理过程中首要考虑的问题。

一、心理危机的内涵、表现与形成

1. 心理危机的内涵

一旦人们对于某种危机境遇或面临的挫折无法通过正常的途径疏解，就会对个人的正常身心状态带来负担和干扰，引发个人产生持续紧张、担忧、自卑、无聊、抑郁等不健康的心理状态，继而引起行为方式的紧张和改变，最终影响个人的正常生活和工作。通常情况下，将这种个人无法通过自身能力和经验克服因危机事件或遭受挫折而引发的心理失衡状态称为"心理危机"。

显然，心理危机指的是个人无法应对危机或克服心理挫折的一种心理失衡状态，而非危机本身的客观存在。而每个人应对危机本身及其解决危机的办法和经验差别很大。比如，有的人面对事业、学业的失利会选择奋起直追，争取他日东山再起；有的人则自暴自弃，一蹶不振，无法摆脱失利的阴影而影响了积极健康的心理状态。正是个人体质与能力所具有的这种差别性，导致了千差万变的主观体验和心理状态。

"心理危机"作为一个概念并没有形成统一的标准。从20世纪40年代美国、荷兰等西方国家的学者开始研究心理危机以来，在关于心理危机的内涵和标准等问题上形成多种观点和理论，对"心理危机"的概念也有不同的表述。如有些学者强调，心理危机指的是一个人必须面对的困难情境超过了他的能力而产生的暂时性心理困扰；有些学者则认为心理危机是问题的困难性、重要性和立即进行处理所能利用资源的不均衡性；还有些学者认为，心理危机是个体运用通常应对应激的方式或机制仍不能处理目前所遭遇的外界或内部应激时所出现的一种反应。

有些学者将心理危机产生的根源划分为阶段性转换危机源、情境性危机源和文化与社会结构危机源三种类型，依此将心理危机划分为成长性危机、境遇性危机和存在性危机三大类。成长性危机指的是当一个人从某一发展阶段转入下一阶段时，他原有的行为和能力不足以完成新课题，而新的行为和能力又尚未发展起来，个体常常会处于行为和情绪的混乱无序状态的情形。一般来说，成长性危机是可预见的，因而是正常的危机。境遇性危机指的是由外部可见的或超常的、个人无法预测和控制事件（如自然灾害、交通事故、生理疾病等）

引起的。境遇性危机的关键特点在于它是随机的、突然的、震撼性的、强烈的和灾害性的。存在性危机是由文化与社会结构危机源（如社会歧视、抢劫、攻击等非正常行为）引起的，主要表现为伴随着重要的人生问题，如关于人生目的、责任、独立性和承诺等出现的心理冲突和焦虑。因此，存在性心理危机能否得到成功解决，事关人生观、价值观和世界观的正确形成和确立。

2. 心理危机的表现

在突发事件的影响下，当事人的心理应激反应从性质上可以分为两类：一类是积极的心理应激反应，如情绪的唤起、动机的调整、注意力的集中和思维的转化等，此类反应可使人维持应激期间的心理平衡，准确地评定应激源的性质，做出符合理性的判断，从而使人们能够恰当地选择对付应激的策略；另一类是消极的心理应激反应，表现为对应激源的无能为力，经过一段时间后，若仍无法改变这一局面，消极的心理应激反应则会发展为心理危机。一般来说，处于心理危机状态之中的人，都会呈现出典型的创伤后急性应激反应，极少数人开始出现异常，表现出"创伤后应激障碍"症候。从表现特征来看，心理危机主要体现为一种悲观性的主观情绪和相应的行为模式。

在主观情绪反应方面，可谓是多种多样，但大多是悲观的情绪体验，其中最突出的表现就是思想中强迫性的危机事件的回闪，个人不断地重复回忆危机事件，持续性地受到危机事件引发的悲观情绪的冲击和影响而无法求得解脱，引起心理失衡，通常伴有恐惧、焦虑、怀疑、沮丧、忧郁、悲伤、易怒、绝望、无助、无法放松、持续担忧、过分敏感等症状。

3. 心理危机的形成

有些学者则将心理危机产生的原因归为境遇性危机源，阶段性转换危机源和社会、文化结构危机源三大类别。但无论从哪个角度分析，心理危机的形成及其发展程度一般来说要受以下因素的影响：

（1）外部事件即心理危机应激源的物理强度　常见的外部事件包括：突发性事件导致重病或残疾；恋爱关系破裂；突然失去亲人（如父母、配偶或子女）或朋友；失去爱物；破产或重大财产损失；重要考试失败；晋升失败；严重自然灾害，如火灾、洪水、地震等。这些外部事件的严重程度及物理强度是导致心理危机的客观因素。

（2）社会支持系统的强弱程度　一般来说，政府、社会组织、民间力量乃至国际社会等外部支持力量对突发性事件的态度、反应速度、救援效率以及救援效果等与当事人的应激反应强度成反比例关系，即社会系统所提供的援助越大、越及时，当事人的应激强度越趋向于适度水平。需要注意的是，社会救援的数量、质量、及时性，必须要通过当事人的知晓、认知、主观感受和主观评价，才能够变成事后应激水平的调节器。因此，提升社会支持系统在灾民心目中的主观分量，既是宣传部门、大众传媒的职责，也是心理救助人员的工作目标和工作内容。

（3）当事人的内在因素　影响当事人应激水平的内在因素，具体包括两个方面：

一是当事人当前无法改变的客观因素，如家族精神病史、个体病史、受遗传影响的体质特征等。如果家族史中有精神疾病隐性遗传，当事人在特定事件应激反应过程中罹患精神疾病的可能性就会增加。同样，个体神经系统病史也可能提高其在严重应激状况下罹患精神疾病的风险。

二是个体应对灾难的经历、心理复原力，以及个体所具有的世界观、价值观、生活态度、认知方式等，这些具体因素都会对突发性事件的心理应激强度产生影响。例如，如果当事人过去曾有过重大灾难性事件的经历且又成功地应对过，那么，他在以后的突发性事件中就可能具备较强的心理调节能力。同样，如果具有开朗的性格、积极的生活态度或具有建设性的认知方式，也会使当事人从灾难中勇敢地走出来。

二、心理危机干预的概念

在大规模的灾难性事件发生后，除了造成大量的人员伤亡和财产损失外，还对人们的心理产生了巨大的影响。由于长时间应激而造成的心理失衡，人们随即出现焦虑、强迫以及恐慌等症状，并且在一定时期内受到这些不良症状的困扰。这时，就需要对处于心理危机状态的人及时给予适当的心理援助，帮助他们处理迫在眉睫的问题，使其尽快摆脱困难，恢复心理平衡；帮助他们加固和重塑心理结构，顺利度过危机，提高心理健康水平。这一过程就叫作心理危机干预。

国外有些学者指出，心理危机干预是给予处在危机中的个人或者家庭提供有效的帮助和支持，调动他们自身的潜能，重新建立和恢复他们在危机前的心理平衡状态。简言之，就是及时帮助处于危机中的人们恢复心理平衡。国内有学者认为，从心理学的角度来看，危机干预是一种通过调动处于危机之中个体的自身潜能，来重新建立或恢复危机暴发前的心理平衡状态的心理咨询和治疗技术。还有些学者认为危机干预是一种短期的帮助过程，是对处于困境或遭受挫折的人予以关怀和支持，使之恢复心理平衡，是从简短心理治疗的基础上发展起来的心理治疗方法，以解决问题为目的，不涉及来访者的人格矫正。

综合以上学者对心理危机干预的相关界定，可以认为，心理危机干预是对处于危机中且心理遭受严重创伤，或者有不健康行为倾向（如自杀），而凭借自身的力量又无法有效地应对这种危机的个体提供帮助和指导，使其恢复危机前的心理平衡状态，并使其提高对心理危机的正确认识和应对能力的心理咨询技术和治疗过程。心理危机干预的对象是因遭受应激事件无法克服自身心理失衡状态的个体或群体，但是实施心理危机干预的主体则是多种多样的，可以是专业的病理医生，也可以是从事心理指导的教育机构、志愿者服务社区等。

三、心理危机干预的基本原则

心理危机干预主要是在特定的环境和条件下，借助于专业的技术和措施，对特定的人群进行心理治疗的过程。在这一过程中，通常要遵循以下原则：

（1）正常化原则　正常化原则强调在应激干预过程中，建立一个心理创伤后调整的一般模式，包括在这个模式中的任何想法和情感都是正常的。尽管有时这些情感体验是痛苦的，要求干预工作者要以平常同等的态度去面对受助者，切不可将受助者的状态视为一种病态或滑稽的表现，即干预者必须建立"合理即正常"的理念。要让受助者知道，任何人都有可能在某种问题上进入心灵的误区，在这种状态下都会渴望一种理解和支持，任何一种心理危机的影响都可以用一种循序渐进、顺其自然的平静心态来克服。

（2）协同化原则　干预活动双方的关系必须是协作式的，切勿进入某种特定的角色情境中，即受助者是被医治和教育的对象，而干预者则是教育者。双方应该是一种互动平等的交往模式，干预者应以朋友的角色去倾听、解答受助者的疑惑和心声。双方应该在合作、互动、平等、相互理解的基础上开展心理危机的干预与重建工作。

（3）专业化原则　随着心理危机干预工作的逐步完善和提高，专业化的行为指向将越加明显。当然，在救助心理危机个体的过程中，并不排斥非专业人员的积极作用；但所强调的专业化是相对于工作行为指向的定位，而非干预工作者的职业指向。这里的专业化原则，恰当地体现在干预工作者对心理危机及其干预重建方法与过程的认识和熟知上。在干预工作进行之前，都应自觉地或专门地去学习吸收一些关于干预工作和心理专业方面的常识和实践指导，只有这样，心理危机干预工作才能高效地完成既定任务，不会出现误导和倒灌的工作绩效。

（4）个性化原则　在干预者意识到解决问题的一般指导原则的同时，也要估计到可能遇到的困难，应和当事人共同面对问题，一起寻找适合他们的调整模式。普遍性的原则是正确进行干预共建工作的前提，但并不能因此而以偏概全地开展救助工作。个体对危机事件的态度、自身的切身经历、心理承受能力都因人而异，受助的态度与敏感度也参差不齐，因此，把握好工作对象的个性化特征，才能达到对症下药、药到病除的效果。

（5）非术语原则　心理援助过程中，话语风格要通俗、朴实，避免使用心理危机干预术语，严禁夸夸其谈、滔滔不绝。

四、心理危机干预的类型

西方学者将心理危机干预划分为一般模式和个别模式两个大类：一般模式强调对危机产生的过程、受害者的外显的行为方式给予解释、说明，而不太关注引发危机的突发因素和个体的心理动力变化。个别模式则更关注于个体的意义和危机环境带来的情感上的影响。另外，西方学者还有一种七阶段的心理干预模式，分别包括评价阶段、建立联系阶段、审视问题阶段、倾诉阶段、解释与评价过去的方法阶段、认知重建阶段、善后阶段。但是总的来说，目前国内外常用的心理干预模式有以下三种：

（1）平衡模式　平衡模式认为心理危机产生的原因是个人能力和经验的欠缺，即个体无法用以往的经验和应对机制来解决心理危机的冲击。因此，心理危机干预的重点工作就是要让当事人正确认识自身的心理状态和心理特征，以宽慰和鼓励的方式稳定受害者的情绪，使他们在寻求平静的情绪中逐步恢复危机前的平衡状态。这种模式适用于危机发生的早期阶段。在这一阶段，由于受害者受心理危机的影响程度有限，因心理危机而产生的影响的辐射力也极其有限，因此当事人能够在外界的开导和帮助下有效地缓解自身的压力和危机状态。

（2）认知模式　认知模式认为，受害者之所以无法正确应对心理危机的影响，最主要的原因在于受害者理性因素的介入，使受害个体无法用理性、正确的判断力来审视整个危机事件及其自身的危机心理，从而使自身陷入自我否定、自我折磨的精神状态。而正确的干预方式则是使受害者能够清醒地认识其意识中的错误定位，克服对自身心理状态的疑惧和否定。这种模式较适用于那些心理危机状态基本稳定下来、逐渐接近危机前心理平衡状态的受害者。

（3）心理社会转变模式　心理社会转变模式认为，应对心理危机的正确方法应该是既要关注当事者本人内部心理资源和应对能力，同时也要对当事人周围的各种因素有一个准确的认识，这可以包括其职业层次、生活环境、家庭氛围、社区特点等各种因素，整合利用外界一切有利条件，共同帮助受害者克服心理危机，恢复平衡心理状态。应该说，这是心理危机干预最为全面的一种模式，也更有助于达到心理危机干预的良好效果。

上述三种干预模式总体来说有这样几个特征：一是运用阶段划分技术，即将干预过程划分为不同的阶段，针对不同阶段的特点采取不同的技术与措施；二是整合倾向，或者称为"折中倾向"，即将不同的干预模式、支持资源加以整合，使干预的效果达到最佳水平；三是特异性发展，即针对不同人群、不同应激情境做深度拓展，发挥干预的特异性效果。

五、心理危机干预的方法措施

在心理危机干预过程中，需要采取一系列具体的方法。从实践经验来说，这些方法主要包括如下五个方面：

（1）心理技术和陪护方法　根据相关学者的研究，无条件的支持是解决心理问题的重要手段。在突发性灾难事件发生后，大量被干预者的社会支持系统崩溃，形成负性应激源。心理支持和陪护正是解决这一问题的有效手段。通过心理支持和陪护，体现来自社会的关爱，建立临时的社会支持系统，并尽力帮助被干预者解决急需解决的问题，从而对受害者起到平复心理创伤的作用。

（2）放松方法　放松方法主要用于减轻被干预者体验到的恐惧和焦虑，通常有以下 4 种放松训练方法：

1）渐进性肌肉松弛法，即让被干预者遵循由四肢到躯干、由上到下系统顺序，紧张并松弛躯体的每组主要肌肉群。紧张并松弛肌肉可以使它们保持比先前更松弛的状态，达到放松的目的。

2）腹式呼吸法，即让被干预者以一种慢节律方式进行深呼吸，每一次吸气，被干预者都用膈肌把氧气深深吸入肺内。因为焦虑时最常出现浅而快的呼吸，腹式呼吸则以一种更放松的方式取代了这种浅快的呼吸方式，因而减轻了焦虑。

3）注意力集中训练法，即让被干预者把注意力集中在一个视觉刺激、听觉刺激或运动知觉刺激上，或者让被干预者想象愉快的情景或影像等。注意力集中训练常常结合其他放松方法一起使用。

4）行为放松训练法，即让被干预者坐在一把靠椅上，让身体的所有部位都得到椅子的支撑，干预者指导被干预者使身体的每个部位都做出正确的姿势，同时，让被干预者注重肌肉放松、正确呼吸、注意力集中，让身体通过正确的姿势得到放松。

（3）心理宣泄方法　干预者主动倾听被干预者心中积郁的苦闷或思想矛盾，鼓励其将自己的内心情感表达出来，以此减轻或消除其心理压力，避免引起更严重的后果。经历突发性灾难后，个体需要专业的危机干预者提供一个通道宣泄他们的不良情绪，从而获得极大的精神解脱。在进行宣泄时，干预者要对经历突发性事件的个体采取关怀、耐心的态度，让他们畅所欲言而无所顾忌，使他们由于不良情绪得到宣泄而感到由衷的舒畅，进而强化他们战胜灾难的信心和勇气。

（4）严重事件晤谈方法　严重事件晤谈是一种通过系统的交谈来减轻压力的方法。严格来说，它并不是一种正式的心理治疗，而是一种心理服务，服务的对象大部分是正常人。

严重事件是任何使人体验异常强烈情绪反应的情境，可能潜在影响人的正常功能。严重事件造成应激是因为事故处理者的应对能力因该事件而受损，个体出现适应性不良，如紧张、焦虑、恐惧，甚至冷漠、敌对等。需要注意的是，严重事件晤谈技术不适宜处于极度悲伤期的受害者，晤谈时机不好，可能会干扰其认知过程，引发精神错乱。

（5）转介方法　对意识不够清楚的当事人，在不能进行心理辅导和心理治疗的情况下，需要施以物理、化学治疗，首先改善神经系统的功能状况，然后再施以心理治疗和调节。对初步判断为精神病反应的当事人，需要及时进行转介。

从总体上来看，由于危机干预服务的领域在不断拓宽，实施危机干预服务的技术和措施也在日益多样化，因而在心理危机干预的形式上更加强调多学科合作，因为多学科合作可以集中各学科的优势力量，促成多种观点和观念的碰撞，也利于用多元文化的观点来考虑组织的执行干预项目。

思　考　题

1. 什么是灾后危机风险管理？简述其分类。
2. 简述灾后危机风险管理的主要内容。
3. 简述自然灾害对人类社会的危害体现内容。
4. 什么是灾度？如何通过灾度进行灾害等级划分？
5. 简述灾害损失评估指标体系。
6. 简述灾后重建规划编制的原则。
7. 简述灾后恢复重建规划的内容。
8. 简述灾后恢复重建的工作原则。
9. 简述灾后恢复重建的措施。
10. 简述灾后恢复重建机制。
11. 什么是心理危机？简述其表现特征和影响因素。
12. 什么是心理危机干预？简述其基本原则。
13. 简述心理危机干预的类型及特征。
14. 简述心理危机干预的技术措施。
15. 简述灾后恢复重建过程中心理干预的作用。

第十章

GIS 和遥感技术在灾害风险管理中的应用

 / 本章重点内容 /

　　GIS 与遥感技术；GIS 技术在风险分析中的应用；理解参与式 GIS 的主要特点；遥感技术在灾害风险管理中的应用。

本章培养目标

　　了解 GIS 与遥感技术的概念内涵；熟悉参与式 GIS 在灾害风险管理中的应用；熟悉 GIS 技术和遥感技术在灾害风险管理中的应用。通过本章的学习，学生能够理解科学技术是第一生产力，深切感受到科学技术对社会发展的重要作用。

第一节　GIS 在灾害风险管理中的应用

一、GIS 概述

　　GIS 是在计算机硬件、软件系统支持下，对整个或部分地球表层（包括大气层）空间中的有关地理分布数据进行采集、储存、管理、运算、分析、显示和描述的技术系统。GIS 处理、管理的对象是多种地理空间实体数据及其关系，包括空间定位数据、图形数据、遥感图像数据、属性数据等，用于分析和处理一定地理区域内分布的各种现象和过程，解决复杂的规划、决策和管理问题。

　　GIS 将现实世界从自然环境转移到计算机环境，其作用不仅是真实环境的再现，更主要的是 GIS 能为各种分析提供决策支持。也就是说，GIS 实现了对空间数据的采集、编辑、存储、管理、分析和表达等加工处理，其目的是从中获得更加有用的地理信息和知识。这里"有用的地理信息和知识"可归纳为位置、条件、趋势、模型和模拟 5 个基本问题。GIS 的价值和作用就是通过地理对象的重建和空间分析工具，实现对这 5 个基本问题的求解。

　　为实现对上述问题的求解，GIS 首先要重建真实地理环境，而地理环境的重建需要获取各类空间数据（数据获取），这些数据必须准确可靠（数据编辑与处理），并按一定的结构进行组织和管理（空间数据库）。在此基础上，GIS 还必须提供各种求解工具（称为空间分析），以及对分析结果的表达（数据输出）。因此，GIS 应该具备以下基本功能：

1）数据采集功能。数据采集是 GIS 的第一步，即通过各种数据采集设备如数字化仪、全站仪等获取现实世界的描述数据，并输入 GIS。

2）数据编辑与处理。通过数据采集获取的数据称为原始数据，原始数据不可避免地含有误差。为保证数据在内容、逻辑、数值上的一致性和完整性，需要对数据进行编辑、格式转换、拼接等一系列的处理工作。GIS 提供了强大、交互式的编辑功能，包括图形编辑、数据变换、数据重构、拓扑建立、数据压缩、图形数据与属性数据的关联等内容。

3）数据存储、组织与管理功能。由于空间数据本身的特点，目前常用的 GIS 数据结构主要有矢量数据结构和栅格数据结构两种，数据的组织和管理则有文件-关系数据库混合管理模拟模式、全关系型数据管理模式、面向对象数据管理模式等。

4）空间查询与空间分析功能。GIS 除了提供数据库查询语言，如 SQL，还支持空间查询。空间分析是比空间查询更深层次的应用，内容更加广泛，包括地形分析、土地适应性分析、网络分析、叠置分析、缓冲区分析、决策分析等。随着 GIS 应用范围的扩大，GIS 软件的空间分析功能将不断增加。

5）数据输出功能。通过图形、表格和统计图表显示空间数据及分析结果是 GIS 项目必需的。作为可视化工具，不论强调空间数据的位置还是分布模式，乃至分析结果的表达，图形是传递空间数据信息最有效的工具。

二、GIS 在风险分析与管理中的应用

（一）GIS 与风险分析

风险管理者首先需要系统地收集和管理有关风险要素、损失与风险管理项目的详细信息，并开展一系列的风险分析与评估，为风险决策提供信息与依据。例如，地震灾害风险管理需要地震风险分析提供决策所需的信息。地震风险分析包括对地震事件的分析，以及暴露和脆弱性分析。地震风险与位置密切相关。不同的地点，地震发生的概率不同。同时，地理位置也是决定地震烈度的关键因素；建筑、基础设施和人口的脆弱性也因区域不同而发生变化。在风险分析过程中，GIS 在致灾事件和脆弱性的空间特征分析与制图中有着重要的应用。

以地震灾害风险分析为例，GIS 与遥感、摄影测量和 BDS 或 GPS 一起，可用于识别地震事件。利用 GIS 工具分析遥感影像、航片和野外调查数据，以识别断层的位置。地震事件相关数据可方便存储在 GIS 数据库。历史事件可用点或面表示，强度、日期、震中等可作为属性数据。断层可用线表示，名称、长度、断层类型、角度等可作为属性数据。次生致灾事件数据集可通过 GIS 的"叠置"功能从已有数据中生成。例如，通过综合地表破坏程度，以及当地的地质、地表覆盖、降雨和坡度等图层分析，可评估地震灾区的山体滑坡事件。

可能造成重要影响和损失的关键设施如医院可用点来表示，床位数、联系方式等可作为属性信息，学校也可用点来表示，教师和学生人数、联系方式等作为属性信息。公共设施和交通系统可用线或网络加上详细的属性信息表示。人口可以和住宅以及行政区关联。

从致灾事件的重现期、地震风险微区划图到损失评估，GIS 制图应用广泛。建立 GIS 数据库后，通过查询可提取用于风险评估的信息。风险分析模型可嵌入 GIS，通过前端的图形界面提供视图、查询和数据编辑。通常以确定性和概率分析方法进行风险分析。确定性分析可用于情景分析和假设分析。GIS 的前端可用地图显示事件和情景结果，如致灾事件、破坏和经济损失的分布和格局。概率分析可基于历史事件、遵循科学的原则，模拟未来致灾事件和损失及其不确定性。GIS 技术为分析结果的显示提供了强有力的工具，允许用户直观地看见不同事件情景和影响的地理分布，允许用户进行快速的风险要素可视化分析。

（二）GIS 与降低灾害风险

通过模拟致灾事件和风险情景，识别潜在的物理和社会损失，并努力通过提升韧性来降低风险，GIS 在减灾活动中将起到特别重要的作用。以地震风险为例，可创建描述住宅特征的 GIS 数据层，将建筑材料、结构类型、建筑年代等属性包含在内，并与地震断层线位置进行关联，以确定地震的建筑环境脆弱性。这些分析可为决策提供信息，如哪些建筑需要进一步加固以抵抗地震的破坏，或者要求更高的保费，以平衡地震造成的损失。

利用 GIS 可以实现风险和脆弱性的空间指数与建模。构建风险和脆弱性水平的空间指数是风险和脆弱性分析常用的技术。空间指数这一术语是指分配在已有的空间单元或地理区域的数字或定性数值。例如，使用 1~10，1 代表最低值，10 为最高值，将该范围数值分配到已有的空间单元，如省、市、县或一个地理区域，以代表由不同变量计算得出的脆弱和风险水平，并通过制图技术进行可视化表达，如用不同的色调表示不同的脆弱或风险等级。

三、参与式 GIS 在灾害风险分析中的应用

采集当地的信息，与当地社区一起工作并学习本地知识是非常重要的。本地知识通常是理解一个地区脆弱性和能力的关键，但这些知识在地图上几乎不显示，可以转换为 GIS 格式的就更少。然而，这些信息至关重要，因为本地人有经历灾害最丰富的本地知识；他们了解当地灾害发生的原因和影响，以及当地社区处理和应对灾害的方式。这些信息对于土地利用规划、应急管理和灾害风险管理很重要。毕竟，降低灾害风险的目的在于减少人们面对致灾事件的风险，对于可持续灾害风险管理决策的执行，当地人的支持和合作也很重要。

本地人有大量的灾害、脆弱性和风险知识，这些本地知识包括：

1）历史致灾事件及其造成的损失的相关知识。

2）承灾体，以及如何确定其价值量的知识。

3）脆弱性因子的知识。

4）灾害应对策略和能力的知识。

5）通勤方式的知识。

社区风险评估通常由 4 部分组成：①致灾事件评估；②脆弱性评估；③能力评估；④人们的风险感知。目前国际上已开发了许多基于社区的方法，帮助诊断和理解社区灾害风险。常采用的工具方法有研讨会、（半结构化）访谈、线路考察、焦点小组讨论、问题树分析、社区制图、问题和解决方案排序等。通过这些方法对信息综合加工后，可以进行全面评估，如能力和脆弱性评估（Capacity Vulnerability Assessment，CVA），致灾事件、脆弱性和能力

评估（Hazard Vulnerability Capacity Analysis，HVCA），以及破坏、需求和能力评估（Damage Needs and Capacity Assessment，DNCA）。通过这些手段汇集的典型信息包括：

1）社区的灾害管理活动和实践分析。

2）社区风险的感知。

3）确定社区在减灾和减小损失方面的需求与期望。

4）备灾水平评估。

5）增强社区能力和手段，从而有效应对灾害以减少脆弱性的方法。

6）基于社区的灾害管理规划等。

CVA 是一种实用的诊断方法，其目的是帮助理解社区面对的风险属性和水平。风险来自哪里？受影响最严重的是什么？在不同层面有哪些资源可用于减少风险？哪些方面需要进一步加强？一些国际组织，如红十字会与红新月会国际联合会（International Federation of Red Cross and Red Crescent Societies，IFRC）、乐施会（OXFAM）、亚洲备灾中心（Asian Disaster Preparedness Center，ADPC）、国际行动援助组织（Action Aid International）等开发出许多工具包。

参与式 GIS（PGIS）对于采集本地知识、了解当地人对环境和灾害的感知是非常有用的工具，且有助于调研人员向地方当局展示并进行沟通。参与式 GIS 或参与式制图的方法非常适合结合当地知识，进行参与式的需求评估和问题分析理解，反馈和制定适合本地的灾害应对策略。

参与式 GIS 可用于：

1）获取受影响社区当地居民的目击信息，重建历史灾害事件。

2）获取社区承灾体的特征信息，相当数量的当地信息并未公开发布，只能在当地社区的帮助下在本地收集。

3）了解当地社区家庭频繁发生的灾害性事件，如洪水等的应对机制。

4）了解决定社区家庭脆弱性等级以及能力的因素。

5）评估当地社区建议的降低风险的措施。

6）可帮助调研人员与当地社区以及地方当局进行互动。

7）灾后损失制图等。

应该牢记，PGIS 是与当地人共同收集信息，并与他们进行互动，因为他们有不可或缺的降低风险的本地知识。

参与式制图方法使用的工具强调记录和展示空间相关信息。信息的格式可用于地理信息系统，且可更新，并可与其他利益相关者共享。利用高分辨率的航片或卫星影像，以及以此为基础生成的地图，当地人能够在这些含丰富细节的图像上清晰地辨认出自己的日常生活环境。其他技术还包括生成简单的 2D 模型，甚至 3D 模型，人们可根据地形等信息更好地识别各种要素特征。

移动 GIS 可直接收集空间信息，还可将下载到掌上电脑的高分辨率影像与实地收集到的属性信息关联。移动 GIS 最常用的工具有 ArcPad 等，ArcPad 是美国环境系统研究所公司（ESRI）随 ArcGIS 组件一起设计推出的产品，它允许用户订制自己的接口，使用具有 GPS 定位功能的手持设备采集数据。这些数据的格式可直接应用在 ArcGIS 中。

参与式制图是一个非常重要的工具，其应用包括：

1）重建历史致灾事件，包括这些事件的范围、强度和频率。这些参数可作为模型输入，如地形参数、洪水标记，也可用于模型验证，即用重建的历史情境与模型的模拟结果做比较。

2）历史致灾事件造成的损失地图。尽管发生时间可能很久远，破坏可能不再看得到，但在当地社区还是能辨认出破坏位置，回忆出破坏的物品及其程度，甚至灾害影响程度。

3）对不同致灾事件的感知。致灾事件的强度与可应对程度并不直接关联，可应对程度反映了当地社区经历灾害后，对事件严重性的主观感知。例如，发生在身边的小事件可能比不常发生的大事件造成更多的问题。

使用参与式 GIS 也有许多缺点，应该考虑到：①本地知识是地方性的。人们对自己生活的地方有很好的认识，当被问及附近他们不常去的地方的情况时，可靠性会降低。②本地历史事件的知识是有限的。如果遭受一系列致灾事件的影响（如滑坡、洪水），确切地记住它们就会很难，它们容易被混为一谈，使得分析不同规模大小的事件及其影响变得困难，不过，大事件被记住的时间长。③本地知识可能是模糊的，对于过去的灾害情景，不同的人可能会给出不同的意见。因此，调查者应通过访问多位受访者来证实信息的可靠性，或组织研讨会对信息进行集体讨论。④用本地知识来分析之前未发生过，或发生在很久之前的事件是很困难的，因为人们的记忆已经不够确切了。例如，一个 200 年重现期的地震发生在 60 年前，当地社区就难以评估其影响了。

承灾体的参与式制图，也是灾害风险分析的重要组成部分。虽然承灾体信息可能来自已有的数据源，如地籍和普查数据，但总需要收集更多的信息，以描述脆弱性评估中的承灾体特征。此外，在现有数据不可用的情况下，参与式制图实际上是下述承灾体信息的主要来源：

1）建筑物。即使使用了高精度影像，根据图像解译准确描述建筑及其属性也是非常困难的。例如，做一栋房子完整的内部调查太耗费时间，故而对于建筑类型、建筑材料、土地所有权和城市土地利用信息的收集，通常采用分层抽样。移动 GIS 可帮助建筑物制图和相关信息的调查收集。

2）人口特征。人口特征制图，如社区经济状况、生计、收入水平、抚养比例（家庭有收入成员与其他成员的比例）、家庭规模、通勤方式。

3）基础设施。既包括给水排水、电力及交通设施，也包括卫生设施和社会服务条件等，如医院和健康中心、教育设施（学校）、宗教设施（教堂、寺庙）、可供娱乐和疏散人群的开放空间。

4）环境问题制图。废物处置的情况，积水、污染区域等环境问题。

脆弱性与应对能力评估，也是参与式制图和 PGIS 的主要应用。在社区尺度上，脆弱性与应对能力分析所需的信息只能通过与当地社区的对话和讨论获得，包括人口、土地、商品和储蓄等特征，基础设施的完善程度以及应急过程中预警、疏散和救助等资源的可获得性。

四、GIS 在灾害管理中的应用

灾害管理过程包括备灾、响应、恢复和减灾四个环节。本节主要简介 GIS 在备灾、响应和恢复阶段的应用，在减灾阶段的应用可看作风险管理的内容。

GIS 在灾害管理过程的每个阶段都能起到积极的作用。在备灾环节、灾害发生之前采取行动，确保更有效地进行应急事件的响应。GIS 可用于技术培训，如演示一个响应者如何使用移动 GIS 技术给居民提供应急避难所和疏散路线地图。备灾也包括建立 GIS 硬件、软件、数据集，为事件发生做好准备。在响应阶段，GIS 及其地图产品可展示灾害的空间分布，为公众提供灾害预警，以减轻灾害损失与影响，以及为恢复做准备。在恢复阶段，GIS 可用于社区重建规划。在减灾环节，改善人居与社会环境，以减少、抵御和预防灾害的影响，GIS 可用于识别处于风险中的脆弱人群，如老人、儿童，并进行可视化制图。

（一）GIS 在灾害规划和备灾活动中的应用

GIS 广泛用于灾害管理和规划中的情景模拟与假设分析。在模拟各种灾害可能发生的情景中，GIS 显示出其强大的功能与不可替代的作用。这些情景可用于灾害的模拟演练以及具体的规划中，如疏散路径规划和疏散区规划等。

1）疏散路径规划。GIS 在灾害管理规划中最常见的应用是制定疏散路径。在灾害中如何疏散以及疏散到哪里是灾害应急过程中的基本任务，如在台风、山火、暴风雪，以及其他事件中，人们往往需要快速转移至安全区域。

进行疏散路径规划最基础的空间数据为交通网络数据集，其中最常用的是道路。道路网络数据集的属性应包括道路的类型、道路的方向以及道路规定的车速。其他数据集包括交通监测数据集，也能提供规划参考。另外，用于特定情景规划的相关数据种类较多，例如，建筑与社会环境数据、疏散有困难的人群特征数据等。

基于这些空间数据集，可进行模拟分析，确定具体的疏散路径。模拟分析涉及的问题类型多样，包括解决诸如交通道口的拥挤和瓶颈问题的数学模型，还有特别的路径和疏散场景假设，如雪灾应急、体育赛事中人群大规模聚集事件的应急疏散。在大多数拥有很强分析能力的商业和开源 GIS 工具中都有网络算法。该算法通常会运行基于最短旅行时间、最短旅行距离和其他成本因素的函数，以确定具体路径，作为编制疏散计划的决策因素，最终完成疏散路径规划的产品。例如，针对某种灾害预先规划的疏散路径地图，可供灾害管理者和普通百姓使用。

2）疏散区规划。与疏散路径规划密切相关，疏散区规划是为了确定灾害发生时需要疏散的区域，以及疏散到哪些区域。例如，易受台风、海啸和风暴潮影响的海岸带应有不同的疏散区规划。这些规划可基于致灾事件的模拟，如风暴潮潮位和影响范围的预测来确定。紧邻海岸和海拔最低的区域可能需要最先疏散，其他疏散区可根据高程变化和风暴潮潮位，以及离海岸线的距离依次确定。这些区域可竖立告示牌，提示生活在潜在风险区的居民和旅客。可根据避难所位置、高程、医疗设施、交通网络，以及其他相关因素，在确定灾害应急时，将人们疏散到指定的安全区域。

（二）GIS 与灾害响应

在灾害响应过程中，GIS 辅助灾情研判，与地图配合，在应急指挥中心运行中起着核心作用。GIS 技术用于获取和处理海量空间数据，以确定空间数据的集聚特征。GIS 还可进行密度制图，以确定空间数据的密度分布。另外，实时 GIS（Real-time GIS）在应急响应中也开始广泛用于辅助决策。对于灾害响应的决策支持和及时开展灾情研判，需要提供灾害响应的 GIS 产品，包括纸质地图、交互式的基于网络的地图、客户端的软件应用等。移动 GIS 可用于现场数据采集，以及基于众源数据的灾害制图，以填补数据和信息的空白。

灾害管理决策者自始至终都需要了解应急响应的各种信息，如救灾人员所处的位置、疏散地区、受灾人口，以及救灾物资的位置。此外，灾害响应具有时间敏感性，要求地图和 GIS 能够与其保持同步，及时生成灾害响应的 GIS 产品。这些产品应易于阅读且价格低廉，以满足人们的需求。

GIS 及其地图产品可展示灾害的空间分布，为公众提供灾害预警。地图常用于显示即将来临的灾害，如正在逼近的台风。在智能手机、平板电脑以及其他信息通信技术飞速发展的时代，人们从各种信息源实时获取的信息不断增多，这些实时信息整合的移动应用程序，提供了基于地图的、极有价值的灾害预警信息源。

空间统计与灾害管理的各个阶段都密切相关，如灾害规划、响应和恢复。例如，跟踪流行性疾病的暴发过程，探究报警电话的空间分布规律，分析一次灾害中产生的大量社交文本。常用的空间统计工具有热点制图、密度制图等。

由于灾害响应要求迅速、及时，实时 GIS 处理快速采集的大量空间数据时就显得特别重要。一旦数据生成，实时 GIS 可将具有空间坐标的数据和信息融入 GIS 平台，用于决策。

灾害响应 GIS 的另一类型是基于地理数据流的在线灾害响应。由于灾害响应行动被公众高度关注，近年来引起了数据与信息技术大公司的极大兴趣，如谷歌、微软、ESRI 等，将其作为公共宣传活动的重要内容。这些公司采集的数据，可作为政府部门数据来源的补充。例如，谷歌危机响应部经常采集危机相关数据，并以谷歌数据格式（如 KML）免费分发。基于谷歌地图的应用程序可为其他灾害响应产品的开发提供数据。谷歌也将开发与灾害响应相关的自定义应用程序，如谷歌警报（Google Alerts）和谷歌寻人（Google Person Finder），以提升在线协作工具集的应用。由于便于获得，并易于使用，在全球灾害响应时，它们得到了广泛使用。与谷歌类似，ESRI 也通过多种方式提供灾害响应服务，如订制公众易于掌握的软件和数据结构，提供数据集下载。如果得到 ESRI 的同意，在灾害期间，还可免费获得技术支持以及公司的软件。

GIS 参与损失评估。损失评估是灾害响应期间另一项普遍需要用到 GIS 的活动，并形成 GIS 的灾害响应产品。损失评估常常是灾害响应首先开展的工作之一，采集包括破坏程度、伤亡和其他要素的数据，以评判灾害的严重程度，衡量响应与救援、恢复与重建的需求。损失评估也是野外应用具有移动能力的 GIS 的极好案例。例如，在灾害发生地区携带小型电脑、智能手机或其他移动设备，全球定位系统是必备配置，摄像录像设备也会辅助采集野外数据，帮助了解自然灾害的规模和严重程度，了解应急救助的需求，帮助确定应急作业的设立地点、救灾队伍和物资的分配方案等。

（三） GIS 与灾害恢复

在短期恢复阶段，即从大规模的应急救援转向常规建设的恢复期间，GIS 可用于灾后的规划与协调，如统计分析各避难所的人口、确定能够转移安置的具体地方，监测重建，以利于社区的再发展。废墟与建筑垃圾、资源与基础设施等具有空间的属性，有赖于 GIS 进行规划和协调。公共健康和卫生保健也是强调空间位置的活动，依赖于 GIS 进行位置选择，如确定安置临时卫生中心的最佳地点。同时，为了与社区成员进行充分的沟通，以识别风险和脆弱性，更好更安全地进行重建，参与式 GIS 也需要融入灾害恢复过程。

地理协作（Geo-collaboration）的理念是利用空间展示、地图标注，实现跨平台的协同工作、公众参与和群体决策支持。这些过程都具有空间性的特点。地理协作与灾害管理的所有阶段均相关，但作为协调与参与恢复的多角色空间活动的手段，地理协作的理念在灾害恢复阶段具有重要的意义。其中，可视化在灾害恢复过程中起到特别关键的作用。

关键基础设施，如电力、水、交通系统的恢复，是灾后重建的核心工作。通过区域物理网络和关键能力分布的可视化，GIS 在关键基础设施的规划与恢复活动中起着重要的作用。

灾害恢复强调社区的广泛参与，包括受灾社区从个人到本地企业的各利益相关方。广泛参与需要用到 GIS 产品，而不一定是 GIS 技术本身。例如，在社区经历了重大灾害造成的物质、心理和经济创伤后，地图可以空间展布的方式，形象地展示社区是如何重新思考和构建愿景的，包括观点、争论和意见。使用简单、容易理解的纸质地图，人们可以在上面画图、添加标注，或者使用简单数据采集设备，广泛采集利益相关方的观点，并融入恢复规划和决策过程，这些在公众参与的恢复过程中是非常有用和有效的。

第二节　遥感技术在灾害风险管理中的应用

20 世纪 60 年代发展起来的卫星遥感技术具有覆盖范围广、周期短、时效性强、不受地面监测条件限制等特点，在灾害的预报、监测、风险评估、灾后评估及恢复的动态监测中得到越来越广泛的应用。

一、遥感技术概述

遥感技术是一种在远离目标、不与目标对象直接接触的情况下，通过某种平台上装载的传感器获取其特征信息，然后对所获取的信息进行提取、判定、加工处理及应用分析的综合性技术。

地球上各种物质由于其固有的性质都会反射、吸收、透射及辐射电磁波。例如，植物的叶子能看出绿色，是因为叶子中的叶绿素对太阳光中的蓝色及红色波长的光强烈吸收，而对绿色波长的光强烈反射。物体的这种对电磁波固有的波长特性叫作光谱特性。一切物体，由于其种类及环境条件不同，具有反射或辐射不同波长电磁波的特性。遥感就是根据这个原理，通过探测目标对象反射和发射的电磁波，获取目标信息，完成远距离识别物体的技术。

依据标准的不同，有如下几种遥感分类方法：

1）按遥感平台，遥感可分为地面遥感、航空遥感和航天遥感。

2）按传感器的探测波段，遥感可分为紫外遥感（探测波段为 $0.05 \sim 0.38\mu m$）、可见光遥感（探测波段为 $0.38 \sim 0.76\mu m$）、红外遥感（探测波段为 $0.76 \sim 1000\mu m$）、微波遥感（探测波段为 $10^{-3} \sim 10m$）、多波段遥感（探测波段在可见光波段和红外波段范围内，再分成若干窄波段来探测目标）。

3）按传感器工作方式，遥感可分为主动遥感和被动遥感。主动遥感由探测器主动发射一定电磁波能量并接收目标的反射波；被动遥感的传感器不向目标发射电磁波，仅被动接收目标物的自身发射和对自然辐射源的反射能量，如对太阳辐射的反射和地球热辐射。

4）按遥感获取的数据形式，遥感可分为成像遥感与非成像遥感。成像传感器接收的目标电磁辐射信号可转换成（数字或模拟）图像；非成像传感器接收的目标电磁辐射信号不能形成图像。

5）按遥感的应用领域不同，遥感可分为资源遥感、环境遥感、农业遥感、林业遥感、渔业遥感、地质遥感、气象遥感、水文遥感、城市遥感、工程遥感、灾害遥感、军事遥感等，还可以划分为更细的研究对象进行各种专题应用。

遥感技术系统是一个从地面到空中乃至空间，从信息收集、存储、处理到判读分析和应用的完整技术体系。例如，2008 年汶川大地震发生后，专家利用航空遥感、星载 SAR（合成孔径雷达）、光学卫星等采集的灾害影像数据，经专业人员快速成图处理，通过人机交互判读，提取震灾各类信息，包括房屋倒塌、构筑物震害、生命线工程、次生灾害等，并进行震害调查评估，为汶川特大地震的灾中救援和灾后重建提供了决策依据。

遥感通常需要一个传感器（如照相机或者扫描仪），同样还需要一个搭载传感器的平台。传感器是指接收从目标中反射或辐射来的电磁波的装置。根据传感器的基本结构原理不同，目前遥感中使用的传感器大体分为摄影、扫描成像、雷达成像和非图像 4 种类型。此外，搭载这些传感器的载体称为遥感平台。平台可以是飞机或者卫星，也可以是其他，只要能拍摄到目标地物即可，如气球或者飞艇。遥感平台按其飞行高度的不同可分为近地平台、航空平台和航天平台。平台的选择直接影响到人们如何观测。飞机和直升机操作便捷，飞行高度低，可以提供空间分辨率较高的数据，但费用往往较为昂贵。卫星沿着固定的轨道飞行，灵活性较差，但可以提供等时间间距的数据。卫星可分为极轨卫星和地球同步（静止轨道）卫星。极轨卫星以 500～900km 高度连续围绕地球飞行，途经极点（近极点）上空，通常每次只观测到星下地球较窄的地带。静止轨道卫星位于地球赤道上空距地面约 3.6 万 km 处，由于它绕地球运行的角速度与地球自转的角速度相同，从地面上看，它好像是静止的，在该高度上的传感器可以获取面对传感器一侧的地球整个半球的任意间隔数据。许多天气和通信卫星属于静止轨道卫星，但大部分对地观测卫星是极轨卫星。

与常规信息采集方式相比，遥感技术在易灾地区或灾区信息的获取上具有明显的优势：①覆盖范围广。遥感技术可以对大范围的受灾地区进行观测和数据采集，从宏观上反映受灾地区的情况。例如，一景 TM 影像可以覆盖 185km×185km 的地表范围，相当于覆盖汶川地震中受灾最严重的北川县全境，我国"HJ-1"卫星获取的影像幅宽为 360km（2 台组合 ≥ 700km），能够获取更大地表范围的相关信息。大范围的数据获取能力也为孕灾环境的研究提供了有利条件。②获取速度快、手段多。遥感技术可以对灾区进行周期性的观测，从而获取不同时相的影像。通过受灾前后遥感影像的对比分析，不但能够定位受灾区域、估计影响范围，还能跟踪灾情的动态变化。③信息量大。遥感通过探测可见光、近红外、热红外和微波等不同波长范围的电磁辐射能，来获取包括植被覆盖、土壤水分、区域地质、水文地质、环境污染、森林火灾和地表形态等信息。不同遥感影像的分辨率在几十厘米至千米，能够满足不同尺度下灾害与风险分析和管理的应用需求。

地球观测数据卫星分发平台（GEONETCast）借助通信卫星，把从地面站点、航空和航天平台获取的观测数据、产品传送给广大的用户。GEONETCast 当前由 CMACast（中国气象局卫星广播系统）、EUMETCast（欧洲气象卫星组织卫星广播系统）和 GEONETCast Americas（美国地球观测数据卫星分支系统）3 个区域系统组成，作为地球观测组织（Group on Earth Observations，GEO）提出的全球综合地球观测系统（GEOSS）的全球地球观测数据和信息卫星分发系统，旨在满足 9 个社会受益领域的用户需求。"亚洲哨兵计划"由日本宇航研究开发机构和亚太区域空间机构论坛支持，通过数字亚洲平台分享亚太地区的灾害信息，帮助亚太地区的灾害管理充分利用地球观测卫星的数据。

《空间和重大灾害国际宪章》的一个重要倡议是为灾害响应提供空间信息。一些国际组织和计划都进行了重大灾害发生后的快速制图，如联合国卫星项目（UNOSAT）、德国基于卫星的危机信息中心（DLR-ZKI）、法国 SERTIT 公司、联合国与欧盟委员会联合成立的全球灾害预警与协调系统（GDACS）和达特茅斯洪水观测平台。由联合国成立的灾害管理和应急响应天基信息平台，目的是确保所有国家都能获得和发展利用天基信息提升灾害管理的能力。

二、遥感技术在灾害风险管理中的应用

按照灾害的发生与发展过程，灾害遥感主要包括灾前监测、风险分析、预警，灾中监测、紧急救灾，以及灾后损失评估和重建等方面的应用。在灾前，对潜在致灾事件，包括发生时间、范围、规模等进行监测、预警，对灾害发生的风险进行评估，为有效减灾、备灾做好准备；灾害发生后，动态监测各种灾害的发展和演化情况，及时获取灾害范围、强度、损失等相关信息，快速准确提供灾情信息，为紧急救援提供必要的信息和资料。准确的灾情评估也是灾后重建的重要依据。

（一）遥感技术在灾害监测与风险分析中的应用

遥感技术可用于监测和提取致灾事件、承灾体的信息，以及灾情严重程度与影响范围等信息，是风险分析重要的数据源。例如，在洪涝灾害风险评价中，历史洪涝水体淹没范围与频次在很大程度上决定洪涝灾害发生的强度与概率，土地利用、人口密度和 GDP 等数据可较好地反映洪涝灾害的暴露程度，建筑类型、老人与儿童人口比例、收入水平等指标可较好地反映社会脆弱性，防洪标准、监测预警能力、医疗救治能力等可较好地反映防灾减灾能力等。利用连续时间序列的 NOAAAVHRR、MODIS 等遥感影像提取像元内的洪水淹没范围，通过叠置分析可得到有遥感资料以来的洪水淹没次数。此外，大量的历史文献记录了洪涝灾害资料数据，进行空间化后可扩展研究区洪水淹没频次的时间跨度，从而有利于更加精确地确定洪水发生的频率、淹没深度和范围等参数。在此基础上，借助于社会经济数据，以及由基础地理信息数据构建的 GIS 数据集，将较长时间序列的各种洪涝灾害信息空间化，分析灾害空间分布规律，进行洪涝灾害风险评估与区划，可形成基于县（市）行政单元和格网单元两种尺度的评价结果。

对于一些灾害类型，卫星是致灾事件（如热带气旋、森林火灾和干旱）监测的主要数据源。对于其他致灾事件（如地震、火山喷发和海岸带灾害），卫星数据可支持地面的观测。有些致灾事件类型（如山体滑坡、森林火灾和雪崩）无法依赖观测站网络监测，还有许多地区缺少有效记录，常需要利用遥感数据的自动分类或专家目视解译等技术识别致灾事件。

利用计算机进行遥感信息的自动分类需使用数字图像、由于不同地物在同一波段、同一地物在不同波段都具有不同的波谱特征，通过对某种地物在各波段的波谱曲线进行分析，根据其特点进行相应的增强处理后，可以在遥感影像上识别并提取同类目标物。早期的自动分类和图像分割主要基于光谱特征，后来发展为结合光谱特征、纹理特征、形状特征、空间关系特征等综合因素的计算机信息提取。目视解译是指利用图像的影像特征（色调或色彩，即波谱特征）和空间特征（形状、大小、阴影、纹理、图形、位置和布局），与多种非遥感信息资料（如地形图、各种专题图）组合，运用其相关规律，进行由此及彼、由表及里、去伪存真的综合分析和逻辑推理的思维过程。早期的目视解译多是纯人工在相片上解译，后来发展为人机交互方式，并应用一系列图像处理方法进行影像的增强，提高影像的视觉效果后在计算机屏幕上解译。

例如，地球观测卫星可用于洪水历史事件和淹没过程的不同阶段，包括持续时间、淹没深度和流向的制图。地貌信息可使用光学（Landsat、SPOT、IRS、ASTER）和微波（ERS、RADARSAT、ENVISAT、PALSAR）数据获得。云的存在往往阻碍了光卫星数据的使用，茂密的植被覆盖也常常阻碍致灾事件制图。因此，合成孔径雷达（SAR）可能是致灾事件如洪水制图更好的工具。利用卫星信息进行森林火灾制图通常是通过热传感器实现的，或利用具有高时间分辨率的 MODIS 和 AVHRR，或采用合成孔径雷达进行过火地区制图。

土地利用是承灾体制图的一个重要空间属性。土地利用在很大程度上决定了其建筑类型、经济活动种类，以及一天中不同时段的人口密度状况。土地覆盖和土地利用图可在大尺度进行影像分类或在更小尺度通过目视解译来实现。

人口是最重要的承灾体，具有静态和动态的特点。静态人口分布为每个制图单元的居民数量及其特征，而动态人口分布反映人们的活动模式及其时空分布特征。人口分布可以用每个制图单元的绝对人数或人口密度表示。人口普查数据是人口统计数据的主要来源，用作研究人口变化的基准数据，是人口、家庭、劳动力和就业估计与预测的关键信息。人口普查数据采集成本很高，通常平均每十年进行一次。一般以人口普查小区汇总普查数据，个人家庭层面的数据是保密的，这也是通常在普查小区层面进行风险评估的原因。人口普查小区将土地分区，通常含有 2500~8000 位居民，他们具有相对一致的人口特征、经济状况和生活条件。人口普查数据也可能包含其他可用于风险评估的特征，如年龄、性别、收入、教育及迁移等信息。普查数据可以通过行政区汇总，对较大区域进行研究。

然而，对世界上许多地区而言，人口普查数据常常缺乏、过时或不可靠。因此，需要基于土地覆盖、道路、坡度、夜间灯光等因素，利用遥感和 GIS 方法来模拟人口分布。遥感数据与其他数据相结合，基于大行政区域的总人口数据将人口信息以较小单元重新分配，该方法称为"分区密度制图"。全球人口数据可从 LandScan 全球人口数据库获得，该数据库提供 24h 的平均人口密度，格网分辨率为 1km。另一个为全球人口格网数据库（Gridded Population of the World，GPW），它是在美国航空航天局（NASA）国际地球科学信息网络中心（CIESIN）的资助下，主要由美国国家地理信息和分析中心开发完成的。

对于城市或社区一级的风险评估，需要高分辨率的人口数据，如分辨率具体到普查小区，甚至每幢建筑物。在普查数据缺失的情况下，静态人口信息可利用高分辨率卫星影像直接获得，或通过建筑足迹地图，利用土地利用类型和面积来估计特定建筑的人数。

建筑物是重要的承灾体，给人们提供生活与工作场所。在致灾事件作用下，建筑物的抗灾能力决定建筑物内的人是否可能受伤或死亡。为了评估建筑物的潜在损失和损坏程度，需要分析建筑物的特征，如结构类型、建筑材料、建筑规范、年龄、维护、屋顶类型、高度、面积、容积、形状、开口，以及与其他建筑的邻接关系，有什么样的危险源，附近的植被类型等。

对于用经济价值表示损失的风险地图，也需要估算建筑物的价值。有几方面的信息源可加以利用，如从房地产机构获得房价数据、计算重置成本、从保险公司获得相关信息、从各种土地使用类别的每种建筑物中抽样调查。在一些国家，建筑行业协会会编制每月指数来更新楼价，也可用重置价值或市场价值进行成本估算。除了建筑成本，对于那些对结构破坏较少的致灾事件（如洪水），室内物品价值的估算也非常重要。

可以通过多种方式获得建筑物信息。理想情况下，每个制图单元均有建筑物数量和类型信息，甚至有建筑物足迹地图。建筑物足迹地图可利用高分辨率遥感影像，通过屏幕数字化生成，也可利用从 InSAR（干涉雷达）获取的高分辨率影像，尤其是使用激光雷达（Lidar）进行建筑物自动识别和制图。激光雷达数据还可以提取其他相关特征，以及计算形状、建筑物高度和体积，这些都是风险评估所需的参数。

（二）灾害破坏与损失评估

灾损评估是在救灾减灾过程中最先启动的重要环节之一。它所提供的灾情评估结果，可为决策部门制定有针对性的且最大程度上减少损失的救灾、减灾方案提供客观依据。遥感不仅可以根据影像的形态和结构差异判别地物，还可以根据光谱特性的差异识别地物的具体情况。遥感以其数据获取范围广、速度快、周期短和手段多等优点，在灾害评估中发挥重要的作用，受到世界各地的极大关注。尤其是伴随着国际上 IKONOS、EOS/MODIS、SPOT-5、QuickBird、WorldView-1/2、GeoEye-1，以及我国环境与灾害监测预报小卫星星座 A/B（HJ-1A/1B）、CBERS-02B、北京一号及海洋一号 B 等卫星或传感器的发射，极大地推动了遥感技术在重大自然灾害评估中的应用。

遥感技术应用于地震灾害的调查和评估，最早开始于 20 世纪六七十年代的航空遥感。我国首次采用假彩色红外航空遥感技术评估地震灾害是在 1976 年的唐山大地震，利用航空摄影获得的彩色红外影像进行了较详细的震害分级分类判读制图，并建立了震害影像判读的认知模型。20 世纪 90 年代以来，随着多平台、多时相、多光谱遥感卫星的陆续升空，特别是一系列高分辨率商业卫星的发射，利用航天遥感影像进行震害评估得到了关注和应用。震害评估方法也从以人工目视解译为主，向目视解译同计算机自动信息提取方法并重的方向发展，陆续出现了一系列遥感震害信息的自动提取方法。

2008 年汶川大地震的抗震救灾过程中，遥感作为重要信息源，发挥了重要作用。遥感技术在震害评估中得到了进一步普及与提高。利用灾前 SPOT-5 多光谱遥感数据，结合灾后的 CBERS-02B、QuickBird 以及航空遥感等多种影像，对汶川、北川、茂县、绵竹等重灾区的房屋倒塌情况进行了评估，对房屋倒塌的空间分布特点及其同地震烈度的关系进行了深入分析，并改进了倒塌房屋信息的自动提取算法。根据含水量较高和绿度指数较低的特点，利用 ETM+ 的多光谱和全色影像建立了泥石流、滑坡的快速提取模型。对唐家山等堰塞湖采用多种遥感手段，进行了长时间的动态监测评估，为堰塞湖问题的成功解决提供了决策依据。

利用遥感信息快速获取洪涝水体信息是从宏观尺度进行洪涝灾情分析的基础性工作，也是提高洪涝监测精度的技术关键。洪涝灾情评估需对洪涝造成的人员伤亡、经济损失、社会影响和生态环境影响等进行评估分析。由于灾害损失评估需在短时间内快速完成，以服务于防灾减灾的实际工作，因此，实际评价过程中常需结合实时监测的汛情资料、社会经济损失统计数据，配合遥感监测数据来完成损失评估。洪涝灾害直接损失评估需要通过历史灾情调查资料及一些背景资料的辅助，建立某一基准年份的以水深要素为主、以淹没历时等为调整因素的各类资产直接损失率的等级关系模型，拟合出不同财产的水深-损失关系曲线来计算特大洪水的经济损失。

国外洪涝遥感始于利用 1972 年发射的 Landsat-1 卫星的多光谱扫描仪数据制作洪水淹没范围图。我国从 20 世纪 80 年代开始用多光谱遥感手段监测和评估洪涝灾害。1991 年，长江、洞庭湖、淮河、太湖等地发生严重洪涝灾害后，国家防汛抗旱总指挥部组织了遥感评估洪涝灾害的试验研究，应用 TM 图像提取信息进行长江中下游两条重要支流——滁河和水阳江流域的洪涝灾情程度研究。此外，还生成了精度较高的洪涝农业灾情分布图。1998 年夏天，长江流域发生了历史上罕见的特大洪涝灾害，在抗洪救灾期间，以 NOAAAVHRR 气象卫星数据、RADARSAT 卫星 SAR 数据、陆地资源卫星 TM 数据、SPOT 数据为遥感信息源，开展了大量的灾情动态监测工作，并对九江段干堤决口的发展及地理背景成因进行了有效的监测评估和分析。此外，还重点开展了农作物损失评估、防洪工程有效性分析、险工险段调查分析、城市洪灾监测、工业区生命线工程脆弱性评估、灾后重建家园功能分区规划等分析评估工作，较客观地反映了实际受灾情况，为国家实施救灾、救助和灾后恢复重建提供了科学依据。

遥感技术能够较为准确地提取地表特征参数和信息，为我国的干旱监测评估提供了有效的途径。目前所利用的遥感干旱监测评估方法主要包括基于土壤热惯量的方法、基于区域蒸散量计算的方法、基于植被指数的方法和土壤水分光谱特征的方法等。

思　考　题

1. 简述 GIS 在灾害风险分析中的主要应用。
2. 简述参与式制图的应用。
3. 简述 GIS 在灾害管理中的主要应用。
4. 简述遥感技术在灾害风险管理中的主要应用。

参 考 文 献

[1] 姜晓萍，夏志强，李强彬. 社会风险治理［M］. 北京：中国人民大学出版社，2017.

[2] 朱德米. 重大决策事项的社会稳定风险评估研究［M］. 北京：科学出版社，2016.

[3] 朱艳华. 自然灾害的预防与自救避难［M］. 北京：中国建筑工业出版社，2012.

[4] 兰泽全. 应急管理法律法规［M］. 北京：应急管理出版社，2021.

[5] 王建平. 自然灾害与法律：灾难中求生能力的养成训练［M］. 成都：四川大学出版社，2018.

[6] 梁茂春. 灾害社会学［M］. 广州：暨南大学出版社，2012.

[7] 张继权，刘兴朋，严登华. 综合灾害风险管理导论［M］. 北京：北京大学出版社，2021.

[8] 于汐，唐彦东. 灾害风险管理［M］. 北京：清华大学出版社，2017.

[9] 应急管理部信息研究院. 应急管理法律法规选编［M］. 北京：应急管理出版社，2019.

[10] 法律出版社法规中心. 2021年版中华人民共和国安全生产法律法规全书［M］. 北京：法律出版社，2021.

[11] 温家洪. 自然灾害风险分析与管理导论［M］. 北京：科学出版社，2020.

[12] 黄崇福. 自然灾害风险分析与管理［M］. 北京：科学出版社，2012.

[13] 赵正宏. 应急救援法律法规［M］. 北京：中国石化出版社，2019.

[14] 邹铭，杨思全. 自然灾害风险管理与预警体系［M］. 北京：科学出版社，2015.

[15] 马怀德. 非常规突发事件应急管理的法律问题研究［M］. 北京：中国法制出版社，2015.

[16] 国家行政学院应急管理案例研究中心. 应急管理典型案例研究报告：2015［M］. 北京：社会科学文献出版社，2015.

[17] 钟开斌. 应急决策［M］. 北京：社会科学文献出版社，2014.

[18] 布莱肯，布莱默，戈登. 突发事件战略管理［M］. 吴新叶，赵挺，等译. 北京：中央编译出版社，2014.

[19] 戚建刚. 我国群体性事件应急机制的法律问题研究［M］. 北京：法律出版社，2014.

[20] 周友苏. 重大公共危机应对研究［M］. 北京：人民出版社，2013.

[21] 周文光，李尧远. 应急管理案例分析［M］. 北京：北京大学出版社，2013.

[22] 陈毅. 风险、责任与机制［M］. 北京：中央编译出版社，2013.

[23] 姜平. 突发事件应急管理［M］. 北京：国家行政学院出版社，2011.

[24] 王占军，刘海霞. 公共安全管理［M］. 北京：群众出版社，2011.

[25] 王超. 重大突发事件的政府预警管理模式构建研究［M］. 武汉：湖北科学技术出版社，2010.

[26] 菅强. 中国突发事件报告［M］. 北京：中国时代经济出版社，2009.

[27] 薛克勋. 中国大中城市政府紧急事件响应机制研究［M］. 北京：中国社会科学出版社，2005.

[28] 葛全胜. 中国自然灾害风险综合评估初步研究［M］. 北京：科学出版社，2008.

[29] 李英冰，陈敏. 典型自然灾害时空态势分析与风险评估［M］. 武汉：武汉大学出版社，2021.

[30] 中国安全生产科学研究院. 中国应急管理法律法规汇编［M］. 北京：中国劳动社会保障出版社，2018.